Thorsten Gieser

Leben mit Wölfen

Human-Animal Studies | Band 29

Thorsten Gieser (PhD) lehrt seit 2011 Ethnologie an der Universität Koblenz und ist Senior Researcher im ERC-Projekt »Veterinization of Europe? Hunting for Wild Boar Futures in the Time of African Swine Fever« (BOAR) am Institut für Ethnologie der Tschechischen Akademie der Wissenschaften. Er promovierte 2009 in Sozialanthropologie an der University of Aberdeen bei Tim Ingold.

Thorsten Gieser

Leben mit Wölfen

Affekte, Gefühle und Stimmungen in Mensch-Wolf-Beziehungen

[transcript]

Das Projekt »The return of the wolf to Germany: mapping extraordinary affective encounters« (Az.96446, Oktober 2019-Oktober 2022) wurde gefördert durch die Volkswagen-Stiftung im Rahmen der Förderinitiative »Originalitätsverdacht - Neue Optionen für die Geistes- und Kulturwissenschaften«

VolkswagenStiftung

Bibliografische Information der Deutschen Nationalbibliothek
Die Deutsche Nationalbibliothek verzeichnet diese Publikation in der Deutschen Nationalbibliografie; detaillierte bibliografische Daten sind im Internet über http://dnb.d-nb.de abrufbar.

Erschienen 2023 im transcript Verlag, Bielefeld

Umschlaggestaltung: Maria Arndt, Bielefeld
Umschlagabbildung: Thorsten Gieser (Foto zeigt Wolf Odin aus dem Wolf Center Dörverden)
Lektorat: Ute Maack, ute-maack.de
Druck: Majuskel Medienproduktion GmbH, Wetzlar
https://doi.org/10.14361/9783839465226
Print-ISBN 978-3-8376-6522-2
PDF-ISBN 978-3-8394-6522-6
Buchreihen-ISSN: 2702-945X
Buchreihen-eISSN: 2702-9468

Inhalt

Vorwort

Dieses Buch ist das Ergebnis des Forschungsprojekts ›The Return of the wolf to Germany: mapping extraordinary affective encounters‹ (Oktober 2019 – Oktober 2022), gefördert durch die Initiative ›Originalitätsverdacht – Neue Optionen für die Geistes- und Kulturwissenschaften‹ der VolkswagenStiftung, am Institut für Kulturwissenschaft der Universität Koblenz-Landau. Die Initiative zielte auf die Entwicklung innovativer Forschungsideen und ermutigte zum originellen und unkonventionellen Denken. Ob sich der Originalitätsverdacht in diesem Buch bestätigt, können nun die Leserinnen und Leser entscheiden. An dieser Stelle möchte ich allerdings darauf hinweisen, dass mein Verständnis von Mensch-Wolf-Beziehungen, die diesem Projekt zugrunde liegt, eingebettet ist in über 20 Jahre intellektueller Auseinandersetzung mit Mensch-Umwelt-Verhältnissen im allgemeinen und Mensch-Tier-Beziehungen im speziellen.

Mein Studium der Ethnologie, Religionswissenschaft und Umweltwissenschaften an der Universität Heidelberg kulminierte in einer Magisterarbeit über Mensch-Wolf-Konflikte in der Mongolei. Basierend auf einer kurzen ethnografischen Feldforschung mit den mongolischen Tuwa-Pastoralisten problematisierte ich die vorherrschende Sichtweise der damals in diesem Gebiet arbeitenden Wolfsbiologen, die Wölfe lediglich als Feinde der lokalen Weidetierhalter und Bedrohung der Weidetierhaltung und damit der wirtschaftlichen Lebensgrundlage sahen. Während dieses kulturelle Bild des Wolfes bei den Tuwa sicherlich existierte, stellte sich heraus, dass es weitaus komplexer und vieldeutiger war. Wölfe jagten und töteten Weidetiere (oder die Tierhalter selbst); Weidetierhalter jagten und töteten Wölfe. Doch galten Wölfe auch als heilige Tiere, Abgesandte des Himmelsgottes, und wurden wegen ihrer Klugheit, Ausdauer und Tapferkeit respektiert und bewundert. Besonders Wölfe in der Nachbarschaft wurden positiv gesehen, nicht unähnlich ihren menschlichen Nachbarn, mit denen man wechselseitige soziale

Beziehungen eingeht. Die Beziehung zwischen den Tuwa und den Wölfen ging also weit über eine einfache wirtschaftliche Beziehung hinaus und umfasste auch soziale und vor allem religiöse Dimensionen, die Wölfe zu komplexen Feinden machten.[1]

In nachfolgenden Projekten widmete ich mich dann der Mensch-Umwelt-Beziehung in einer neureligiösen Bewegung, die sich als Naturreligion versteht, und dem verkörperten Erfahrungswissen im englischen Gartenbau, bevor ich 2015 ein Langzeitprojekt zur Jagd in Deutschland als Form der Mensch-Tier-Beziehung begann. Konzipiert als sensorische Ethnografie untersuche ich seitdem die Sinnesschulung von Jägern, ihre Wahrnehmung der Landschaft als Jagdlandschaft, wie ihre Sinnespraktiken durch das Leben und Handeln von Wildtieren geleitet werden und wie die beiden dominanten Paradigmen in der Jagd (traditionell und ökologisch) ihre Beziehung zu Tieren und der Umwelt im Allgemeinen prägen.

Da die Wölfe zu dem Zeitpunkt, als ich mein Jagdprojekt begonnen hatte, auch schon seit einigen Jahren nach Deutschland zurückgekehrt waren, hatte ich die Gelegenheit, den Wölfen zumindest thematisch wieder zu begegnen. Traditionell gehören Wölfe für Jäger zur Kategorie des Raubwildes und damit eigentlich auch zum jagdbaren Wild, zu dem Jäger früher einen privilegierten Zugang hatten, heute aber nicht mehr, da Wölfe inzwischen unter Naturschutz stehen und (außer in Sachsen und Niedersachsen) rechtlich kein Wild mehr sind. Kein Wunder also, dass der Wolf ein Dauerthema unter Jägern ist und damit Grund genug für mich, den Wölfen in Deutschland auf die Spur zu kommen und ein neues Forschungsprojekt zu entwickeln, das meine Erfahrungen mit Jägern und Wölfen nutzen sollte. Das aktuelle Wolfsprojekt kann daher als Teil meiner langjährigen Forschung zur Mensch-Wildtier-Beziehung gesehen werden.

Seit Herbst 2020 wird meine Forschung zu Wolf und Jagd in einem neuen kollaborativen und internationalen Projekt, das durch das European Research Council (ERC) gefördert wird, fortgesetzt. Als Senior Researcher arbeite ich seitdem an der ›Veterinarization of Europe? Hunting for Wild Boar Futures in the Time of African Swine Fever‹ (BOAR)[2], geleitet von Ludek Broz, am Department of Ecological Anthropology des Institute of Ethnology an der

1 Gieser, Thorsten: »Beyond Natural Enemies: Wolves and Nomads in Mongolia«, in: Heyer, Marlis/Hose, Susanne (Hg.), Encounters with wolves: dynamics and futures, Bautzen: Sorbisches Institut 2020, S. 50-62.

2 https://www.wildboar.cz/ (Zugriff: 31.08.2022).

Czech Academy of Sciences. Bis 2026 untersuche ich im Rahmen dieses Projekts die Beziehung zwischen Jägern und Wildtieren (Wildschweine im speziellen) im Lichte der jüngsten Änderungen von Jagdpraktiken und Technologien im Zusammenhang mit der Afrikanischen Schweinepest (ASP), die im Herbst 2020 in Ostdeutschland ausbrach und schon seit Jahren befürchtet wurde. Da das ASP-Gebiet zugleich auch Wolfsgebiet ist und das Leben der Wildschweine vor Ort im Spannungsfeld von menschlichen und wölfischen Jägern stattfindet, bleiben Wölfe somit noch mehrere Jahre Bestandteil meiner Forschungen zu Mensch-Wildtier-Beziehungen in Deutschland.

Parallel hierzu werde ich mich in den kommenden Jahren (bis 2027) zudem auf die Entwicklung neuer theoretischer und methodologischer Zugänge zu Mensch-Wolf-Begegnungen konzentrieren als Collaborator im von Alex Oehler geleiteten Forschungsprojekt ›Sensory Acts: More than human Communication in the Circumpolar North‹ (SACTS)[3], gefördert durch das Social Sciences and Humanities Research Council of Canada (SSHRC), an der University of Regina in Kanada.

Ich möchte schließlich an dieser Stelle den Menschen danken, die zu dem Gelingen dieses Buches beigetragen haben. Mein besonderer Dank gilt natürlich all denen, die während meiner Forschung mit mir über Wölfe gesprochen haben und mir geholfen haben, die komplexe Beziehung zwischen Menschen und Wölfen besser zu verstehen. Zu denen, die ich namentlich erwähnen möchte und darf, gehören: Willi Faber für viele Monitoring-Exkursionen im Westerwald und seine Einblicke in das rheinland-pfälzische Wolfsmanagement und in die Arbeit des NABU; Frank Wörner für seine Hilfsbereitschaft und sein immenses Wissen um die Wölfe im Westerwald und Einblicke in die Arbeit der Gesellschaft zum Schutz der Wölfe; Frank Faß dafür, dass er mich im Wolf Center in Dörverden so willkommen geheißen und mehrere Tage Zeit für mich genommen hat; das Team des LUPUS-Instituts für Wolfsmonitoring und -forschung, insbesondere Gesa Kluth für viele interessante Kaffee-Gespräche und Unterstützung im Laufe der Jahre und Lea Wirk (mit Spürhund Molly) für gefühlte hunderte Kilometer Monitoring-Exkursionen in der Lausitz, in der unser Gesprächsstoff nie ausging und von der ich viel über das Wolfsmanagement in Sachsen lernen durfte; das Team der Pension Zum Hammer in Neustadt/Spreetal, die mich seit Jahren nun so gut bei sich bewirten, dass mir die Pension und Neustadt fast zur zweiten Heimat geworden sind; Stephan Kaasche – einfach weil man um den besten Naturführer

3 http://www.sensoryacts.ca/ (Zugriff: 31.08.2022).

nicht herum kommt, wenn man über die Wölfe in der Lausitz forschen möchte; Joscha Grolms und Laura Gärtner von der Wildnisschule WildnisWissen, die mich ein Jahr lang in der Kunst des Spurenlesens ausbildeten und mich lehrten, Wolfs- von Hundespuren zu unterscheiden (so ungefähr jedenfalls); Julian Sandrini vom Koordinationszentrum Luchs und Wolf für seine Hilfsbereitschaft; Erica von Essen, Garry Marvin und Alex Oehler für das wertvolle Feedback auf mein Buchmanuskript; das gesamte BOAR-Team in Prag für viele stimulierende Diskussionen über Mensch-Tier-Beziehungen in den letzten Jahren; Michaela Fenske, Marlis Heyer und Irina Arnold vom Würzburger DFG-Projekt ›Die Rückkehr der Wölfe. Kulturanthropologische Studien zum Prozess des Wolfsmanagements in der Bundesrepublik Deutschland‹ für den guten Austausch und die gute Zusammenarbeit bei mehreren Publikationen; Bernhard Tschofen, Elisa Frank und Nico Heinzer vom Züricher SNF-Projekt ›Wölfe: Wissen und Praxis. Ethnographien zur Wiederkehr der Wölfe in der Schweiz‹ für den anregenden Austausch in Sachen Wolf; Andreas Ackermann für den Freiraum, den er mir in Koblenz gibt, meinen Forschungsinteressen abseits der Lehre zu folgen; die VolkswagenStiftung, ohne die dieses Projekt nie möglich gewesen wäre und die sich stets als Ermöglicher erwiesen hat; meine Lektorin Ute Maack, die mit ihrem besonderen Gespür für Sprache dieses Buch lesbarer gemacht hat.

Abbildung 1: Wolfsterritorien in Deutschland im Monitoringjahr 2020/2021

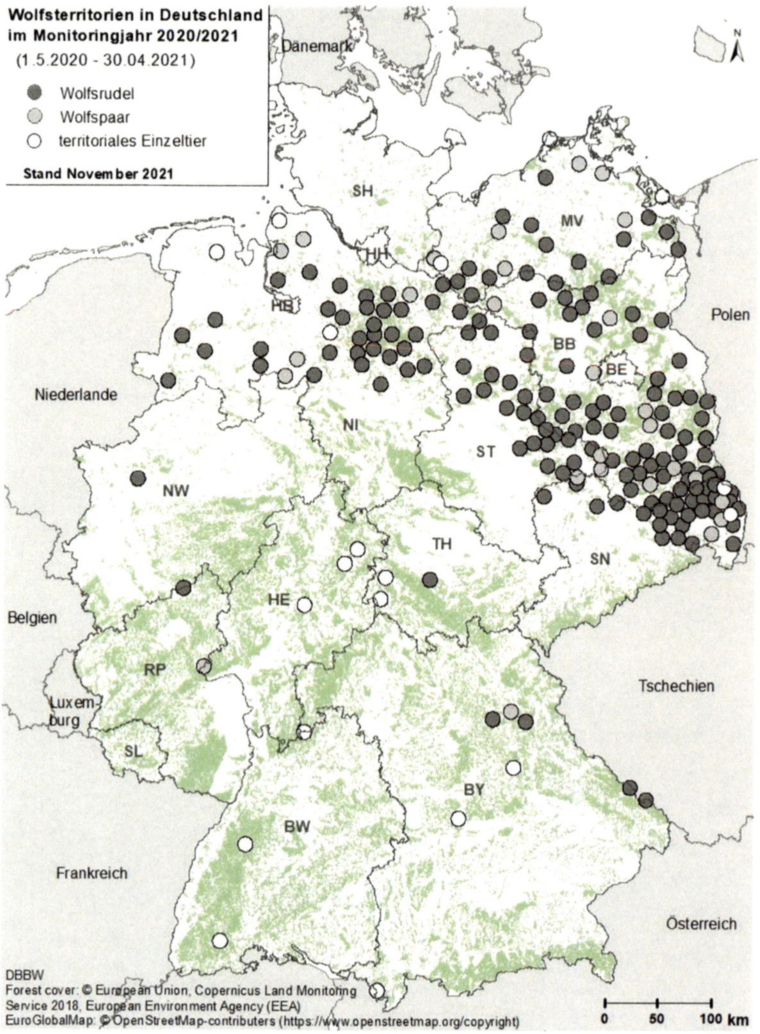

Quelle: Dokumentations – und Beratungsstelle des Bundes zum Thema Wolf (DBBW)

1. Einleitung

Die Rückkehr der Wölfe nach Deutschland

Der letzte Wolf auf deutschem Territorium wurde 1904 in der Lausitz in Ostdeutschland geschossen, seither galten Wölfe hierzulande als ausgestorben. Tatsächlich aber haben Wölfe das ganze 20. Jahrhundert hindurch den Versuch gemacht, sich wieder anzusiedeln. Da die Gesellschaft jedoch nicht bereit war, sie zu dulden, wurden alle Wölfe kurz nach ihrer Ankunft getötet. Noch in den 1990er-Jahren wurden sechs Wölfe getötet, inzwischen hatte sich allerdings etwas geändert. Im Jahr 2000 hatten es Wölfe aus Westpolen geschafft, sich auf dem Truppenübungsplatz Oberlausitz in Sachsen zusammenzufinden und das erste reproduktive Wolfsrudel nach fast 100 Jahren Abwesenheit zu gründen. Danach passierte lange Zeit nicht viel. Es dauerte fünf Jahre, bis ein zweites Rudel gegründet wurde, und wiederum fünf Jahre später gab es sieben Rudel, sieben Paare und sechs Einzelwölfe, die sich über die Bundesländer Sachsen, Brandenburg, Sachsen-Anhalt, Mecklenburg-Vorpommern, Hessen und Bayern verteilten. Zum Zeitpunkt der Erstellung dieses Buchs (letztes Monitoringjahr 2020/21) ist die Wolfspopulation auf 158 Rudel, 27 Paare, 20 territoriale Einzelwölfe und 564 bestätigte Welpen in zehn der sechzehn Bundesländer (die meisten davon in Sachsen, Brandenburg und Niedersachsen), gestiegen. Deutschland verfügt heute über eine der größten Wolfspopulationen in Europa, und sie wächst weiter.[1]

Doch Zahlen allein geben ein unvollständiges Bild der Situation. Im Gegensatz zur Rückkehr bzw. Wiederansiedlung anderer Wildtierarten wie Luchs oder Biber scheint die Rückkehr der Wölfe eine gänzlich andere Qualität

1 Zum internationalen Status der Spezies Wolf, Canis lupus, siehe https://www.iucnredlist.org/species/3746/144226239#population (Zugriff: 18.06.2022). Zum Status des Wolfs in Deutschland siehe https://www.dbb-wolf.de/ (Zugriff: 18.06.2022).

zu haben. Konflikte überschatten das Zustandekommen einer wie auch immer gearteten Koexistenz. Dabei treten Wölfe in vielfältigster Weise in Erscheinung und in unser Leben. Wölfe werden an immer neuen Orten gesichtet. Videos und Bilder von Wolfssichtungen und Begegnungen kursieren in den sozialen Medien. Wölfe gründen neue Territorien. Wölfe überqueren Straßen und werden manchmal zu Verkehrsopfern. Wölfe greifen Schafe, manchmal sogar Pferde und Kühe an und überwinden Herdenschutzmaßnahmen. Hin und wieder werden Wölfe gefunden, die illegal getötet und vergraben wurden. Menschen gehen auf die Straße, um gegen die Rückkehr der Wölfe zu protestieren. Es finden öffentliche Veranstaltungen und Vorträge über Wölfe statt. Menschen besuchen Wolfsausstellungen und Wolfsparks. In seltenen Fällen paaren sich Wölfe mit einem Hund und erzeugen Hybride. Manchmal werden Wölfe (nach langen und hitzigen Debatten) offiziell zu »Problemwölfen« erklärt, weil sie wiederholt Nutztiere getötet haben oder ›unnatürliches‹ Verhalten zeigen. In den Medien wird berichtet, dass ein Problemwolf getötet wurde oder trotz Bemühungen nicht getötet werden konnte, weil er auf mysteriöse Weise verschwunden bzw. in ein benachbartes Bundesland abgewandert ist, in dem die ursprüngliche Genehmigung zur legalen ›Entnahme‹ keine Gültigkeit besitzt. Tierschützer und Tierschützerinnen verklagen einzelne politische Verantwortliche oder Institutionen wegen der Erteilung solcher Genehmigungen oder drohen dies zu tun.[2]

Die Rückkehr der Wölfe: eine affektive Angelegenheit

Wir sehen, dass die Rückkehr der Wölfe nach Deutschland die Gemüter erregt und von einer hohen emotionalen Intensität durchdrungen ist.[3] Die Akteure

---

2 Zu aktuellen Haltungen und Meinungen zum Thema Wolf in Deutschland siehe Arbieu, Ugo et al.: »Attitudes towards returning wolves (Canis lupus) in Germany: Exposure, information sources and trust matter«, in: Biological Conservation 234 (2019), S. 202-210, https://doi.org/10.1016/j.biocon.2019.03.027

3 Zur Rolle von Emotionalität in der Wolfsdebatte allgemein und länderübergreifend, siehe Slagle, Kristina M./Bruskotter, Jeremy T./Wilson, Robyn S.: »The Role of Affect in Public Support and Opposition to Wolf Management«, in: Human Dimensions of Wildlife 17.1 (2012), S. 44-57, https://doi.org/10.1080/10871209.2012.633237; zur Situation speziell in Finnland Hiedanpää, Juha/Pellikka, Jani/Ojalammi, Sanna: »Meet the parents. Normative emotions in Finnish wolf politics«, in: Trace. Journal for Human-Animal Studies 2 (2016); zur Situation in Norwegen, Røskaft, Eivin et al.: »Patterns of

und Akteurinnen werfen der jeweils anderen Seite vor, zu emotional zu sein, während sie für sich selbst ›Sachlichkeit‹ reklamieren und generell eine Ent-Emotionalisierung und mehr Sachlichkeit in der Debatte fordern. Und doch kochen die Emotionen immer wieder hoch. In Parlamentsdebatten, öffentlichen Vorträgen oder Straßenprotesten machen sich die Akteure für ihre Sache stark, sind entrüstet oder empört. Nutztierhalterinnen sind frustriert und äußern ihre ständige Sorge um ihre Tiere. Wolfsskeptikerinnen und -befürworter treffen online und offline aufeinander und ärgern sich übereinander oder werden wütend. Auf der einen Seite hat der Hass auf Wölfe zu illegalen Tötungen geführt. Auf der anderen Seite begegnen Wolfsbefürworter der Rückkehr der Wölfe mit Liebe und Faszination. Währenddessen scheinen die meisten Menschen einfach verunsichert zu sein und nicht zu wissen, was sie in dieser neuen Situation fühlen sollen. Ihre Sorgen und Ängste wollen und müssen ›ernst genommen‹ werden – vor allem von der Politik und dem offiziellen Wolfsmanagement, wie eine gängige Phrase der letzten Jahre lautet.

Das Verhältnis zwischen Menschen und Wölfen erschöpft sich also bei Weitem nicht in rationalen Debatten, dem Austausch von Argumenten oder in Wissen, Meinungen und Einstellungen. Während solche Analysen zu unserem Verständnis sicherlich beitragen, ist es klar, dass sie bedeutende Dimensionen des Verhältnisses unbeleuchtet lassen. Denn die Koexistenz zwischen Menschen und Wölfen gibt es nicht ›gefühlsneutral‹: Ob Koexistenz oder Konflikt, das Verhältnis ist ein zutiefst emotional gefärbtes.[4] Das hat, obwohl es oft beobachtet wurde, bisher nicht zu einer umfassenden Untersuchung der Rolle von Emotionen im Verhältnis zwischen Menschen und Wölfen geführt. Was wir also brauchen, ist ein Ansatz, der mit einem nuancierten Verständnis Emotionen in ihren verschiedenen Erscheinungsformen durchdenkt. Zwei kurze Beispiele aus meiner Feldforschung geben eine erste Vorstellung davon, wohin eine solche Perspektive führen könnte.

Einer der ersten Jäger, den ich in der Lausitz interviewte, wurde mir von einem Forschungspartner als Wolfsgegner beschrieben und vermittelt. Am Telefon war seine erste Frage an mich: »Sind sie auch einer von diesen Wolfsfana-

self-reported fear towards large carnivores among the Norwegian public«, in: Evolution and Human Behavior 24.3 (2003), S. 184-198, https://doi.org/10.1016/S1090-5138(03)00011-4

4 Thorsten Gieser/von Essen, Erica: »Wolves, ecologies of fear, and the affective challenges of coexistence«, Society and Space, 6. September 2021, https://www.societyandspace.org/articles/wolves-ecologies-of-fear (Zugriff: 18.06.2022).

tikern?« Er erklärte sich bereit, mit mir zu reden (ohne Aufnahmegerät), und ich besuchte ihn in seinem ›Jagdzimmer‹, das er sich über seiner Autowerkstatt eingerichtet hatte: mit Holz verkleidet, Trophäen und Fotoposter von Wild an den Wänden und mit einem Aufkleber des Aktionsbündnisses »Wolf – Nein Danke!« an der Tür. Am Ende des Interviews – ich packte gerade meine Sachen ein – stellte ich ihm noch eine letzte Frage. Ob er sich denn für einen starken Wolfsgegner halten würde. »Neeein!«, rief er sichtlich aufgeregt und wild gestikulierend. »Ich will doch nur mehr Sachlichkeit in der Debatte!« Ein emotionaler Ausbruch verbunden mit einem Aufruf zur Sachlichkeit mag ein Paradox sein, doch zeigt er, was die öffentlich ausgetragenen Konflikte um die Koexistenz von Menschen und Wölfen auszeichnet.

Auch wenn die ›Ordnung des Diskurses‹[5] in der heutigen Gesellschaft vorgibt, dass Debatten sachlich-rational geführt werden sollen und Emotionen als Störfaktor oder Irritation fehl am Platz sind, so muss man doch feststellen, dass sich Emotionen nicht so einfach verdrängen lassen. Dazu gehört, dass eigentlich alle Beteiligten dieser Debatten Objektivität und Sachlichkeit für sich reklamieren und sie der Gegenseite in Abrede stellen. Emotional sind demnach immer die anderen. Die einzige Gruppe, die Emotionalität öffentlich für sich in Anspruch nimmt (und daraus sogar politisches Kapital schlägt), sind die Weidetierhalter und -halterinnen. In einer öffentlichen Debatte verkündete beispielsweise eine junge Berufsschäferin aus der Eifel:

> »[SCHÄFERIN:] Wir leben am existenziellen Minimum, wie die meisten Schäfer. Das ist ein Beruf mit viel Idealismus, und nebenbei bemerkt, wie sollen wir ganz ohne Emotionen in die Debatte einsteigen, wenn die Schafe nicht wild sind wie Wild, sondern sie uns gehören?
>
> [MODERATOR:] Das müssen sie nicht. Es ist ja gut [...] Emotionen. (lauter Beifall aus dem Publikum).«[6]

Es scheint also im öffentlichen Diskurs auch eine ›gerechtfertigte‹, positiv gedeutete Emotionalität zu geben, die durchaus ihren Platz hat. Emotionalität als Ausdruck einer als wertvoll gefühlten Verbundenheit mit Tieren ist für die Schäferin legitim. Diese emotionale Beziehung fügt den (rationalen) Argumenten über »Ökosystemleistungen« von Weidetieren, die üblicherweise als sachliche Argumente angeführt werden, eine weitere Dimension hinzu. Aber

---

5 Vgl. Foucault, Michel: Die Ordnung der Dinge, Frankfurt: Fischer Verlag 1991.

6 Podiumsdiskussion des SWR, Daaden, 21.11.2019, Protokoll des Verfassers.

warum dürfen Schäfer Emotionen für sich beanspruchen und in Debatten zum Ausdruck bringen und andere (wie Jäger oder Wolfsfreundinnen) nicht? Welche Art von emotionalen Beziehungen haben sie genau zu ihren Tieren? Welche Rolle nimmt die (bewusst gespielte) ›emotionale Karte‹ gegenüber rationalen Argumenten im öffentlichen Diskurs ein?

Diese und einige weitere Fragen ergeben sich aus zwei übergreifenden Fragen, die meine Forschung leiteten: Welche Rolle spielen Emotionen in unterschiedlichster Art für die Beziehung zwischen Menschen und Wölfen und wie werden Emotionen im Laufe der Mensch-Wolf-Koexistenz und ihrer Praktiken mobilisiert, aufgeführt, gefördert, verweigert, zurückgehalten oder diszipliniert? In diesem Buch setze ich mich mit diesen Fragen auseinander, indem ich den Begriff der Emotion dahingehend öffne, dass er mehr als eine innere, subjektive und menschliche Erfahrung bedeutet, und ihn stattdessen als ein Phänomen des *mehr-als-menschlichen Affekts* behandele. Umgangssprachlich bezieht sich Affekt auf »eine vorübergehende *Gemütserregung* oder *Gefühlswallung*, die durch äußere Anlässe oder innere psychische Vorgänge ausgelöst wird«,[7] wobei der genaue Anlass oft unklar ist und unbestimmt bleibt. Diese Gemütserregung ist zumeist auch mit einem schwer kontrollierbaren Handlungsimpuls verbunden. Die in diesem Buch benutzte Arbeitsdefinition weicht von dem umgangssprachlichen Gebrauch etwas ab und speist sich primär aus neueren Entwicklungen in der interdisziplinären Affekttheorie.[8] Unter *Affektivität* im weitesten Sinne verstehe ich hier

> »eine grundlegende Triebkraft des [mehr-als-] menschlichen Zusammenlebens. Affektivität ist einerseits ganz unmittelbar Kraft, Bewegung, Intensität, Lebendigkeit – andererseits ein durch und durch soziales, interpersonales Geschehen, ein Modus des Miteinanderseins, ein gelebtes und erlebtes In-Beziehung-Stehen, ein vielfältig ausgestaltetes dynamisches ›Dazwischen‹.«[9]

---

7 Wikipedia-Eintrag »Affekt« (Herv. i.O.), https://de.wikipedia.org/wiki/Affekt (Zugriff: 19.06.2022).

8 Ich beziehe mich größtenteils auf die umfangreichen Werke des Berliner Sonderforschungsbereichs SFB Affective Societies, vgl. z.B. Slaby, Jan/Scheve, Christian v. (Hg.): Affective societies. Key concepts (= Routledge studies in affective societies), London/New York: Routledge 2019 als Überblickswerk, sowie des Kulturgeografen Ben Anderson, vgl. Anderson, Ben: Encountering affect. Capacities, apparatuses, conditions (= An Ashgate Book), London/New York: Routledge 2016.

9 Slaby, Jan/Mühlhoff, Rainer/Wüschner, Philipp: »Affektive Relationalität. Umrisse eines philosophischen Forschungsprogramms«, in: Eberlein, Undine (Hg.), Zwischen-

Affekte berühren, bewegen, betreffen, beeinflussen, erregen, reizen, erschüttern. Somit beschreibt der Affekt eine der grundlegenden Arten, wie Körper lebendig-responsiv und empfindsam in der Welt involviert sind. Lebendig sein bedeutet in diesem Zusammenhang die Fähigkeit, zu affizieren und affiziert zu werden. Diese relationale affektive Dynamik stellt die Basis auch für eine Koexistenz zwischen Wölfen und Menschen dar.

Meine Grundannahme dabei ist, dass etwas passiert, wenn sich Mensch und Wolf – direkt oder indirekt – begegnen.[10] Einzelne Akteurinnen werden auf vielfältige Weise affektiv bewegt und transformiert: in ihrem phänomenalen Erleben, ihren körperlichen Handlungen, ihrem Wissen und ihren Werten. Um das Geschehen im Detail analysieren zu können, wird in dieser Arbeit ›Affekt‹ eher lose als Oberbegriff für eine Vielzahl verwandter Phänomene verwendet, die in einer solchen Definition von Affekt ihren Ursprung haben, aber unterschiedliche Formen annehmen können, von Gefühlen und Emotionen bis hin zu Atmosphären, Stimmungen und Sentiments. So verstanden ermöglicht dieser Begriff es uns, präsubjektive, subjektive sowie intersubjektive Erfahrungen, spontane und dauerhafte Affekte, stabilisierende und destabilisierende Affekte, menschliche und tierische Affekte zu erfassen. Auf einer grundlegenden Ebene unterscheide ich zwischen Affekt, Gefühl und Emotion. Kurz gesagt: Während sich der Affekt auf die interkorporelle Dynamik zwischen Akteuren bezieht, bezeichnet das Gefühl die subjektive Erfahrung, betroffen zu sein, und die Emotion bezieht sich auf die soziokulturelle Strukturierung von Gefühlen in sprachlich fassbare Kategorien (Wut, Empörung, Neid, Liebe etc.).

Diese Analyse auf der Mikroebene der einzelnen Akteure wird durch eine Analyse auf der Mesoebene ergänzt, indem Affekte, Emotionen und Gefühle als Ausdruck breiterer soziokultureller und mehr-als-menschlicher affektiver

---

leiblichkeit und bewegtes Verstehen – Intercorporeity, Movement and Tacit Knowledge, Bielefeld: transcript 2016, S. 69-108, hier S. 69, https://doi.org/10.1515/9783839435793-004

10 Zur Bedeutung von Wolfsbegegnungen allgemein siehe auch Arbieu, Ugo et al.: »The positive experience of encountering wolves in the wild«, in: Conservation Science and Practice 2.5 (2020), Artikel e184, https://doi.org/10.1111/csp2.184; Eriksson, Max/Sandström, Camilla/Ericsson, Göran: »Direct experience and attitude change towards bears and wolves«, in: Wildlife Biology 21.3 (2015), S. 131-137, https://doi.org/10.2981/wlb.00062; Wam, Hilde Karine: Wolf behaviour towards people. the outcome of 125 monitored encounters. Cand. Scient. thesis. Norwegian Agriculture University, Ås 2002.

Strukturen wie Atmosphären, Stimmungen und Sentiments betrachtet werden. Unter Atmosphäre[11] verstehe ich in diesem Kontext eine räumlich diffuse Gefühlsqualität, die für Anwesende spürbar ist, sie ergreift und auf sie einwirkt, indem sie deren momentane Befindlichkeit gemäß der Atmosphäre einfärbt bzw. einstimmt. Sie ist demnach eine Art Möglichkeitsraum des Affiziertwerdens, indem sich das Erleben einer bestimmten Gefühlsqualität anbietet, ohne sich notwendigerweise aufzuzwingen. Die Stimmung verstehe ich als ein Sonderfall der Atmosphäre. Während zu Letzterer nicht nur Menschen, sondern auch räumliche Umgebungen (Architektur, Landschaft) und andere Lebewesen (Pflanzen, Tiere) beitragen können, ist die Stimmung vor allem von und für Menschen in einer sozialen Situation gemacht und bedarf damit einer affektiven Anstrengung (daher wird später auch das bewusste Stimmung-machen eine zentrale Rolle spielen). Der Begriff des Sentiments ersetzt in diesem Buch die in der sozialwissenschaftlichen Literatur über Wölfe ansonsten üblichen Begriffe, wie Meinung, Haltung, Einstellung. Diese Begriffe verweisen alle auf primär kognitiv-rationale Prozesse, die dann meist noch durch die separate Kategorie der Emotion ergänzt werden. Sentiments dagegen gehen davon aus, dass kognitive und emotionale Prozesse zusammen auftreten. Sie sind ein »evaluative regime of meaning as embedded in and colored by affective and emotional dynamics«[12] und können sich sowohl in vagen Gefühlserfahrungen als auch in Meinungen oder Werturteilen ausdrücken.

Schließlich werden diese Überlegungen auf der Makroebene zusammengeführt, wenn Wolfsmanagementregime als *affektive Arrangements* betrachtet werden, als eine spezifische Konstellation von Bedingungen, in denen das Leben von Menschen und Wölfen miteinander und mit breiteren soziomateriellen Kräften verwoben werden kann: von der individuellen bis zur gesellschaftlichen Ebene, von lokalen bis zu globalen Bedingungen, von Praktiken bis zu Diskursen, von Ideen und Werten bis zur materiellen Umwelt. Als Foucault'sches *affektives Dispositiv* mobilisieren oder gewähren Wolfsmanagement-Disziplinarregime Rahmen für mögliches Wissen sowie für mögliche

11 Vgl. Riedel, Friedlind: »Atmosphere«, in: J. Slaby/C. v. Scheve (Hg.), Affective societies, S. 85-95; Slaby, Jan: »Atmospheres – Schmitz, Massumi and beyond«, in: Friedlind Riedel/Juha Torvinen (Hg.), Music as Atmosphere: Collective Feelings and Affective Sounds, London: Routledge 2019.

12 Bens, Jonas/Zenker, Olaf: »Sentiment«, in: J. Slaby/C. v. Scheve (Hg.), Affective societies, S. 96.

Praktiken, Erfahrungen und Beziehungen, während sie alternative Rahmen einschränken und außer Kraft setzen.

Die Rückkehr der Wölfe: ein etho-ethnologischer Ansatz

Dieses Buch ist also eine Ethnografie über die affektiven Dimensionen des Zusammenlebens von Menschen und Wölfen in Deutschland zu Beginn des 21. Jahrhunderts, die Perspektiven aus der Ethnologie, Kulturgeografie, Philosophie und (Wolfs-)Biologie verbindet. Basierend auf einer fast dreijährigen ethnografischen Feldforschung untersuche ich insbesondere, wie Wölfe dieses Zusammenleben aktiv gestalten und wie ihr Leben und Handeln direkt und indirekt auf Menschen einwirkt. Dies sind im Grunde genommen zutiefst ökologische Fragen – vorausgesetzt man versteht unter Ökologie mehr als die quantitative Erforschung von Energie- und Stoffaustauschprozessen. Jens Soentgen verweist darauf, dass die Ökologie als Beziehungswissenschaft leider weitgehend zu einer Ökologie der Objekte verkommen ist und die Subjekte aus den Augen verloren hat. Es gelte im ökologischen Denken auch zu berücksichtigen, dass Beziehungen von Subjekten mit Bewusstsein und Empfindungen gelebt und erlebt werden. Er plädiert daher dafür, der naturwissenschaftlichen Methodik eine geisteswissenschaftlich-hermeneutische zur Seite zu stellen, die die Ökologie der Subjekte zum Gegenstand hat.[13]

In der (Umwelt-)Ethnologie hat insbesondere Tim Ingold in den letzten 30 Jahren eine Ökologie des Lebendigen entwickelt, die ökologische Beziehungen zwischen Organismen und soziokulturelle Beziehungen zwischen ›Personen‹ zusammendenkt.[14] Für Ingold wären sowohl Menschen als auch Wölfe ökologisch situierte Lebewesen, die eine gemeinsame Lebenswelt bewohnen, welche sie durch den praktischen und gewohnheitsmäßigen Umgang mit den Bestandteilen ihrer unbelebten Umwelt als auch in Begegnungen mit ihren Mitbewohnern kennenlernen. Eine solche *dwelling perspective* zeichnet sich durch einen »vorsichtigen Anthropomorphismus« (*hesitant anthropomorphism*) aus. Dieser erlaubt es laut Chris Philo und Chris Wilbert, »speculating that

13 Soentgen, Jens: Ökologie der Angst (= Fröhliche Wissenschaft, Band 117), Berlin: Matthes und Seitz 2018.

14 Ingold, Tim: The perception of the environment: essays on livelihood, dwelling and skill, London/New York: Routledge 2000; ders.: Being Alive. Essays on Movement, Knowledge and Description, London: Routledge 2011.

some animals may have some qualities akin to humans *alongside* much that will be different, other and unavailable to human ken«.[15] Ihre Gemeinsamkeit besteht darin, dass sie empfindungsfähige und handelnde Wesen sind: »Both humans and non-humans [...] conduct themselves skilfully in and through their surroundings, deploying capacities of attention and response that have been developmentally embodied through practice and experience«.[16]

Wenn wir also sowohl Menschen als auch Wölfe als handlungsfähige und handlungsmächtige Lebewesen begreifen, die eine »gemeinsame lebewesentliche Realität«[17] besitzen, dann müssen wir einem ethnologischen Ansatz auch einen (weit gefassten) ethologischen Ansatz zur Seite stellen und beide zu einem etho-ethnologischen Ansatz verbinden. Dieser würde davon ausgehen, dass Menschen und Wölfe in einer gemeinsamen Welt leben, in hybriden Gemeinschaften, die aus einer Vielzahl menschlicher und nichtmenschlicher Wesen bestehen, d.h. in einer »Multispezies-Welt«[18] bzw. einer »NaturKultur«[19], in der das Leben des einen die anderen beeinflusst und von anderen beeinflusst wird, oder anders ausgedrückt, in der das Werden immer ein Mit-Werden ist, das Leben immer ein Zusammen-Leben. Die Koexistenz von Menschen und Wölfen können wir mit Dominique Lestel, Florence Brunois und Florence Gaunet folgendermaßen fassen:

> »Some human societies may upon occasion interact with wolf societies, for example, but ethologists and ethnologists generally and implicitly consid-

15 Philo, Chris/Wilbert, Chris (Hg.): Animal spaces, beastly places. New geographies of human-animal relations (= Critical geographies, Band 10), London/New York: Routledge 2000, S. 23 (Herv. i.O); siehe auch Ingold, Tim: What is an animal? (= One World archaeology, Band 1), Milton Park u.a.: Routledge 1994.

16 T. Ingold: Being Alive, S. 11.

17 Ohrem, Dominik: »(In)VulnerAbilities: Postanthropozentrische Perspektiven auf Verwundbarkeit, Handlungsmacht und die Ontologie des Körpers«, in: S. Wirth et al. (Hg.), Das Handeln der Tiere, S. 67-92, hier S. 78, https://doi.org/10.14361/9783839432266-002

18 Ameli, Katharina: Multispezies-Ethnographie, Bielefeld: transcript 2021, https://doi.org/10.14361/9783839455326; Hartigan Jr., John: »Knowing Animals: Multispecies Ethnography and the Scope of Anthropology«, in: American Anthropologist 123.4 (2021), S. 846-860, https://doi.org/10.1111/aman.13631; Kirksey, Eben/Helmreich, Stefan: »The emergence of multispecies ethnography«, in: Cultural Anthropology 25.4 (2010), S. 545-576, https://doi.org/10.1111/j.1548-1360.2010.01069.x

19 Gesing, Friederike et al. (Hg.): NaturenKulturen. Denkräume und Werkzeuge für neue politische Ökologien (= Edition Kulturwissenschaft, Band 146), Bielefeld: transcript 2019, https://doi.org/10.14361/9783839440070

> er that human societies and wolf societies are two different kinds of thing with separate dynamics, even if the two may interact from time to time. The idea that a wolf society and a human society occupying the same ecosystem might eventually make up a ›lupo-human‹ society which should be studied in itself is generally not regarded as an option to be envisaged. Yet that is precisely what we want to do. It is therefore no longer a question of considering one as external to the other but of regarding the two societies, human and wolf, as the two poles of a global system that needs to be understood as such and its dynamics described, to which should no doubt be added societies of dogs and of sheep.«[20]

Das Zusammenleben mit Wölfen bezieht sich also auf eine Lebensweise, die in der Kopräsenz des anderen gelebt wird und bei der beide Parteien ihr Leben im Bewusstsein dieser Koexistenz gestalten. Wichtig dabei ist, dass dieses Zusammenleben nicht nur aus direkten Begegnungen besteht. Im Gegenteil: Wölfe bleiben meist unter sich und Begegnungen mit Menschen sind selten. Aber ihre Körper verweilen auch, nachdem sie weitergezogen sind. Während sie sich in ihrem Territorium bewegen, hinterlassen sie Duftspuren, beim Durchstreifen eines Busches hinterlassen sie Haare, sie markieren ihr Revier mit Urin und Kot, ihr Heulen hallt durch die Dämmerung. Ebenso schreiben sich ihre körperlichen Handlungen und Bewegungen in die Landschaft ein, wenn sie mit ihren Pfoten Spuren in den Boden drücken, wenn sie Baue ausgraben, wenn sie im Boden scharren und ihr Territorium markieren oder Überreste von gerissenen Tieren hinterlassen, die andere finden können. Im affektiven Sinne schaffen Wölfe damit eine potenziell *spürbare Präsenz*, die ihren unmittelbaren körperlichen Standort sowohl geografisch (über die Landschaft hinweg) als auch zeitlich ausdehnt. Sie sind – affektiv verstanden – »territoriale Ingenieure«[21].

---

20 Lestel, Dominique/Brunois, Florence/Gaunet, Florence: »Etho-etnology and ethnoethology«, in: Social Science Information 45.2 (2006), S. 155-177, hier S. 157, https://doi.org/10.1177/0539018406063633; Lestel, Dominique/Bussolini, Jeffrey/Chrulew, Matthew: »The Phenomenology of Animal Life«, in: Environmental Humanities 5.1 (2014), S. 125-148, https://doi.org/10.1215/22011919-3615442; Lescureux, Nicolas: »Towards the necessity of a new interactive approach integrating ethnology, ecology in the study of the relationship between Kyrgyz stockbreeders and wolves«, in: Social Science Information 45 (2006), S. 463-478, https://doi.org/10.1177/0539018406066536

21 Hastrup, Kirsten: »Dogs among others. Inughuit companions in Northwest Greenland«, in: Robert J. Losey/Robert P. Wishart/Jan P. L. Loovers (Hg.), Dogs in the North. Stories of

Auch der Mensch schafft solche Präsenzen durch seinen Körper und seine körperlichen Handlungen, wenn er durch eine Landschaft geht, wandert, radelt oder fährt; eine Landschaft, die durch seine Straßen, Wege, Gebäude, Dörfer und Städte geprägt ist. Dabei wirken solche Präsenzen nicht immer eindeutig, sondern können sich verschiedenen Beteiligten ganz unterschiedlich darstellen. Zäune oder Hütehunde zum Beispiel zeugen für Wölfe von einer menschlichen Präsenz in der Landschaft, für Menschen aber von einer Wolfspräsenz in der Gegend.

Natürlich werden diese menschlichen und nichtmenschlichen Präsenzen nicht zwangsläufig von jeder und jedem wahrgenommen, sondern sind abhängig von den sensorischen Fähigkeiten und der Motivation, sie wahrzunehmen. Es bleibt auch die Möglichkeit, Präsenzen zu ignorieren – es sei denn, sie drängen sich einem auf, wie es der Fall ist, wenn man ein Schäfer ist, dessen Schafe von Wölfen gerissen werden. Außerdem wird es immer schwieriger, Wolfspräsenzen zu ignorieren, da sowohl ihre Populationsgröße als auch ihre geografische Verteilung zunimmt. Vor allem aber wechselt die Wolfspräsenz auch das Register, wandert in verschiedenen Formen weiter, durch Prozesse der »Transduktion«, wie Stefan Helmreich die Umformung und Umwandlung von Signalen über Medien nennt.[22] Die affektiven Intensitäten und Kräfte der körperlichen Anwesenheit von Wölfen können sich in Erzählungen, Social-Media-Postings, Fotografien, Kunstwerke usw. verwandeln und dort *affektive Spuren* hinterlassen, die die Rezipierenden auf bestimmte Weise weiterbewegen und so Zugang finden ins kulturelle Gedächtnis. Vorliegende Arbeit unterscheidet sich von anderen dadurch, dass sie eben nicht die Koexistenz zwischen Menschen und Wölfen mit diesen affektiven Spuren beginnen lässt – in dem Terrain, das üblicherweise als die kulturelle (menschliche) Sphäre bezeichnet wird –, sondern mit dem, was Menschen und Wölfe in einer gemeinsamen ›lupo-humanen‹ Gesellschaft *tun*.

cooperation and co-domestication, London and New York: Routledge 2018, S. 212-232, hier S. 214.

22 Helmreich, Stefan: Listening against Soundscapes, in: Anthropology News 51.9 (2010), S. 10, https://doi.org/10.1111/j.1556-3502.2010.51910.x

Forschungsprozess: Untersuchungsgebiete und Methoden

Diese lupo-humane Gesellschaft ist komplex. Verschiedene Akteure sind involviert, viele Institutionen auf verschiedenen Ebenen (von lokal bis national), verschiedene Arten von Gesetzgebung, eine Reihe von Meinungen und Einstellungen sowie Darstellungen, Erfahrungen, Erzählungen, Wissen und Praktiken. Um die Dinge noch komplexer zu machen, rahmt das föderale politische System Deutschlands diese Beziehungen auch auf Länderebene unterschiedlich ein. Jedes Bundesland hat seinen eigenen Wolfsmanagementplan, seine eigene Gesetzgebung, seine eigenen Institutionen usw., sodass sich die Situationen sogar zwischen benachbarten Bundesländern stark unterscheiden können. Dennoch fließen Vorkommnisse in anderen Bundesländern – und sogar in anderen Ländern – in das Verhältnis zwischen Mensch und Wolf ein, da alles, was mit Wölfen zu tun hat, in den (sozialen) Medien zirkuliert und sich mit lokalen Situationen verstrickt. Und nicht zuletzt sind die Wölfe selbst ungleichmäßig im Land verteilt, sind an manchen Orten Neuankömmlinge, an anderen bereits etabliert. Verschiedene Rudel scheinen unterschiedliche Rudelkulturen zu haben, und sogar einzelne Wölfe – wie man am Leben der sogenannten Problemwölfe sehen kann – handeln und verhalten sich auf ihre ganz eigene, individuelle Art und Weise, anstatt sich an einen vermeintlichen Standard von ›arttypischem Verhalten‹ zu halten. Kurzum, diese hohe Komplexität kann nicht mit einer Ein-Methoden-Studie angegangen werden, sondern erfordert einen Multi-Methoden-Ansatz: die Ethnografie.

Ethnografie ist eine erfahrungsbasierte (d.h. empirische) Forschungsstrategie, die darauf abzielt, das soziokulturelle Leben dort zu erforschen, wo es stattfindet, wobei eine Vielzahl von Methoden auf flexible Art und Weise entsprechend den Anforderungen des Feldes eingesetzt wird. Dieser Multi-Methoden-Ansatz ermöglicht die Sammlung, Produktion und Interpretation zahlreicher Datentypen (Feldnotizen, Interviewprotokolle und -transkriptionen, Bilder und Videos, Social-Media-Postings, offizielle Dokumente, Pressemitteilungen, ›graue Literatur‹ etc.) über einen längeren Zeitraum hinweg, die sich gegenseitig ergänzen und kommentieren können, wodurch die Komplexität der Phänomene erhöht und somit die Interpretationen und das Verständnis vertieft werden. Obgleich mehrere Methoden zum Einsatz kommen (teilnehmende Beobachtung, Interviews, Textanalyse, visuelle Analyse), liegt ein starker Fokus auf der teilnehmenden Beobachtung, der Verfolgung soziokultureller Prozesse der Sinnstiftung *in situ* sowie dem Aufsuchen von Orten der Wissensproduktion und der Ausübung soziokultureller Praktiken.

Ethnografische Feldforschung ermöglicht es dem Forscher somit, die reiche Komplexität der gelebten Realität zu erfassen, anstatt sie auf eine bestimmte Dimension (wie Meinungen oder Einstellungen) oder Perspektive darauf (wie die der Jäger oder Tierschützer) zu reduzieren. Sie wird von der Erfahrung des Ethnografen getragen, der sich kontinuierlich im Feld engagiert und darin eintaucht, wodurch er in die Lage versetzt wird, Verbindungen zwischen Daten zu sehen und sie gegenüber einer Reihe anderer Daten durch ein rekursives Forschungsdesign zu bewerten. Schließlich wechseln sich dabei Datenproduktion, -sammlung und -interpretation stetig ab und ergänzen so den Verstehensprozess fortwährend. Um es mit Stefan Hirschauer und Klaus Amann auf den Punkt zu bringen: Diese ethnografische Arbeit setzt »auf einen ›weichen‹ Methoden-, aber ›harten‹ Empiriebegriff«[23] Die explorative Erkundung des Phänomens ist das Ziel, an das sich die Methoden anpassen müssen, nicht umgekehrt.

Ist das Ziel die Erkundung des Zusammenlebens zwischen Wölfen und Menschen, stellt sich die Frage, wo eigentlich ›das Feld‹ für den Ethnologen ist. Die übliche Herangehensweise, das Feld über eine zentrale Lokalität zu definieren, hilft hier nur bedingt weiter. Dennoch wählte ich zwei geografische Gebiete, um meine Forschung zu konzentrieren, ohne sie darauf zu begrenzen. Die erste Region, die Lausitz in Sachsen (und südlichem Brandenburg), nahe der deutsch-polnischen Grenze, war die erste Region in Deutschland, die im Jahr 2000 von Wölfen besiedelt wurde. Seitdem hat sie sich zum »größten zusammenhängenden Gebiet entwickelt, das von Wölfen in dieser [mitteleuropäischen] Population bewohnt wird«.[24] Im Gegensatz zur Lausitz gibt es im rheinland-pfälzischen Westerwald seit 2018 erstmals ein Wolfsgebiet mit einem reproduzierenden Paar und Nachwuchs. Die Situation ist neu für die lokalen Gemeinden und der Prozess des Lernens, wie man mit Wölfen zusammenlebt, beginnt gerade erst. Diese Konstellation aus etabliertem Wolfsgebiet und neuem Wolfsgebiet gab mir die Gelegenheit, die verschiedensten Aspekte der Koexistenz zu untersuchen.

Doch ›mein Feld‹ ging weit über konkrete Orte hinaus, denn meine Maxime war: Folge den Wölfen! Den Wölfen überall dorthin zu folgen, wo sie in meinen

23 Amann, Klaus/Hirschauer, Stefan: Die Befremdung der eigenen Kultur. Ein Programm, in: Dies. (Hg.), Die Befremdung der eigenen Kultur: Zur ethnographischen Herausforderung soziologischer Empirie, Frankfurt: Suhrkamp 1997, S. 7-52, hier S. 9.

24 Dokumentations- und Beratungsstelle des Bundes zum Thema Wolf (DBBW): Wölfe in Deutschland – Statusbericht 2019/2020, S. 1-34, hier S.2.

Forschungsregionen auftauchten und ihre Anwesenheit für den Menschen ›einen Unterschied machte‹, bedeutete, meinen Feldstandort zu einem Netzwerk sozialer Situationen zu erweitern, die durch Wolfspräsenzen und -spuren miteinander verbunden waren. Auf diese Weise wurde meine Forschung zu einer multilokalen, d.h. »multi-sited ethnography«[25]. Ich begleitete Rissgutachter bei ihrer Arbeit, einen toten Wolf zur pathologischen Untersuchung ins Leibniz-Institut für Zoo- und Wildtierforschung, Biologinnen und Wolfsbeauftragte auf Monitoringexkursionen, besuchte ein viertägiges touristisches Wolfsseminar, nahm an vielen öffentlichen Wolfsvorträgen und -diskussionen teil, beteiligte mich an einer Anti-Wolf-Demonstration von Weidetierhaltern, besuchte Wolfsausstellungen in Güls, Bonn, Winsen und Rietschen, einen »Tag der offenen Weide«, einen »Herdenschutztag«, nahm an Jagden im Wolfsgebiet teil, an Heulabenden im Adler- und Wolfspark Kasselburg/Eifel und beobachtete mehrere Tage lang Interaktionen zwischen Besucherinnen und Wölfen im Wolfcenter in Dörverden. Außerdem habe ich an vielen Wochenenden das Westerwälder Wolfsgebiet besucht und durchwandert, um mich mit der von Wölfen bevorzugten Landschaft und Fauna vertraut zu machen und mit Menschen, die ich unterwegs traf, ins Gespräch zu kommen, um mehr darüber zu erfahren, wie es ist, mit Wölfen in der Nachbarschaft zu leben.

Den Wölfen zu folgen, nahm ich demnach wörtlich. Dem Anspruch einer etho-ethnologischen Forschung folgend musste ich mich schließlich auch damit auseinandersetzen, wie ich selbst (als Ethnologe) das Leben und Handeln der Wölfe in meinen Forschungsprozess einbauen könnte.[26] Allerdings war

---

25 Marcus, George E.: »Ethnography in/of the World System: The Emergence of Multi-Sited Ethnography«, in: Annual Review of Anthropology 24 (1995), S. 95-117, https://doi.org/10.1146/annurev.an.24.100195.000523

26 Vgl. Barua, Maan: »Bio-Geo-Graphy: Landscape, Dwelling, and the Political Ecology of Human-Elephant Relations«, in: Environment and Planning D: Society and Space 32.5 (2014), S. 915-934, https://doi.org/10.1068/d4213; Buller, Henry: »Animal geographies II«, in: Progress in Human Geography 39.3 (2015), S. 374-384, https://doi.org/10.1177/0309132514527401; Locke, Piers: »Elephants as persons, affective apprenticeship, and fieldwork with nonhuman informants in Nepal«, in: HAU: Journal of Ethnographic Theory 7.1 (2017), S. 353-376; O'Mahony, Kieran/Corradini, Andrea/Gazzola, Andrea: »Lupine Becomings –Tracking and Assembling Romanian Wolves through Multi-Sensory Fieldwork«, in: Society & Animals 26.2 (2018), S. 107-129, http://dx.doi.org/10.1163/15685306-12341501; Schröder, Verena: »Tierliche Lebenswelten verstehen lernen? Perspektiven mehr-als-menschlicher Ethnographien«, in: Christian Steiner et al. (Hg.), Mehr-als-menschliche Geographien: Schlüsselkonzepte, Beziehungen und Methodiken, Stuttgart: Franz Steiner 2022, S. 317-339; Frank, Elisa: »Follow the wolves: Reflections on

mir klar, dass Wölfe zu den am schwierigsten zu erforschenden Tieren zählen, da sie sehr mobil und scheu sind und zudem meist in unübersichtlichen Wäldern (zumindest in Deutschland) leben. Ich hatte daher nicht viel Hoffnung, überhaupt Wölfe zu Gesicht zu bekommen. Durch meine Forschungspartner in der Lausitz lernte ich jedoch zumindest einige Orte kennen, an denen die Wahrscheinlichkeit, Wölfe beobachten zu können zumindest nicht gegen Null lief. Und so verbrachte ich insgesamt 98 Tage à 3 Stunden (Morgen- oder Abenddämmerung) auf der Lauer und habe tatsächlich 15 Mal Wölfe beobachten können. Diese unzusammenhängenden wenigen (und meist kurzen) Beobachtungen über mehr als zwei Jahre hinweg könnte man schlecht als ›Verhaltensstudie‹ bezeichnen. Doch wie ich im nächsten Kapitel ausführen werde, können auch einzelne Episoden erzählenswert sein und wertvolle Einblicke in das Leben der Wölfe bieten.

Ich informierte mich über Entwicklungen und Neuigkeiten (lokal bis international) mithilfe von Google Alerts, der lokalen/regionalen Presse, Facebook-Gruppen, die ich regelmäßig beobachtete, und offiziellen Webseiten von Wolfsorganisationen, Verbänden (z.B. Jagdverbände oder Schäferverein), Ministerien und der DBBW (Dokumentations- und Beratungsstelle des Bundes für den Wolf). Letztere liefert offizielle News und Fakten über das Wolfsmanagement und -monitoring.

Ich führte informelle Gespräche und mehr als 40 semi-strukturierte Interviews mit Jägern und Förstern, (Wolfs-)Biologinnen, offiziellen staatlichen Wolfsmanagern, NABU-Wolfsbotschafterinnen, Rissgutachterinnen, Wolfsfreunden, Veterinärinnen, Schäfern und anderen Weidetierhaltern, Bürgermeistern und Menschen, die zufällig in einem Wolfsgebiet leben.

Des Weiteren habe ich eine Reihe von populärwissenschaftlichen, journalistischen und wissenschaftlichen Wolfsbüchern (und -filmen) gesammelt und mich mit ihnen vertraut gemacht, wobei ich mich (aber nicht ausschließlich) auf Literatur konzentrierte, die mir von Forschungsteilnehmern empfohlen wurde und die man typischerweise in den Bücherregalen von wolfsskeptischen oder -freundlichen Menschen finden würde.

Der gesamte Forschungsprozess musste sich leider auch spontan den Auswirkungen der Coronapandemie anpassen. Nachdem die ersten sechs Monate der Forschung wie geplant ablaufen konnten, wurde im März 2020 das öffentliche Leben für zwei Monate auf Eis gelegt, daher waren weder die teilneh-

---

Ethnographic Tracing and Tracking«, in: Marlis Heyer/Susanne Hose (Hg.), Encounters with Wolves: Dynamics and Futures, Bautzen: Sorbisches Institut 2020, S. 99-114.

mende Beobachtung von Ereignissen und Praktiken noch Face-to-Face-Interviews möglich, Treffen mussten verschoben oder auf Telefoninterviews umgestellt werden. Das gleiche galt für den langen Lockdown von November 2020 bis ins Frühjahr 2021. Glücklicherweise konnte ich den Sommer 2020 noch für Forschungsaufenthalte in Sachsen nutzen, da dort die Inzidenz zu dieser Zeit niedrig und das öffentliche Leben noch weitgehend intakt war. Ich verlängerte dennoch den Forschungsprozess bis in das Jahr 2022, um eventuell ausgefallene Veranstaltungen oder Treffen zu kompensieren und um eine größere Verzahnung von Forschen und Schreiben zu erreichen. Mit welchem Ergebnis, reflektiere ich im nächsten Abschnitt.

Plan des Buches

Da diese Ethnografie die erste ist über die jüngste Rückkehr der Wölfe nach Deutschland, bot es sich an, ein vorwiegend deskriptives Buch zu schreiben, welches das Phänomen (die Koexistenz von Wölfen und Menschen) in den Mittelpunkt stellt anstatt einer allzu theoretischen, eher abstrakten Diskussion. Um noch einmal Stefan Hirschauer und Klaus Amann zu bemühen: »Erarbeitet man sich ein beobachtendes Verhältnis zur eigenen Kultur, so liegt die Erkenntnisleistung beim ›Othering‹ des Eigenen nicht primär im Erklären oder im Verstehen: sie liegt in der Explikation.«[27] Nichtsdestotrotz ist dieses Buch durchgehend theoretisch informiert, angeleitet und entsprechend strukturiert. Alles, was hier beschrieben wird, ist ausgewählt und geleitet von den Schlüsselbegriffen des Buches, die sich um verschiedene Erscheinungsformen von Affektivität drehen. Diese Begriffe setzen jedoch lediglich Akzente und ersetzen nicht die Auseinandersetzung mit dem Phänomen selbst. Clifford Geertz folgend, war es mir ein Anliegen, diese ›großen‹, eher abstrakten Begriffe in lokale, überschaubare Kontexte einzubetten und sie dadurch lebensnäher und verständlicher zu machen.[28]

Als Form der Auseinandersetzung habe ich eine narrative gewählt. Entsprechend besteht diese Ethnografie aus einem Ensemble von Geschichten. Die Geschichten werden mithilfe von (Affekt-)Begriffen erzählt oder zumindest interpretierend in Verbindung gebracht und so Bestandteil einer

---

27 K. Amann/S. Hirschauer: Die Befremdung der eigenen Kultur, S. 13.

28 Geertz, Clifford: The interpretation of cultures. Selected essays, New York: Basic Books 1973, S. 21.

erzählerischen Argumentation, deren Relevanz somit auch über das unmittelbar Erzählte hinausgehen kann. Allerdings ist diese Ethnografie über das Zusammenleben von Wölfen und Menschen weder vollständig noch erschöpfend. Was dieses Buch vielmehr bietet, bezeichne ich, nach Tim Ingold, als *ethnografische Skizze*. In seinem Aufruf zu einer grafischen Anthropologie bemerkt Tim Ingold, dass viele Ethnografien von einer malerischen Ästhetik durchdrungen zu sein scheinen.[29] Mit Holismus als führendem Paradigma hätten Ethnografen – wie Ölmaler – das Bedürfnis (oder den Anspruch), alle Lücken zu füllen, um ein vollständiges Bild eines Phänomens zu erzeugen. Um diese Totalität und Tiefe zu erreichen, werden im Wesentlichen Schichten und Schichten von Kontext hinzugefügt. Dieses Buch weicht von solchen Ethnografien ab, als ethnografische Skizze ist es bestrebt, Situationen in wenigen Zeilen, aber mit viel Ausdruck zu erfassen. Anstatt zu fragen, was ein Phänomen bedeutet, und einen Kontext als Antwort anzubieten, folge ich den Bahnen affektiver Impulse in ihrem Fluss und ihren Transduktionen, wo immer sie innerhalb des komplexen gemeinsamen Lebens von Menschen und Wölfen ausbrechen.[30] Charakteristisch für eine solche ethnografische Skizze ist auch, dass sie nicht nach der Feldforschung und an einem anderen Ort als dem Feld entstanden ist, sondern während der Feldarbeit. Analog dem zeichnerischen Skizzieren ist das ethnografische Skizzieren ein Beispiel für einen Beschreibungsmodus, der sich noch nicht von der Beobachtung gelöst hat.[31] Das Schreiben dieses Buches wurde ständig durch neue Ereignisse, Interviews und Beobachtungen inspiriert und herausgefordert. Anstatt mich vom Feld abzuwenden, um zu schreiben und zu reflektieren, habe ich mich dafür entschieden, aus meiner Position im Feld heraus zu schreiben und zu reflektieren, ohne dabei die Wölfe aus den Augen zu verlieren.[32] In diesem Sinne stellt dieses Buch einen Fall von *Schreiben-mit-Wölfen* dar. Die folgenden Kapitel sind entsprechend aufgebaut und zeigen Skizzen der relevantesten und aussagekräftigsten affektiven Strukturen, die das Zusammenleben von Menschen und Wölfen in Deutschland heute bestimmen.

In Kapitel 2 führe ich die Leser und Leserinnen in das affektive Leben der Wölfe ein und zeige im Detail, was es auf einer körperlichen Ebene bedeutet,

29 T. Ingold: Being Alive, S. 222.

30 Vgl. Ogden, Laura: Swamplife. People, gators, and mangroves entangled in the Everglades, Minneapolis: University of Minnesota Press 2011.

31 T. Ingold: Being Alive, S.224.

32 Vgl. C. Geertz: The interpretation of cultures; T. Ingold: Being Alive, S. 223.

zu affizieren und affiziert zu werden. Während den klassischen ethologischen Darstellungen nachgesagt wird, dass sie das reichhaltige und komplexe Leben von Tieren auf Verhaltensweisen reduzieren, die wiederum als bloßes Ausleben von Instinkten aufgefasst werden, schlägt dieses Kapitel einen lebendigen Stil der erzählerischen Beschreibung vor, der die Handlungsfähigkeit der Tiere sowie die Dynamik, Mehrdeutigkeit und Offenheit von Begegnungen unterstreicht. Durch Beschreibungen verschiedener Situationen – ein Wolf, der mit Raben spielt; ein Wolf, der Wildschweine jagt; zwei Wölfe, die auf zwei Jäger treffen – zeige ich, wie Wölfe in Begegnungen, auch über Artgrenzen hinweg, empfindsam und responsiv auf andere Körper reagieren. Diese Form des ethno-ethologischen Geschichtenerzählens bietet eine neue Perspektive darauf, was es bedeuten könnte, mit Wölfen auf der grundlegendsten Ebene zu koexistieren.

Kapitel 3 etabliert Wolfs-Agency in einem weiteren Kontext, d.h. es wird aufgezeigt, wie Wölfe als affektive Akteure in einer gemeinsamen, hybriden Multispezies-Lebenswelt gesellschaftliche Prozesse anstoßen. Es zeichnet die jüngste Ankunft von Wölfen im Westerwald nach und beschreibt so, wie sich eine Region zum ersten Mal nach Ausrottung der Wölfe vor mehr als 100 Jahren in ein neues Wolfsterritorium verwandelt. Ich folge den Handlungen, Präsenzen und Spuren der Wölfe (in Kombination mit denen anderer Wölfe in anderen Teilen von Rheinland-Pfalz und in anderen Teilen Deutschlands) ebenso wie den menschlichen Reaktionen auf lokaler und regionaler Ebene, die von Nachrichten in den sozialen Medien über öffentliche Veranstaltungen und Diskussionen unter Jägern bis hin zu Änderungen im ministeriellen Wolfsmanagement reichen. Anstatt nach linearen Kausalketten zu suchen, zeigt dieses Kapitel, wie wölfisches Handeln multidirektionale Impulse gibt, die eine Vielzahl von menschlichen und nichtmenschlichen Akteuren miteinander zu komplexen affektiven Arrangements verstricken.

Mit dem Wissen, dass Wölfe komplexe und rege Akteure sind, die durch ihre Präsenz selbst in eine Region hineinwirken können, zoomt Kapitel 4 mitten in ein Wolfsterritorium, um die Koexistenz der ortsansässigen Bevölkerung mit einem Wolfsrudel in den Blick zu nehmen. Ausgehend von einer zentralen Idee aus der Verhaltensökologie von Beutegreifern, nämlich dass Wölfe *Landschaften der Angst* in Bezug auf ihre Beute schaffen, versuche ich, die Lebenswelt der Bewohner und Bewohnerinnen von Rosenthal in der Lausitz zu verstehen, die sich durch die Wolfspräsenz bedroht und verängstigt fühlen. In einem doppelten Schritt konzeptualisiere ich Rosenthal als eine Landschaft der Angst und die Landschaft der Angst als eine *tierische Atmosphäre (animal atmo-*

sphere). Was trägt zum Entstehen einer solchen Atmosphäre in den Augen der Einheimischen bei und wie wirken Wölfe in ihrer dynamischen Entwicklung mit? Reicht Angst aus, um diese Atmosphäre zu charakterisieren, oder ist sie auch durch andere Gefühle geprägt? Und wer außer den Wölfen und den Anwohnern könnte noch in sie verwickelt sein? Letztlich erweisen sich Wolfsatmosphären als Prozesse affektiver Intensitäten, die durch mehr-als-menschliche Verstrickungen erzeugt werden.

Während sich das vierte Kapitel mit Wolfsatmosphären, also räumlich ausgedehnten Gefühlen beschäftigt, die eine Stadt erfassen, wendet sich Kapitel 5 drei Kategorien von Menschen zu, die auf die eine oder andere Weise besonders von Wölfen betroffen sind: Schäferinnen, Jäger und Wolfsfreunde. Anstatt zu versuchen, ihre Positionen gegenüber Wölfen, ihre Meinungen und ihr Wissen zu verstehen, betrachte ich die affektiven Dimensionen ihrer Beziehungen zu Wölfen. Wie genau sind sie von Wölfen betroffen? Welche Gefühle und Sentiments prägen ihre Beziehung? Und wie hängen diese zusammen mit dauerhafteren affektiven Strukturen, die sich daraus ergeben, was es heute bedeutet, das Leben einer Schäferin, eines Jägers oder Wolfsfreundes zu führen?

Mit diesen Einsichten in verschiedene Dimensionen von Mensch-Wolf-Affekten geht es in Kapitel 6 weiter mit einer Untersuchung von Wolfsmanagementregimen als einer Form von Affektmanagement. Während oft betont wurde, wie Wolfsmanagement als disziplinierendes Regime der Macht aufgefasst werden kann, das eine (semiotische) kulturelle Bedeutungsordnung etabliert und aufrechtzuerhalten versucht, konzentriere ich mich hier auf Wolfsmanagement als einer Art der Disziplinierung, Regulierung und Mobilisierung der Affekte sowohl von Menschen als auch von Wölfen. Grundlegend für eine Disziplinierung der Affekte ist dabei das Leitprinzip der ›Sachlichkeit‹, welches von allen beteiligten Akteuren bemüht wird. Von Seiten des offiziellen Wolfsmanagements als auch von Politikern wird dies ergänzt (wenn nicht konterkariert) durch die affektive Praxis des ›Ernstnehmens von Sorgen und Ängsten‹. Andere Akteure wiederum bauen eher auf die Praxis des ›Stimmung-machens‹, welche wiederum mit Möglichkeitsräumen für das ›Dampf-ablassen‹ begegnet wird. Im anschließenden Exkurs sehen wir mit Blick auf sogenannte Problemwölfe, wie Managementregime – auf der Grundlage klassisch-ethologischer Vorstellungen von Habituierung und Konditionierung – versuchen, eine menschliche, kulturelle Ordnung auf das Leben der Wölfe auszudehnen. Dabei gilt es die in ihren Augen ›natürlichen‹ oder ›unnatürlichen‹ Affekte von Wölfen regierbar im Sinne einer Zuträglichkeit zu einer gelingenden Koexistenz zu machen.

Die Fäden der vorangegangenen Kapitel werden für den Epilog in Kapitel 7 zusammengeführt und ein letztes Mal neu eingeordnet. Denn durch die Methode des Nachverfolgens von affektiven Wirkungen fokussierte sich das Buch zwangsläufig auf die konfliktträchtigen Situationen des Lebens mit Wölfen. Zudem führt die fragmentierte geografische und temporale Verteilung der Rückkehr der Wölfe in unterschiedliche Regionen zu einem ›affektiven Dauerfeuer‹, welches leicht mit dem Normalzustand einer Koexistenz missverstanden werden kann. Daher nutze ich den Epilog für ein letztes ethnografisches Beispiel aus der Lausitz, um dem ›Ruhepuls der Koexistenz‹ nachzuspüren, der sich durch Jahre der Gewöhnung ergibt. Ich schließe mit einem Plädoyer für ein ›affektbewegtes (Nach-)Denken‹ in der Mensch-Wolf-Beziehung, ein ›Denken-*mit*-Affekten‹, welches eine reflektierte Alternative bietet zum affektverleugneten Ruf nach Sachlichkeit einerseits oder zum therapeutischen Ernstnehmen von Affekten andererseits.

2. Wolfs-Affekte

Affektive Wolfskörper

»Bei der Geburt ist das Verhalten von Wolfswelpen kaum mehr als eine einfache Reihe von Reflexen (z.B. Wärmesuche, Kuscheln, Saugen, Ausscheidung als Reaktion auf das Lecken der Mutter, Weinen bei Verletzungen, Wimmern bei Kälte, Hunger oder Isolation).«[1]

»Wölfe werden, nach einer Tragedauer von 61-63 Tagen, in einer von der Mutter gegrabenen Höhle geboren: etwa vier bis sieben Welpen je Wurf. Bei der Geburt sind sie blind und taub. Sie können sich langsam kriechend bewegen. Der Bauch liegt dabei auf und der Kopf pendelt hin und her. Berühren sie mit dem Kopf etwas Warmes, bewegen sie sich in diese Richtung. So finden sie die Mutter und die Zitzen zum Trinken und wenn die Mutter weg ist, finden die Welpen so zueinander. Zum Vorteil für die Wärmeregulation liegen sie auf einem kleinen Haufen zusammengedrängt, den Kopf dabei möglichst im Knäuel versteckt. Wenn die Mutter in die Höhle zurückkehrt, kommt Leben in den Haufen. Vermutlich merken die Welpen dies an der Bewegung, an der Erschütterung der Erde, denn sie reagieren erst viel später auf laute und plötzliche Geräusche, etwa im Alter von vierzehn Tagen.«[2]

Wölfe werden – wie alle anderen menschlichen und nichtmenschlichen Tiere – als offene und verletzliche Organismen in ihre Umgebung geboren. Sie beginnen ihr Leben als fühlende, empfindsame Körper, die empfänglich und responsiv auf ihre Umwelt eingestellt sind. In diesem Stadium sind sie ihre

---

1 Packard, Jane M.: Wolf behavior: reproductive, social and intelligent, in: D. Mech/L. Boitani (Hg.), Wolves, S. 35-65, hier S. 47.

2 Zimen, Erik: Wölfe (= Was ist was, Band 104), Nürnberg: Tessloff 2010, S. 21.

Körper; ihre Absichten sind körperliche Absichten. Sie lernen über die Welt, ihre Mutter, ihre Brüder und Schwestern, die Höhle, die Milch mit und durch ihre empfindsamen Körper. Im Laufe der nächsten Wochen werden diese Körper immer empfindungsfähiger, je mehr Sinne sich für die Welt öffnen.

Dieses ›Zur-Welt-sein‹[3], die offene und nach außen gerichtete körperliche Existenz der Wölfe, sorgt dafür, dass sie von Anfang an aktiv erkundende und lernende Lebewesen sind:

> »The living are above all excited, called upon to respond to an outside. As a result, the living being is always already responding to this call, always already excited, affècted by an outside. Indeed, it is being affected by an outside that brings anything to life, whether we are talking about a plant or a human animal.«[4]

Leider gab und gibt es in der Wolfsbiologie und -ökologie eine starke Tendenz, Reflexe, Instinkte und (genetisch vorgegebene und ökologisch angepasste) Verhaltensmechanismen überzubetonen und damit Wölfe zu passiven Wesen zu machen, die einer verhaltensmäßig verarmten, durch ihren Spezies-Körper vorgegebenen Welt kaum entkommen können. Insbesondere die klassische Ethologie reproduziert behavioristische Modelle von Reiz-Reaktions-Kausalbeziehungen, die beim Verständnis der Komplexität menschlichen und nichtmenschlichen Tierverhaltens meist versagen.

Doch wir brauchen nur auf eine Phänomenologie der Wahrnehmung zu schauen, um zu erkennen, dass auch Reflexe mehr sind als Reaktionen auf einen einfachen äußeren Reiz, sie umfassen die komplette Ausrichtung eines fühlenden Körpers auf die Umwelt (einschließlich anderer Körper) als potenzielles Verhaltenssetting. Die Umwelt zieht an, lädt ein, stößt ab, mobilisiert einen betroffenen Körper zum Handeln und ist nicht einfach (physisch) unabhängig von einem wahrnehmenden Subjekt da. Sowohl Subjekt als auch Umwelt sind in einem, wie ich es nannte, affektiven Arrangement miteinander verflochten. Wenn Wölfe anderen Tieren begegnen, werden sie in ein solches

---

3 Merleau-Ponty, Maurice: Phänomenologie der Wahrnehmung, Berlin: de Gruyter 1966; vgl. auch Despret, Vinciane: »Responding Bodies and Partial Affinities in Human–Animal Worlds«, in: Theory, Culture and Society 30.7/8 (2013), S. 51-76, https://doi.org/10.1177/0263276413496852

4 Nancy, Jean-Luc: Corpus II: Writings on sexuality, New York: Fordham University Press 2013, S. 94.

affektives Arrangement verstrickt und affektive Kräfte beginnen auf sie einzuwirken und ihre Körper gegenseitig zu beleben.

Jede Bewegung, jeder Blick, jedes Geräusch, jede Geste, jeder Wechsel der Mimik oder der Körperhaltung verändert die Dynamik des Arrangements und schafft immer neue situative Bedeutungen, die den Beteiligten helfen, intuitiv zu erfassen, worum es in der Begegnung geht. Jede Veränderung fügt im Idealfall etwas hinzu, um eine (zunächst) unbestimmte und mehrdeutige Situation in etwas Bestimmteres zu verwandeln. Was muss geschehen, damit sich eine Begegnung den Beteiligten als Jagd- oder Kampfsituation, als Treffen möglicher Partner oder als Spielgelegenheit erschließt? Eine dichte Beschreibung von Begegnungen muss die Linien dieser affektiven Kräfte und das, worauf sie sich aufbauen, sorgfältig nachzeichnen.

Eine solche Beschreibung hat einen anderen Fokus als die Methoden der klassischen wolfsethologischen Forschung. Ein typisches ethologisches Forschungsdesign würde die Beobachtung und Aufzeichnung von Verhalten in einer experimentellen Umgebung beinhalten. Als nächstes würde das beobachtete Verhalten mit Verhaltenskategorien, die in einem Ethogramm festgelegt sind, abgeglichen werden. Diese Kodierung des Verhaltens wird dann für eine statistische Analyse verwendet, die das Verhalten quantifiziert, um zuverlässige Verhaltensmuster zu ermitteln. Da das Ziel solcher Forschungsdesigns die Quantifizierung von Verhalten ist und somit den Qualitäten der Details des Verhaltens weniger Aufmerksamkeit geschenkt wird, sind die Feinheiten der affektiven Dynamik einer Begegnung in einem solchen Rahmen schwer zu erfassen.

Ein weiteres Problem dieser klassisch-ethologischen Wolfsforschung ist die Rolle, welche die Intelligenz in ihnen spielt. In der Tat versucht ein großer Teil der Verhaltensforschung an Wölfen, das Ausmaß der Intelligenz der Tiere zu ermitteln (z.B. im Vergleich zu Hunden oder im Jagdverhalten). Bei der Erklärung der Intelligenz verwenden Wolfsforscher Ansätze, die mit den Naturwissenschaften kongruent zu sein scheinen. In Anspielung auf die Rational-Choice-Theorie, die beispielsweise in der quantitativen Ökonomie vorherrscht, schlussfolgern David Mech und Rolf Peterson:

»While elements of learning, tradition, and actual preference may be involved in apparent prey species preferences, the most likely explanation for

> these patterns involves a combination of capture efficiency and profitability relative to risk, which boils down to prey vulnerability.«[5]

In dieser Sichtweise stellt sich die Frage, wie Wölfe das Kosten-Nutzen-Verhältnis verschiedener Jagdstrategien berechnen können – eine Frage, die durch den Rahmen der Evolutionstheorie vorgegeben ist, der besagt, dass jedes Verhalten effizient sein sollte, um das Überleben des Tieres (der Art) zu sichern. Alternativ werden oft kognitivistische Perspektiven aus der Psychologie verwendet, um Intelligenz zu erklären, indem Maschinen- bzw. Computermetaphern verwendet werden, etwa wenn Mech, Douglas Smith und Daniel MacNulty Wölfe metaphorisch als »programmed to kill and eat whenever they can«[6] beschreiben, oder wenn sie Erklärungen für Wolfsjagdstrategien durch Vergleiche mit Roboterexperimenten suchen.

Doch Wölfe sind weder eine Variante des *homo oeconomicus* noch Computer oder Roboter. Wölfe auf diese Weise zu beschreiben und zu versuchen, sie zu verstehen, mag im Rahmen einer naturwissenschaftlichen Theorie schlüssig sein, geht aber an der empirischen Realität vorbei. In Mech, Smith und MacNultys neuestem Buch *Wolves on the Hunt* haben die Forscher jahrzehntelange, kombinierte Beobachtungen von Wolfsverhalten zusammengetragen, die in Hunderten von Beispielen zeigen, wie vielfältig und kreativ das Jagdverhalten von Wölfen ist. Dennoch entschuldigen sie sich dafür, nicht noch mehr Beispiele zur Verfügung zu haben, um mittels einer regulären quantitativen Analyse die Verhaltensmuster im scheinbaren Chaos der individuellen Unterschiede aufzeigen zu können. Schließlich ist es aus ihrer Sicht unmöglich, dass Wölfe ›Traditionen‹ oder gar ›Wolfskulturen‹ entwickeln könnten, die nicht in der DNA der Art programmiert sind.[7]

---

5 Mech, David/Peterson, R.: Wolf-prey relations, in: D. Mech/L. Boitani (Hg.), Wolves, S. 131-157, hier S. 140.

6 Mech, David/Smith, Douglas W./MacNulty, Daniel R.: Wolves on the Hunt, Chicago/London: University of Chicago Press 2015, S. 162.

7 Vgl. Lorimer, Haydon: »Forces of Nature, Forms of Life: Calibrating Ethology and Phenomenology«, in: Ben Anderson/Paul Harrison (Hg.), Taking-Place: non-representational theories in geography, Farnham: Ashgate 2010, S. 55-77. Hayden Lorimer findet hier eine ähnliche paradoxe Logik in den Arbeiten von Konrad Lorenz, der zwar affektive Begegnungen mit Tieren lebendig beschreiben konnte, aber immer wieder darauf zurückkommt, das Verhalten der Tiere mit vereinfachenden Mechanismen von Instinkten und Trieben zu erklären. Ähnlich äußert sich auch John Hartigan, der Ethologen durchaus eine große Beschreibungskompetenz zugesteht, doch ihre evolutionstheoretischen Erklärungsversuche für Verhalten oft für problematisch hält. (Vgl. Hartigan

Das Problem ihrer Analysen ist, so argumentiere ich, dass sie – in ihrem Eifer, die empirische Realität an die Theorie anzupassen – mit einem verarmten Verständnis von animalischer ›Körperlichkeit‹ operieren. Das führt zu einer Überbetonung des Verstandes und der Intelligenz, die Wölfe primär zu denkenden statt zu affektiven, körperlichen Lebewesen macht. Für dieses Dilemma kann ich nicht mehr als den Versuch einer Beschreibung anbieten, der einem etho-ethnologischen Ansatz folgt. Dieser Ansatz ist inspiriert von qualitativen, ethnografischen und ethologischen Beschreibungen menschlichen und nichtmenschlichen Verhaltens. Er geht aus von dem, was Menschen und Tiere gemeinsam haben, von ihrer Körperlichkeit und der körperlichen Realität, die sie hervorbringt,[8] von einer Welt, in der sie zusammen leben, und er setzt Folgendes voraus: sie »live and die together, the one with the other, the one like the other, they coexist, they sympathize, they are con-vival, they co-habit the world that is the same«.[9]

Die klassische, kognitivistisch orientierte ethologische Forschung, die sich auf die Intelligenz von Wölfen konzentriert, sucht typischerweise nach Beweisen für intentionales, strategisches Verhalten. Mit anderen Worten, intelligentes Verhalten wird gezeigt, wenn ein Wolf ein Problem lösen kann, indem er einen Aktionsplan (in seinem Geist) formuliert und ihn ausführt. Verhalten wird also als vorausschauende Absicht definiert, der eine vom Verstand geleitete, körperliche Ausführung folgt. Ein etho-ethnologischer, auf Affekten basierender Ansatz versucht dagegen nicht, Verhalten immer als strategisch und vom Verstand geleitet zu erklären, sondern bleibt nahe an dem, was auf der körperlichen Ebene geschieht. Wie die Praxistheorie erkennt er eine inkarnierte motorische Intentionalität (oder Bewegungsintentionalität) an, eine Intentionalität des Körpers in Routinehandlungen, die nicht notwendigerweise durch rationales Denken und Vorausplanung geprägt ist. Körper haben hier ihr eigenes ›implizites Wissen‹ (*tacit knowledge*), das durch die gewohnheitsmäßige Erfahrung, andere Körper zu beeinflussen und von ihnen beeinflusst zu werden, durch eine rezeptive Aufmerksamkeit, die mit responsiven Bewegungen gekoppelt ist, erworben wurde.

Jr., John: Shaving the Beasts: Wild Horses and Ritual in Spain, Minneapolis/London: Minnesota University Press 2020.)

8 D. Lestel/ L. Brunois/L. Gaunet: Ethno-ethology and etho-ethnology.

9 Derrida, Jacques: The Beast and the Sovereign, Band 2, Chicago: Chicago University Press 2011, S. 264.

Eine solche Form der Verhaltensbeschreibung ähnelt mehr dem Geschichtenerzählen (*storytelling*) als einem Beobachtungsprotokoll oder Ethogramm.[10] Sowohl die Beobachtung als auch die Erzählung sollten sich darauf konzentrieren, wie aus einer unbestimmten, ambivalenten Begegnung eine spürbar sinngeladene wird. Dieser Ansatz mag weniger eindeutige und quantifizierbare Daten hervorbringen, doch hilft er uns beim Verstehen. Wie Ingold es formulierte: »In such a world, we can understand the nature of things only by attending to their relations, or in other words, by telling their stories.«[11] Ethnographie wird somit zur »lebendigen Ethografie«.[12]

Im Folgenden versuche ich Wölfe als aktive und lebendige Wesen zu verstehen und zu beschreiben, die in einer gemeinsamen Welt des Zusammenlebens andere affizieren und von ihnen affiziert werden. Damit versuche ich, unsere »zoologische Vorstellungskraft« zu öffnen und der doppelten Reduktion der klassischen Ethologie entgegenzuwirken, die tierisches Leben auf Verhalten und Verhalten auf kausale Mechanismen reduziert.[13] Im Fokus stehen Geschichten von Begegnungen von Wölfen mit anderen Spezies – Raben, Wildschweinen und Menschen – und die Frage, welche Art von Interspezies-Sozialität sich in ihnen offenbaren. Die Geschichten basieren auf eigenen Feldbeobachtungen von freilebenden Wölfen in Sachsen (das Rudel Knappenrode/Seenland) bzw. im letzten Fall, auf Videoaufnahmen einer Begegnung, die im Archiv des LUPUS-Instituts zugänglich ist. Zufallsbegegnungen zwischen Menschen und Wölfen begleiten zu können ist nahezu unmöglich und erfordert daher die Sichtung von Videomaterial, sofern die Begegnung von den Beteiligten aufgenommen wurde. Ich werde später im Kapitel allerdings auch auf die Probleme hinweisen, die dieses Material mit sich bringt.

---

10 Interessanterweise ist auch eine der ersten Feldstudien über Wölfe qualitativ-beschreibend in diesem Sinne: Murie, Adolph: The Wolves of Mount McKinley, Seattle: University of Washington Press 1985. In Folgestudien an gleichem Ort allerdings sind Beobachtungsbeschreibungen nur spärlich in den Text eingebaut, vgl. Mech, David et al.: The Wolves of Denali, Minneapolis: University of Minnesota Press 1998.

11 T. Ingold: Being Alive, S. 160.

12 van Dooren, Thom/Rose, Deborah B.: »Lively Ethography«, in: Environmental Humanities 8.1 (2016), S. 77-94, https://doi.org/10.1215/22011919-3527731

13 D. Lestel/J. Bussolini/M. Chrulew: The Phenomenology of Animal Life, S. 127.

Abbildung 2: Der Wolf nähert sich vorsichtig dem Raben.

Quelle: Autor

Abbildung 3: Der Wolf geht langsam auf den Raben rechts zu, während der Rabe links ihn beobachtet. Der Rabe rechts spreizt schon unruhig die Flügel und ist dabei abzuheben.

Quelle: Autor

Abbildung 4: Der Rabe (aus Abb. 3 rechts) ist an das andere Ende der Sanddüne geflogen, der Wolf ihm langsam hinterher. Dabei kommt er dem anderen beobachtenden Raben zu nah, der schon in Kauerstellung geht – bereit zum Abheben.

Quelle: Autor

Abbildung 5: Der Wolf scheint den Raben rechts zum Spiel aufzufordern.

Quelle: Autor

Begegnung I: Ein Wolf trifft zwei Raben

»Tiere spielen genauso wie Menschen. Wir brauchen nur junge Hunde zu beobachten, um zu sehen, dass alle wesentlichen Merkmale des menschlichen Spiels in ihrem fröhlichen Treiben vorhanden sind. Sie laden sich gegenseitig durch eine gewisse Zeremonie der Haltung und Geste zum Spielen ein. Sie halten sich an die Regel, dass man seinem Bruder nicht ins Ohr beißt, oder nicht fest zubeißt. Sie tun so, als würden sie sich furchtbar ärgern. Und – was das Wichtigste ist – sie erleben bei all diesem Tun ganz offensichtlich ungeheuren Spaß und Freude.«[14]

An einem späten Nachmittag im September beobachte ich einen jungen Wolf, der ohne den Rest des Rudels scheinbar ziellos in der Ebene umhertrottet, als suche er etwas, was er tun könnte. Schließlich bemerkt er zwei Raben, die etwas weiter oben auf einer Sanddüne stehen, und geht zu ihnen hinüber.

Als er langsam die Düne erklimmt, fliegt erst der eine, dann der andere Rabe krächzend weg und beide lassen sich auf der nächsten Düne nieder. Der Wolf folgt ihnen, die erste Düne hinunter und die andere hinauf, und die Raben fliegen erneut krächzend ab, einer von ihnen zur ersten Düne, der andere zum Hang derselben. Der Wolf trabt daraufhin zum Rand der Düne, auf der er sich befindet, legt sich hin, die Pfoten parallel ordentlich auf den Rand gelegt, und beobachtet aufmerksam die Raben.

Plötzlich steht er wieder auf, wedelt locker mit dem Schwanz und läuft – mit einem kleinen Sprung – den Hang hinunter, während der Rabe krächzend losfliegt, um sich dem anderen auf der nächsten Düne anzuschließen, der ihn dabei beobachtet. Beide krächzen, während der Wolf den Hang hinaufklettert, und als er fast oben ist, fliegen die Raben in Richtung des anderen Endes des Hangs davon.

Der Wolf trabt nun langsam auf den Raben zu, der weiter weg sitzt, sein Schwanz wedelt entspannt. Als er sich nähert, hebt der Rabe wieder krächzend ab, und der Wolf dreht sich zu dem anderen Raben um, der ihn die ganze Zeit beobachtet. Auch dieser Rabe hebt krächzend ab, als der Wolf ihm zu nahekommt, und landet ein paar Meter entfernt. Der Wolf beginn intensiv an der Stelle zu schnüffeln, wo der Rabe eben noch stand, und beißt auf einem dort

---

14 Huizinga, Johan: Homo Ludens. Vom Ursprung der Kultur im Spiel, Hamburg: Rowohlt 1981, S. 1.

liegenden Stein oder einem Stück Holz herum, sein Schwanz wedelt dabei immer noch locker. Dann wendet er sich wieder dem Raben zu, macht einen kleinen Sprung auf ihn zu, was den Raben dazu bringt, krächzend noch weiter weg zufliegen.

Der Wolf sieht daraufhin die beiden Raben kurz an, trottet zu der Stelle, wo der Rabe gestanden hat, schnuppert noch einmal, beißt dort auf einigen dort liegenden Gegenständen herum und lässt sich schließlich zu Boden fallen. Immer noch die Raben im Blick behaltend, steht er kurz darauf wieder auf und trottet langsam auf sie zu, den Schwanz hochhaltend und wedelnd, während die Raben nervös umherlaufen, ihn beäugen, wobei einer von ihnen krächzend zur Spitze der Düne abfliegt.

Der Wolf dreht sich um, folgt dann eben dem anderen Raben, doch der wiederum springt weiter und schließt zum ersten Raben auf. Der Wolf folgt den beiden, je näher er aber den Raben kommt, desto weiter hüpfen die von ihm weg, bis schließlich einer krächzend zur anderen Düne davonfliegt. Der Wolf schaut ihm noch kurz nach, dreht sich dann um, schnüffelt dort, wo der Rabe gestanden hat, und geht auf den anderen Raben zu, der erst fünfmal weghüpft, bevor er krächzend zum äußeren Rand der Düne fliegt.

Der Wolf wendet sich dem Raben erneut zu und beginnt sich zu strecken, den Kopf flach über den Pfoten haltend, Hinterteil und Schwanz hochgereckt, und schaut erst zu dem einen, dann zu dem anderen Raben, die ihn weiterhin beobachten. Dann steht der Wolf wieder auf, geht langsam auf den Raben am Rand zu und schnuppert den ganzen Weg über am Boden. Als er näherkommt, fliegt der Rabe krächzend davon und schließt sich dem anderen Raben auf der anderen Düne an. Der Wolf dreht sich zu ihnen um, hält eine Weile inne und schaut zu ihnen hinüber …

Ich habe diese Geschichte eingeleitet, indem ich sie als Spielsituation bezeichnete, doch das stimmt nur zum Teil, wie inzwischen klar sein sollte. Der Wolf schien zwar in einer spielerischen Stimmung zu sein, aber die Raben waren offensichtlich nicht daran interessiert, mitzuspielen, und eher genervt von den Versuchen des Wolfes, sie in das Spiel zu involvieren. Waren die Bewegungen des Wolfes wirklich Andeutungen zum Spiel oder Angriffe? Ein Hinweis darauf, wie die Raben die Situation erlebten (und dass sie sich der Absicht des Wolfes bewusst waren), könnte sein, dass sie sich immer nur ein wenig zurückzogen, anstatt ganz wegzufliegen. Wir müssen also die »geteilte

Komplexität« jeder Begegnung verstehen, »in the sense that a *same* complex situation is complex in *different* ways for the different agents involved«.[15]

Ich habe diese erste Geschichte erzählt, um die affektive Dynamik einzuführen, die sich bei Begegnungen entwickelt – eine Form der »Interanimalität«[16]. Während wir der Geschichte folgen, offenbaren mehrere Merkmale, wie der Wolf und die Raben sich gegenseitig affizieren und voneinander berührt und bewegt werden. Als der Wolf die Raben zum ersten Mal bemerkte (und die Raben wiederum den Wolf bemerkten), wurden alle drei in eine gemeinsame Situation hineingezogen und affektive Kräfte begannen ein Netz von Spannungen zwischen ihnen aufzubauen – zunächst lediglich aufrechterhalten durch den Austausch von Blicken.[17]

Diese affektive Spannung entwickelt sich dann entlang der Bewegungslinien, ein Spiel von Annäherung und Distanzierung, von langsamen und schnellen, von kontinuierlichen und abrupten Bewegungen. Was in diesem »push and pull of intimacy and distance«[18] verhandelt wird, ist der »personal space« der Tiere, wie ihn der Ethnologe E. T. Hall nannte.[19] Als gefühlte Ausdehnung des Selbst in den umgebenden Raum strukturiert der persönliche Raum die Raumerfahrung in Begegnungen entsprechend der sozialen Beziehung der Beteiligten. Je enger und vertrauter die Beziehung, desto näher lassen wir den anderen räumlich an uns heran. Je weniger wir jemanden mögen, desto größer ist der Abstand, den wir zwischen uns und ihm halten wollen.

Der Wolf und die Raben verhandeln in der Bewegung ständig ihren persönlichen Raum. Während der Wolf in spielerische Berührungsdistanz zu den Raben kommen will (wie es Wölfe tun, wenn sie miteinander spielen), lassen die Raben den Wolf nicht die Grenzen dessen überschreiten, was sie wahrscheinlich eher als ›Schlagdistanz‹ des Wolfes sehen. Sie sind ständig wachsam und aufmerksam gegenüber jeder Bewegung und reagieren entweder zaghaft

---

15 D. Lestel/F. Brunois/F. Gaunet: Etho-etnology and ethno-ethology, S. 160.

16 Merleau-Ponty, Maurice: Nature. Course Notes from the College de France, Evanston/Illinois: Northwestern University Press 2003, S. 169.

17 Ich würde hier sogar behaupten, dass der Blick des Wolfes ausschlaggebend ist, um die Spannung zu halten, da die Augen dieses Raubtiers nach vorne gerichtet sind, während Raben – mit ihren Augen an den Seiten des Kopfes – nicht starren können. Immer wieder reagieren die Raben auf die klare Blickrichtung und Bewegungsrichtung des Wolfes. Das Verhalten der Raben ist weniger deutlich gerichtet.

18 Probyn, Elspeth: Eating the Ocean. Durham: Duke University Press 2016, S. 50.

19 Hall, Edward T.: The Hidden Dimension. Garden City, N.Y.: Doubleday 1966.

(wenn der Wolf sich langsam und kontinuierlich, wenig zielgerichtet und in einiger Entfernung bewegt) oder energisch (wenn der Wolf sich schnell oder abrupt bewegt oder zu nahekommt). Die affektive Spannung zwischen ihnen steigt oder sinkt entsprechend.

Doch der Wolf lässt die Raben immer wissen, was er vorhat, auch wenn er sie dreimal anspringt. Von Anfang an und während der gesamten Begegnung bewegt er sich in der Regel langsam und vorsichtig, nicht zu forciert, sondern entspannt und schwanzwedelnd. Die generelle Haltung des Wolfes zeigte sich auch bei den Spielsprüngen, die immer etwas halbherzig ausgeführt wurden, da er jedes Mal schnell merkte, dass die Raben von seiner Annäherung eher abgestoßen wurden und versuchten, sich aus der unmittelbaren Situation zu lösen.

Die hier beschriebene affektive Dynamik ist mehr als eine Abfolge von klar umrissenen und kausal verknüpften Aktionen und Reaktionen, die in der Summe so etwas wie eine Interaktion ergeben und die man aus ethologischen Beobachtungsprotokollen kennt. Tim Ingold hat darauf hingewiesen, dass »[t]he implication of the prefix *inter-*, in ›interaction‹, is that the interacting parties are closed to one another, as if they could only be connected through some kind of bridging operation«.[20] Das Verhalten in Einzelteile aufbrechen, klassifizieren und kodieren zu wollen, würde bedeuten, das Sinnhafte in der Dynamik der Begegnung aus den Augen zu verlieren.

Die Begegnung zwischen Wolf und Raben zeigt stattdessen, dass Handlungen immer im Werden sind, also kontinuierlich-unabgeschlossen, ambivalent ineinander übergehend und damit wandelbar. Beziehen sich die Handlungen verschiedener Akteure aufeinander, dann wird aus dem Werden der Handlungen entsprechend ein Mit-Werden (*becoming with*). Während der Bewegungsphasen beobachten die Tiere immer wieder aufmerksam den anderen und passen sich kontinuierlich an, oft die komplette Ausführung einer Bewegung gar nicht erst abwartend. In diesem »dance of animacy«[21] sind die Handlungen nicht so sehr intentional, geistig im Voraus geplant und wie geplant ausgeführt, sondern ›attentional‹, eine lebendige Aufmerksamkeits- und Reaktionsfähigkeit der empfindsamen Körper in ko-respondierenden Bewegungen.[22]

20 Ingold, Tim: Making. Anthropology, archaeology, art and architecture, London/New York: Routledge 2013, S. 107 (Herv. i.O.).

21 T. Ingold: Making, S. 100-102.

22 Ingold, T.: Anthropology and/as education, London: Routledge 2018, S. 24-27.

Während der Wolf sich nähert, wird der Rabe immer nervöser, wendet sich ab, macht ein paar Schritte, ein paar Hüpfer, bückt sich tief, krächzt, entfaltet seine Flügel, fliegt weg oder hüpft weiter – eine Entfaltungsbewegung als Antwort auf die Entfaltung der wölfischen Bewegungen.

Abbildung 6: Ein Wildschwein positioniert sich links, während eine andere Sau dem Wolf dicht auf den Fersen ist am rechten Bildrand.

Quelle: Autor

Abbildung 7: Der Wolf schlägt einen Bogen, die Sau jetzt ganz dicht an ihm dran.

Quelle: Autor

Abbildung 8: Der Wolf beschleunigt und löst sich von seinem Verfolger. Zwei andere Sauen positionieren sich bei den Birken in der Mitte, wo sich der Frischling versteckt.

Quelle: Autor

Abbildung 9: Der Wolf hat die Sauen ausmanövriert und rennt auf die Birken zu, wo sich der Frischling nun ungeschützt versteckt.

Quelle: Autor

Begegnung II: Ein Wolf trifft eine Rotte Wildschweine

An einem späten Juniabend – die Sonne ist bereits hinter dem Horizont versunken und es wird schwierig, in der zunehmenden Dunkelheit etwas zu sehen – kommt eine Rotte von Wildschweinen aus dem Wald auf eine Lichtung, die an eine sich vor mir erstreckende unbewachsene Freifläche grenzt. Vier große Schatten und dem Augenschein nach ein kleinerer Schatten, vier Sauen und mindestens ein Frischling, bewegen sich auf der Suche nach Nahrung durch das hohe Gras. Nach ein paar Minuten verschwinden sie, ein Schatten nach dem anderen, wieder in den Wald.

Nicht lange nachdem sie gegangen sind, kommt ein einzelner Wolf über die Ebene getrabt. Er geht an der Lichtung vorbei und verharrt kurz, dann kehrt er um und trottet auf dem Weg, den er gekommen ist, in Richtung Wald und verschwindet schließlich darin.

Plötzlich hallt ein donnerndes Grunzen aus dem Wald zu uns herüber und Sekunden später kommt der Wolf aus dem Wald gerannt – der Schwanz ragt steif nach oben –, gefolgt von vier Sauen, die in vollem Galopp hinter ihm her jagen. Während der Wolf davonrennt, dreht er immer wieder seinen Kopf nach hinten, um zu sehen, wo die Sauen sind, wird schließlich etwas langsamer und schlägt einen großen Bogen. Drei Sauen haben ihre Verfolgung zuvor an verschiedenen Stellen gestoppt, als ob sie dort Wache halten wollten, während die schnellste Sau den Wolf weiter jagt. Sau und Wolf berühren sich nun fast, als sie rennend einen Bogen schlagen, doch der Wolf scheint agiler zu sein und schafft es, Abstand zu der ihn verfolgenden Sau zu halten. Der Wolf schaut zurück in Richtung eines kleinen Birkenbestandes, an der eine der Sauen steht und hinter ihr galoppiert immer noch die Sau, die ihm auf den Fersen ist.

Er zieht das Tempo noch mal an (die bei den Birken stehende Sau wendet ebenfalls und galoppiert ein paar Meter in Richtung des Wolfes, bevor sie anhält), die jagende Sau hinter ihm, Staubwolken aufwirbelnd, die die ganze Szene einhüllen. Dann, nach etwa 100 Metern, biegt der Wolf plötzlich nach links ab, die Sau nach rechts. Der Wolf wendet sich schnell wieder in Richtung des Birkenbestandes, vorbei an einer anderen Sau, die sich nur zögerlich auf der Stelle bewegt, und vorbei an der Sau, die bei den Bäumen steht. Er stürmt zwischen die Bäume, schnappt sich etwas und stürmt weiter auf die Freifläche, nun verfolgt von drei Sauen. Doch die drei Sauen bremsen bald ab, bleiben einen Moment lang in ihrer Staubwolke stehen und schauen zum Wolf herüber.

Ein lebloser Frischling baumelt locker aus der Schnauze des Wolfes, der nun ebenfalls stehenbleibt, um die Sauen zu beobachten. Wie auf Befehl drehen die sich plötzlich um und rennen in vollem Galopp in den Wald zurück, während der Wolf den Frischling auf den Boden fallen lässt und weiter in die Richtung schaut, in der die Sauen verschwunden sind. Ein paar Sekunden später schüttelt er sich, sieht sich um und schnappt sich den Frischling wieder. Mit entspanntem Schwanz trabt er mit seiner Beute über die Ebene und verschwindet wie die Sauen in die Dunkelheit der Nacht.

Wer jagt hier wen? Die Rollenverteilung bei einer solchen Jagd ist nicht immer klar zu erkennen. Einerseits steht qua Spezies fest, wer wen jagt, tötet und frisst. Andererseits zeigt der Ablauf der Jagd, dass die Kategorisierung in ›Jäger‹ und ›Beute‹ nicht automatisch ein Indikator dafür ist, wer stärker ist oder sogar wer wen angreift. Das Interessante an obigem Beispiel ist, dass es fast die gesamte Jagd über kurioserweise der Wolf ist, der von den Wildschweinen gejagt wird und nicht umgekehrt! Wer hier der eigentliche Jäger ist, wird im Grunde genommen erst in den letzten Sekunden der Jagd ersichtlich.

Wolfsbiologen interessiert an einer solchen Szene insbesondere, ob der Ablauf zufällig ist oder einem Plan folgt. Ist der Wolf primär als ein instinktgesteuertes Lebewesen zu verstehen, so würde seine Jagdtechnik einem genetisch festgelegten Verhaltensprotokoll folgen, einem Automatismus gleich, beziehungsweise unkontrolliert instinktgetrieben überhaupt kein Verhaltensmuster erkennen lassen. Ist der Wolf allerdings ein mit Intelligenz und Bewusstsein ausgestattetes Tier, sollte in seinem Verhalten eine zielgerichtete Strategie zu erkennen sein: eine Strategie, die planend-vorausschauend im Vorhinein entwickelt und anschließend während der Jagd umgesetzt wird. In groben Zügen stellen sich Wolfsbiologen eine solche Jagdstrategie bei Wölfen folgendermaßen vor: Wölfe machen sich aktiv auf die Suche nach Beute (*search*); Wölfe nähern sich auf Sichtweite der Beute an (*approach*); Wölfe beobachten die Beute (*watch*); Wölfe attackieren die Gruppe der Beutetiere als Ganzes (*attack-group*); Wölfe selektieren ein Individuum aus dieser Gruppe und greifen es gezielt an (*attack-individual*); Wölfe ergreifen und töten das Tier (*capture*).[23]

Doch das obige Beispiel zeigt, dass es gar nicht so einfach ist, ein Verhaltensmuster oder gar eine Strategie zu erkennen. Eine der größten Herausforderungen der Wolfsforschung ist dabei, eine Jagd komplett in ihrem Ablauf von Beginn bis zum Ende beobachten zu können. Auch bei meinem Beispiel

23 D. Mech/D. Smith/D. MacNulty: Wolves on the Hunt, S. 8-9.

gelang das nicht vollständig. Ich konnte zwar den Wolf bei der anfänglichen Suche beobachten, wie er Witterung aufnahm und den Wildschweinen hinterherlief. Die Annäherung, das Beobachten sowie den Initialangriff (sofern es einen gab) konnte ich nicht sehen – lediglich das laute Grunzen hören, welches vermutlich der Auftakt der Jagd im engeren Sinne war.

Aber selbst, wenn man sich die fehlenden Stellen im Ablauf erschließen muss, so scheint klar, dass die Jagd ganz und gar nicht ›nach Plan‹, auf der Grundlage einer Strategie, abzulaufen schien. Ein ständiges Hin und Her, mit Richtungs- und Tempowechseln, charakterisierte das Geschehen und der Wolf wirkte kaum so, als würde er ›Herr der Lage‹ sein und das Geschehen lenken. Oder vielleicht doch? Versteht man unter einer Strategie eine geplante, antizipierte Abfolge von Aktionen und Reaktionen von Jäger und Beute, die zur Ergreifung der Beute führt, so scheint es unwahrscheinlich, dass wir es hier mit einer Strategie zu tun haben. Allerdings sehe ich hier auch keine Dynamik, die von bloßen Zufälligkeiten gekennzeichnet ist oder simplen Automatismen folgt.

Wie lässt sich also diese Jagd verstehen, wenn wir die beteiligten Tiere als lebendige, empfindsame Lebewesen begreifen und die Jagd als eine affektive Dynamik? Wie affizieren sich Wolf und Wildschweine bei dieser Jagd? Zunächst ist überraschend, dass ein einzelner Wolf es mit einer Rotte von Wildschweinen aufnimmt. Wildschweine gelten als sehr wehrhaft und gefährlich und könnten Wölfe im Zweikampf schwer verletzen oder gar töten. Daher verwundert es nicht, wenn Wolfsbiologen allgemein argumentieren, dass »the central problem for wolves on the hunt is to kill without being killed«[24]. Der einzelne Wolf in unserem Beispiel ist daher entweder verzweifelt und hungrig oder aber er war sehr erfahren und wusste genau, was er tat. Im Folgenden möchte ich ausführen, was meiner Meinung dafür spricht, dass eher Letzteres der Fall war, und wie wir ein solches wölfisches Erfahrungswissen fassen können.

Was, wie und woher weiß der Wolf? Wenn ich in diesem Zusammenhang von Erfahrungswissen spreche, so deute ich damit an, dass es hier nicht um eine Form des rationalen, faktenbasierten Wissens geht, das sich primär im Denken widerspiegelt. Vielmehr handelt es sich um körperbasiertes handlungsorientiertes, implizites Wissen, das durch Routineerfahrungen aufgebaut und verinnerlicht – im Sinne von verkörpert – wird. Es ist ein *affektives Wissen als Gespür* für die eigene Körperlichkeit und die Körperlichkeit

24 Ebd., S. 1.

anderer; eine *Sensibilität* dafür, wie man auf den anderen wirkt beziehungsweise wie andere Körper auf einen wirken. Durch viele Begegnungen geschult, entwickelt der Wolf ein Gespür dafür, was sein Körper kann und was ein Wildschwein kann. Wer ist wie stark, wie agil, wie schnell – in Relation zum eigenen Körper? Welche Waffen hat er, hat der andere? Wo sind Schwächen, wo sind Stärken, die ihm helfen, das Wildschwein zu bezwingen? In jedem Moment, in der die Dynamik des Geschehens eine plötzliche Veränderung durchmacht, müssen von den Beteiligten Entscheidungen getroffen werden, d.h. sie müssen sich neu verhalten. In der ›Hitze des Gefechts‹ bleibt jedoch keine Zeit für strategisches Abwägen mithilfe eines vernunftbasierten Urteilsvermögens. Hier muss der Wolf auf eingespieltes, zur Intuition gewordenes Körperwissen vertrauen, sein *skill*, welches ihn mit einem *sense of judgement* versieht und ihn blitzschnell agieren lässt, die Affekte der Wildschweine aufnehmend, seine eigene *responsiveness* daraufhin anpassend – immer ausgerichtet auf das übergeordnete Ziel, dem Ergreifen der Beute.[25]

Anstatt einer vorausplanenden Strategie wendet der Wolf hier eher etwas an, das ich eine *spürende Taktik* nennen würde. Sie operiert weniger vorausschauend als situativ; sie stellt lediglich eine grobe Orientierung dar und verlässt sich in der Umsetzung ganz auf die eigenen *skills*, so ermöglicht sie es dem Wolf, flexibel auf alle möglichen Umstände zu reagieren. Diese Taktik beruht auf seinem Erfahrungswissen, dass er vielleicht nicht der Stärkere in dieser Situation ist (schon gar nicht gegen mehrere Wildschweine), aber der Schnellere und Agilere. Woher er das weiß? Es gibt einige dokumentierte Beobachtungen von Jungwölfen, die Jagd auf ein erwachsenes Wildschwein oder einen erwachsenen Hirsch machen. Doch scheint in diesen Beispielen die vermeintliche Beute eher unbeeindruckt von den oft etwas ungelenk anmutenden Jagdbemühungen der Wölfe zu sein. Es sind ›Quasi-Jagden‹, womöglich eine Art Spiel für die Wölfe. Es kommt immer wieder zu (Schein-)Angriffen und entsprechender Gegenwehr, ein ständiges Austarieren, Annähern, Angreifen, Ausweichen. In solchen Begegnungen können Wölfe ihr Gespür schulen und lernen, wie sich ihr Körper vis-à-vis dem Körper des Beutetieres verhält. Ähnliches ist auch zu erwarten, wenn Jungwölfe erwachsene Wölfe bei der Jagd begleiten oder an ihr peripher teilnehmen.

Es mag ein subjektiver Eindruck sein, doch der Wolf in obigem Beispiel schien mir ganz genau zu wissen, was er tat. Er schien auch im Großen und

25 Ich beziehe mich hier auf Ingolds Ausarbeitungen zu Körperwissen als *skill*, vgl. T. Ingold: Perception of the environment.

Ganzen die Situation zu kontrollieren, obwohl er die gesamte Zeit auf der Flucht vor den Wildschweinen verbrachte. Ich vermute, er kannte sich gut aus mit Wildschweinen. Dazu könnte auch passen, dass die Jagd auf Frischlinge in diesem Gebiet durchaus häufiger vorkommt. Einer der erfahrensten Wolfsbeobachter dort berichtete mir zumindest, dass er mehrmals eine Sau mit Frischlingen beobachtete, die von Mal zu Mal weniger Frischlinge dabeihatte. Die Wölfe des Knappenrode-Seenland-Rudels könnten sich zu Spezialisten der Frischlingsjagd entwickelt haben.

Wenn der Wolf also ein erfahrener Wildschweinjäger war, wie könnte seine Taktik ausgesehen haben? Die Witterung der Wildschweine aufnehmend, näherte sich der Wolf seiner Beute an und gab sich schließlich zu erkennen. Seine Präsenz hatte eine immense Wirkung auf die Wildschweine, die – dem Grunzen nach – überrascht und erschüttert waren. Dies ist der erste Schritt der Taktik, die eigene Anwesenheit wirken zu lassen und zu beobachten, wie sie wirkt. Denn er weiß aus Erfahrung, dass seine Präsenz bei potenziellen Beutetieren eine Wirkung hat, und je geeigneter ein Tier in seinem momentanen Zustand als Beute ist, desto mehr wirkt er auf es ein, desto beunruhigender wirkt er. Unruhestiften liegt also im Kern seiner jägerischen Intention. Aus früheren Begegnungen wird er wissen, dass er nicht an den Frischling herankommen wird, wenn die Wildschweine eine Defensivformation um den Frischling herum einnehmen können. Diese ›Burgenbildung‹ versucht er durch die Beunruhigung zu verhindern oder zu erschweren, denn Unruhe bedeutet Bewegungsimpulse. Die Affekte sollen sozusagen mit ihnen durchgehen. Sind sie erst einmal in Bewegung, wird er durch ständiges Impulssetzen – durch Finten, Richtungswechsel, Tempowechsel – die Wildschweine in konstanter Bewegung und Unruhe halten. In der affektiven Dynamik dieses Hin und Hers wird er im richtigen Moment eine räumliche Lücke suchen, um mit seiner überlegenen Schnelligkeit und Wendigkeit zum Frischling durchzustoßen und ihn zu greifen. Am Ende scheint alles zugunsten des Wolfs zusammenzukommen: seine erfolgreich eingesetzten *skills* und die erfolgreich beunruhigten (vielleicht auch noch unerfahrenen) ›wachhabenden‹ Wildschweine, die, anstatt entschieden zu reagieren und den Wolf anzugreifen, affektiv überwältigt schienen und sich nicht vom Fleck rührten.

Abbildung 10: Die zwei Wölfe, die kein scheues Verhalten zeigen.

Quelle: Screenshot, https://www.youtube.com/watch?v=hV4LVvLqF1I (Zugriff: 04.09.2022)

Abbildung 11: In der Mitte steht der Wolf nur wenige Meter entfernt.

Quelle: Screenshot, https://www.youtube.com/watch?v=hV4LVvLqF1I (Zugriff: 04.09.2022)

Begegnung III: Zwei Wölfe treffen zwei Menschen

In der Nähe des Dorfes Lohsa, Lausitz. Zwei Jäger in Forstausrüstung, am Waldrand, in hüfthoher Kräutervegetation auf dem Feld, mit Freischneidern, ein Hund wartet in ihrem Auto.

»Das ist doch nicht normal.«

Ein Wolf rennt weg und versteckt sich in der Vegetation. Der Jäger kichert.

»Das sind drei Meter und die sind scheu. Alles klar!«

Der Kopf des Wolfes ragt aus der Vegetation heraus. Er beobachtet den Jäger aufmerksam für ein paar Sekunden und springt dann weiter nach hinten. Der andere Jäger steht etwa zehn Meter vom ersten entfernt und lässt die Augen über die Vegetation schweifen. Es scheinen noch mehr Wölfe darin zu sein.

»Das ist doch nicht normal«, sagt der andere Jäger.

»Nein, das ist nicht normal«, stimmt der Jäger zu. Er dreht sich um und kichert erneut, als er sieht, dass der Wolf zurückgekommen ist und nun einfach dasteht und ihn beobachtet.

»Guck dir das mal an! Das sind schätzungsweise ... acht Meter!«

Der Wolf tappt ein wenig nach links, blickt erst woanders hin, kehrt zurück, beschnuppert den Boden und steht still, dem Jäger zugewandt, mit aufgestellten Ohren. Er tappt ein wenig nach rechts, schnüffelt am Boden, schaut den Jäger an, zuckt plötzlich ein wenig zurück und schaut dann wieder den Jäger an. Sein Körper zuckt noch einmal, als wolle er zurücklaufen, aber dann geht er langsam in fünf Schritten zurück – dabei immer noch den Jäger beobachtend. Er schaut nach rechts, wendet sich plötzlich nach links und springt dann galoppierend ein paar Meter weiter zurück, bleibt wieder stehen, schaut erst den Jäger an, dann schaut er sich um.

»Ganz scheue Tiere!«, kommentiert der Jäger, während sein Hund bellend und winselnd im Auto sitzt. Der Jäger fängt wieder an zu lachen, als der Wolf erneut vorwärts geht und im gleichen Abstand zum Jäger wie zuvor stehen bleibt, ihm direkt gegenübersteht und ihn aufmerksam beobachtet.

»Er kommt auf uns zu.«

»Komm her!«, ruft der andere Jäger und kommt näher an die Stelle, an der der Jäger steht.

»Bei Fuß!«, ruft der Jäger, immer noch lachend. Plötzlich dreht sich der Wolf um und springt ein paar Meter weg. Er wartet nun neben einem Baum und schaut umher.

»Das ist nicht normal!«, sagt der andere Jäger.
»Das ist nicht normal!«, stimmt der Jäger zu.
»Filmen, filmen, immer schön filmen! Hier, LUPUS, LUPUS, LUPUS!!«
Dann dreht sich der andere Jäger um und bemerkt zehn Meter hinter ihnen einen zweiten Wolf.
»Da! Dort beim Freischneider ...«
»Ey, mein Helm! Der schleppt meinen Helm weg!«, lacht der Jäger.
»Was ist denn da los?«
»Der schleppt meinen Helm weg. Rapport!«, ruft er scherzhaft dem Wolf hinterher, der mit seinem Helm schnell davon trottet.
»Ey, hallo!«, ruft der Jäger ihm hinterher, während der andere Jäger anfängt, dem Wolf hinterherzulaufen.
»Das ist doch nicht möglich.«
Der Wolf lässt den Helm schnell los und rennt davon, während der andere Jäger den Helm aufsammelt und zum Auto zurückkehrt – wo der Hund weiterhin bellt.

***

»Wolfsbegegnung – wie verhalte ich mich?
Wenn Sie im Wolfsgebiet zu Fuß oder mit dem Fahrrad unterwegs sind, ist eine Begegnung mit Wölfen zwar selten, aber nicht auszuschließen. Begegnungen auf unter 100m finden in der Regel dann statt, wenn die Wölfe den Menschen z.B. wegen entsprechender Windverhältnisse noch nicht bemerkt haben. Wenn sie den Menschen wahrnehmen, fliehen die Wölfe meist nicht panisch, sondern orientieren sich zunächst einen Augenblick lang und ziehen sich dann zurück. [...]
Grundsätzlich gilt, dass man sich bei einer Begegnung ruhig verhalten und Abstand halten sollte. Wenn der Wolf sich nicht zurückzieht und Ihnen die Situation nicht geheuer ist, sprechen Sie laut oder klatschen Sie in die Hände, um sich bemerkbar zu machen. Rennen Sie nicht davon, dies könnte ein Verfolgungsverhalten des Tieres auslösen. Sollte der Wolf sich Ihnen wider Erwarten nähern, bleiben Sie stehen und machen Sie sich groß, versuchen Sie ihn einzuschüchtern. In einem solchen Fall sollten Sie eher einen Schritt auf das Tier zugehen als zurückweichen.
Wölfe sind, wie auch Wildschweine, große wehrhafte Wildtiere. Begegnen Sie Ihnen mit Respekt. Versuchen Sie nicht, sich einem Wolf anzunähern und schon gar nicht, ihn anzulocken. Lassen Sie ihm Raum für den Rückzug. Füttern Sie

Wölfe unter keinen Umständen und lassen Sie keine Essensreste liegen. Die instinktive Vorsicht, die Wölfe Menschen gegenüber zeigen, kann verloren gehen, wenn die Tiere positive Reize vom Menschen erfahren. Daraus kann ein problematisches Verhalten des Wolfes entstehen und in letzter Konsequenz Menschen verletzt werden.«[26]

Was passiert, wenn sich Wölfe und Menschen von Angesicht zu Angesicht begegnen? Was wird in die Begegnung eingebracht? Und wie verhält ›man‹ sich (Mensch oder Wolf) bei einer solchen neuen Art der Begegnung, für die es keinen Präzedenzfall gibt, keine Routine, der man folgen kann? Diese Begegnungen sind immer noch selten, aber sie finden statt – wie Hunderte von Sichtungsberichten oder Videos beweisen, die durch die Kanäle der sozialen Medien kursieren. Um all diese Berichte und Aufnahmen zu sortieren, ist es hilfreich, zuerst einmal Begegnungen von Sichtungen zu unterscheiden. Beim Durchsehen der offiziell gemeldeten Vorfälle für Sachsen der letzten fünf Jahre wurde schnell klar, dass sich die meisten Meldungen auf eine Sichtung bezogen: Jemand hatte einen Wolf gesehen, in einer Entfernung von 100 Metern oder mehr, für ein paar Sekunden, und dann war der Wolf auch wieder gleich weg (oft ohne die menschliche Anwesenheit in irgendeiner Weise zu würdigen).

Wenn wir eine Begegnung wörtlich nehmen als ein Treffen von Angesicht zu Angesicht, dann qualifizieren sich diese Sichtungen nicht als solche, da ihnen die Unmittelbarkeit und Intimität einer Begegnung fehlt und es sich um eine einseitige Angelegenheit handeln kann, bei der ein gegenseitiger affektiver Austausch nicht stattfindet. Vielmehr sind Begegnungen im eigentlichen Sinne solche, die in offiziellen Dokumenten als »Nahbegegnungen« bezeichnet werden, d.h. Begegnungen mit Wölfen, die näher als 30 Meter herankommen. Dies ist eine wichtige Kategorie für das Wolfsmanagement, da diese Nahbegegnungen auf ein ›abnormales‹ (und damit eventuell gefährliches) Verhalten eines Wolfes hinweisen könnten, der möglicherweise an die menschliche Anwesenheit gewöhnt ist und seine ›natürliche‹ Scheu (ausgedrückt in der Distanz zum Menschen) nicht zeigt, der daher untersucht und mit den notwendigen Maßnahmen gemäß dem Wolfsmanagementplan verfolgt werden sollte.

26 Reinhardt, Ilka et al.: Konzept zum Umgang mit Wölfen, die sich Menschen gegenüber auffällig verhalten – Empfehlungen der DBBW – (= BfN-Skript 502), Bonn: Bundesamt für Naturschutz 2018, S. 50.

Somit werden alle Nahbegegnungen als außergewöhnliche Begegnungen behandelt. Als solche sind sie die seltensten, aber zugleich populärsten Begegnungen, da sie im Gegensatz zu den eher gewöhnlichen Sichtungen die Zutaten für fesselnde Mediengeschichten liefern.

Die oben beschriebene Nahbegegnung ist daher kaum repräsentativ oder alltäglich, sondern einzigartig und außergewöhnlich. Dennoch kann eine Analyse die zugrundeliegende affektive Dynamik offenlegen, die uns hilft, Mensch-Wolf-Begegnungen genauer und allgemeiner zu verstehen. Etymologisch gesehen beschreibt der Begriff der Begegnung eine ambivalente Situation. In den Worten von Alexandra Böhm und Jessica Ullrich: »The contrary aspects of presence, the accidental and unintentional [...], characterize encounters as well as violence, difference and rejection.«[27] Im Gegensatz zu Diskursen, in denen Wölfe nur als Akteure aus dem Off erscheinen und nicht aktiv teilnehmen, werden Wölfe in Begegnungen zu Akteuren, die die Macht haben, diskursive Bedeutungen zu stören und Neukonzeptualisierungen auszulösen, wie Menschen sich selbst und ihre Beziehung zu »der Wildnis« verstehen.[28] Dies ist möglich, weil Tiere in Begegnungen »speak, and indeed communicate, simply by virtue of their presence and activity, through modes of reference that may be indexical or iconic, if not symbolic«.[29] Daher sind Begegnungen geeignete Ausgangspunkte, um die Rolle von Affekten für Mensch-Wolf-Beziehungen zu untersuchen.

Durch die Gegenüberstellung von Wolf-Mensch-Begegnungen mit Wolf-Rabe- und Wolf-Wildschwein-Begegnungen lenke ich die Aufmerksamkeit auf die Ähnlichkeiten, die in diesen Variationen der Interanimalität enthalten sind. Wolf-Mensch-Begegnungen werden so zu einer weiteren Art der (menschlichen und nichtmenschlichen) Tierbegegnung. Dennoch müssen wir auch das Besondere jeder Begegnung anerkennen – sowohl in Bezug auf die Einzigartigkeit jeder Begegnung in einem spezifischen Hier und Jetzt als

---

27 Böhm, Alexandra/Ullrich, Jessica: »Introduction – Animal Encounters: Contact, Interaction and Relationality«, in: Dies. (Hg.), Animal Encounters. Kontakt, Interaktion und Relationalität, Stuttgart: J.B. Metzler 2019, S. 1-21, hier S. 1.

28 Barua, Maan: »Encounter«, in: Environmental Humanities 7 (2016), S. 265-270, https://doi.org/10.1215/22011919-3616479; vgl. Poerting, Julia/Verne, Julia/Krieg, Lisa J.: »Gefährliche Begegnungen. Posthumanistische Ansätze in der technologischen Neuaushandlung des Zusammenlebens von Mensch und Wildtier«, in: Geographische Zeitschrift 108.3 (2020), S. 153-175, https://doi.org/10.25162/gz-2020-0006

29 T. Ingold: Making, S. 20.

auch in Bezug auf die Einzigartigkeit von Wolfskörpern, Rabenkörpern, Wildschweinkörpern und menschlichen Körpern und ihren jeweiligen affektiven Fähigkeiten.

Zur Besonderheit der Mensch-Wolf-Begegnung gehört natürlich auch die Art und Weise, wie Sprache von den menschlichen Akteuren eingesetzt wird. Wir müssen bei obigem Beispiel drei Modi des Sprechens unterscheiden: kommentierend (zwischen den beiden Jägern), performativ (gegenüber einem imaginären Publikum des Videos) und kommunikativ (beim Versuch, mit den Wölfen in Kontakt zu treten). Zunächst einmal kommentieren die Jäger immer wieder, was passiert, und suchen wiederholt die Bestätigung des anderen über das, was sie scheinbar so ungewöhnlich finden. Oft richten sich ihre Kommentare zweideutig an den anderen Jäger, sind an den Sprecher selbst oder sogar auf das imaginierte Publikum des Videos gerichtet. Dass sie sich überhaupt ein Publikum für dieses Video vorstellen, wird deutlich, wenn einer der Jäger das beabsichtigte Publikum, die Biologinnen des LUPUS-Instituts, direkt anspricht. An dieser Stelle wird deutlich, dass es sich nicht um eine ›unschuldige‹ Begegnung zwischen zwei Jägern und zwei Wölfen handelt. Sie entwickelt sich schnell zu einer besonderen Art der Begegnung, nämlich einer performativen, die darauf abzielt, (visuelle) Beweise für ›abnormales‹ Wolfsverhalten zu produzieren, die anschließend in den sozialen Medien kursieren und damit die wissenschaftlichen Aussagen des LUPUS-Instituts beispielsweise widerlegen sollen. Diese Agenda beeinflusste die gesamte Dynamik der Begegnung. Zum Beispiel war der filmende Jäger in seinen Handlungsmöglichkeiten bei der Begegnung eingeschränkt, da er sein Smartphone halten und weiter filmen und kommentieren musste, während nur der nicht filmende Jäger frei war, dem Wolf hinterherzulaufen und den Helm wiederzuholen. Videos, die durch solch performative, technologiemedialisierte Begegnungen entstehen, sind daher mehr als bloße Dokumentation eines Ereignisses. In Bezug auf die affektive Dynamik zwischen Jägern und Wölfen lenken das Filmen und die Ansprache des Publikums die Jäger von einer unmittelbaren und unvermittelten Interaktion mit den Wölfen ab. Ihre Aufmerksamkeit und Aufnahmefähigkeit für die Bewegungen der Wölfe wird immer wieder unterbrochen und behindert.

Interessanterweise versuchen die Jäger aber offensichtlich, mit den Wölfen in Kontakt zu treten und zu kommunizieren. Und die Art und Weise, wie sie das tun, ist ihrem Wissen über die Kommunikation mit Hunden nachempfunden. Ohne die Erfahrung und das Wissen, wie man mit Wölfen kommuniziert, benutzt der filmende Jäger typische Kommandos für Hunde, um mit den Wölfen Kontakt aufzunehmen (»Bei Fuß!«, »Rapport!«). Deren Aussehen und Verhalten (um nicht zu sagen ihre genetische Abstammung) ist ja dem Hund sehr ähnlich. Als Jäger (mit einem Hund im Auto) sind sie sicherlich mit Hunden und deren Verhalten vertraut und konnten das Verhalten der Wölfe als neugierig und jugendlich identifizieren, daher das Lachen. Es ist jedoch nicht überraschend, dass die Kommunikationsbemühungen, die jenen gegenüber Hunden ähneln, bei Wölfen nicht wirklich zu funktionieren scheinen. Aber in Ermangelung alternativer Kommunikationsmöglichkeiten, was hätten die Jäger sonst tun können?

Wir sollten bei dieser Begegnung nicht übersehen, dass die verbale (einseitige) Kommunikation auf einer grundsätzlicheren körperlichen affektiven Dynamik aufbaut. Wie bei den vorangegangenen Begegnungen zwischen Wölfen und Wildschweinen und Raben, wird die affektive Präsenz durch Verhalten, persönliches Raumgefühl, Gesten, Bewegung und Ton/Sprache moduliert. Der Wolf, der sich auf den filmenden Jäger einlässt, scheint zunächst nervös, aber neugierig zu sein, bewegt sich ständig hin und her, schaut sich um, dann zum Jäger, zuckt bei jeder Geste, jeder Bewegung auf ihn zu oder bei Lauten, die zu ihm gesprochen werden. Die Jäger scheinen weniger von den Wölfen affiziert zu werden, doch auch sie reagieren auf sie, vor allem in Bezug auf die Positionierung und den Abstand zwischen ihnen. In der Tat erinnert die Art und Weise, wie sich die Jäger in Bezug auf die Wölfe bewegen, an die Art und Weise, wie sich Jäger und Treiber auf einer Drückjagd einem Wildtier (wie einem Wildschwein) nähern würden. Allein die Tatsache, dass sie nicht einfach nur dastehen, sondern sich den Wölfen nähern und sich nicht zurückziehen, zeigt, dass sie mehr auf die Wölfe einwirken, als die Wölfe auf sie.

Die Zuversicht der Jäger kann auch mit ihren Erwartungen und ihrem Wissen über Wölfe als Spezies zu tun haben und mit dem, was sie für ihr ›normales‹ Verhalten halten. Ihre gesamte Konversation während der Begegnung kennt nur ein Thema: Diese Wölfe sind nicht scheu und das ist nicht normal. Wie bereits erwähnt, ist Scheu ein wichtiges Unterscheidungsmerkmal zwischen normalem und abnormalem/gefährlichem Verhalten im Rahmen des Wolfsmanagements. Doch was genau Scheu sein soll, bleibt mehrdeutig und unterdefiniert. Zum Beispiel könnte man das Verhalten eines Wolfs, der sich einem Menschen auf eine Entfernung von weniger als 30 Meter nähert, als abnormalen Mangel an Scheu interpretieren. Dieses Kriterium würde dann aber nicht ausreichen, um den Wolf als Problemwolf zu klassifizieren. Es müssten die konkreten Details der Begegnung untersucht werden. Wenn im öffentlichen Diskurs über die Scheu von Wildtieren (im Allgemeinen und Wölfen im Besonderen) diskutiert wird, scheint die Erwartungshaltung jedoch zu verlangen, dass das Tier sofort geradezu in Panik gerät, d.h. klar und unmittelbar reagiert, sobald es die Anwesenheit des Menschen bemerkt, und mit hoher Geschwindigkeit flüchtet. Ein Wolf, der sich nicht entscheiden kann, was er tun soll, der sich hin und her bewegt und hin und her schaut, der zuckt, anstatt klar zu handeln, und der wegspringt, sich dann aber wieder dem Menschen zuwendet – mit anderen Worten, ein Wolf, der stark affiziert wird und sich bewegt fühlt und vorsichtig versucht, angemessene Wege zu finden, um auf diese Affekte zu reagieren, verhält sich zu uneindeutig und damit unpassend, um als ›normal‹ zu gelten. Wir erkennen gerade hier, dass die vereinfachende Reiz-Reaktions-Theorie des Verhaltens, die immer noch unseren Diskurs über tierische Scheu bestimmt, an ihre Grenzen stößt, wenn es um die Realität der affektiven Dynamik von Begegnungen geht.

Jede Begegnung mit Wölfen ist notwendigerweise ambivalent, uneindeutig und improvisiert. Unerwartetes und Überraschendes gehört zum Wesen von Begegnungen dazu, da ihre affektive Dynamik immer neue Impulse setzt, die responsiv aufgenommen und in Handlungen übersetzt werden müssen. Doch haben wir auch gesehen, dass Begegnungen nicht unbedingt ganz ohne Ordnung verlaufen. Die Beteiligten (re-)agieren nie gänzlich unvorbereitet, ihre Körper sind immer schon routiniert im Umgang mit Affekten generell, sodass auch neue Affekte, in nie zuvor erlebten Begegnungen mit Wölfen, auf habituierte Verhaltensweisen und handlungsrelevantes Wissen stoßen (z.B. erworben im Umgang mit anderen Tierarten wie Hunden). Diese Formen von Vorwissen können in manchen Begegnungen helfen, das Verhalten des Wolfs richtig einzuschätzen, können allerdings auch zu Fehleinschätzungen führen, wenn man einem Wolf beispielsweise zu sehr als Hund begegnet.

Letzten Endes zeigen alle drei Beispiele dieses Kapitels, dass Begegnungen in ihrem Ablauf eine affektive Dynamik aufweisen, die vor allem durch die Körperlichkeit der Beteiligten (manchmal auch technologievermittelt) gegeben ist. Diese Körperlichkeit erfordert eine kontinuierliche Aufmerksamkeit auf das affektive Geschehen und ein durch Aufmerksamkeit angeleitetes und abgestimmtes Agieren. Da es keine ›Blaupausen‹ zur Interpretation von Begegnungen mit Wölfen gibt und geben kann, keine klaren Reiz-Reaktion-Kausalitätsketten, mithilfe derer wir Verhalten eindeutig kategorisieren könnten, etwa als ›harmloses Spielverhalten‹ oder ›bedrohliche Aggression‹, sollten wir anfangen, solche Mensch-Tier-Begegnungen detaillierter zu untersuchen. Statt sie frühzeitig als Ganzes zu kategorisieren oder einzelne Verhaltensformen auf Ethogramm-Schemata zu reduzieren, scheint es zielführender, die inhärente Ambiguität einer Begegnung anzuerkennen. Auf diese Weise entstehen Interpretationsspielräume, die auch Uneindeutigkeiten zulassen und vor allem auch die dynamische Entwicklung und Veränderungen während des Ablaufs von Begegnungen mitberücksichtigen. In diesem Fall, so mein Fazit, verbessert eine ›Verkomplizierung‹ unser Verstehen von Mensch-Wolf-Beziehungen.

***

Deutschlands größte Boulevardzeitung, die *Bild*, griff die oben beschriebene Begegnung bei Lohsa auf und machte daraus einen Videoartikel. Aus den drei ursprünglich aufgenommenen Videos schnitten sie eine zweiminütige Version mit dem Titel »Wölfe verschleppen Helm eines Jägers – Von wegen scheu!«.[30] Das Video wurde mit den folgenden schriftlichen Kommentaren überblendet:

»Von wegen ›scheuer Wolf!‹«

»Die Jäger Sven Puschel und Sven Schulz sind fassungslos«

»Zwei Wölfe schleichen sich bis auf wenige Meter ans Auto heran, …

… während die Jäger eine Hecke schneiden«

»Die Raubtiere zeigen weder Scheu noch Respekt«

»Sie verschleppen sogar einen Arbeitshelm der Männer«

»Der Wolf lässt erst vom Helm ab, als Besitzer Schulz auf ihn zu rennt«

»Die Jäger ziehen sich zu ihrer eigenen Sicherheit ins Auto zurück«

Im Gegensatz zu den Originalvideos enthielt das bearbeitete Video sowohl Kommentare als auch ein hinzugefügtes, leicht unheimlich-sphärisches Hintergrundgeräusch. *Bild* rahmte und erzählte diese Begegnung visuell und auditiv als ein bedrohliches und gefährliches Szenario, trotz des gelegentlichen Lachens des Jägers. Sie versuchten die ursprüngliche affektive Dynamik mit einer anderen zu überschreiben, die mit der skeptischen Haltung der Zeitung gegenüber Wölfen im Allgemeinen kongruent war.

30 https://www.youtube.com/watch?v=hV4LVvLqF1I (Zugriff: 26.07.2022).

Diese ›Dramaturgie des Affekts‹[31] illustriert, wie individuelle, intime körperliche Begegnungen mit Wölfen aufgezeichnet, bearbeitet und nacherzählt und innerhalb öffentlicher diskursiver Praktiken neu verortet werden. Während die Wölfe aktive Akteure in einer affektiven Multispezies-Interaktion waren, die sich in der Begegnung entwickelte, wurde ihre Handlungsmacht im anschließenden Transduktionsprozess mehr und mehr durch die Handlungsmacht der Menschen (des filmenden Jägers, der nachbearbeitenden Journalisten, der Kommentatoren auf YouTube) ersetzt, wodurch die Wölfe sukzessive von lebendigen Akteuren zu passiven Symbolen und Repräsentationen wurden, die nicht mehr an der nun anthropozentrischen affektiven Dynamik des medialen Diskurses teilnehmen konnten. Ihre Spuren verblassen, werden überlagert, teilweise verwischt und umso unkenntlicher, je weiter die mediale Verarbeitung voranschreitet.

31 Kappelhoff, Hermann/Lehmann, Hauke: »The temporal composition of affects in audiovisual media«, in: Antje Kahl (Hg.), Analyzing affective societies. Methods and methodologies, London/New York: Routledge 2019, S. 120-139, hier S. 121.

Abbildung 12: Die Risskarte zeigt das ungefähre Territorium des ersten Westerwälder Rudels Feldkirchener Wald/Neuwied.

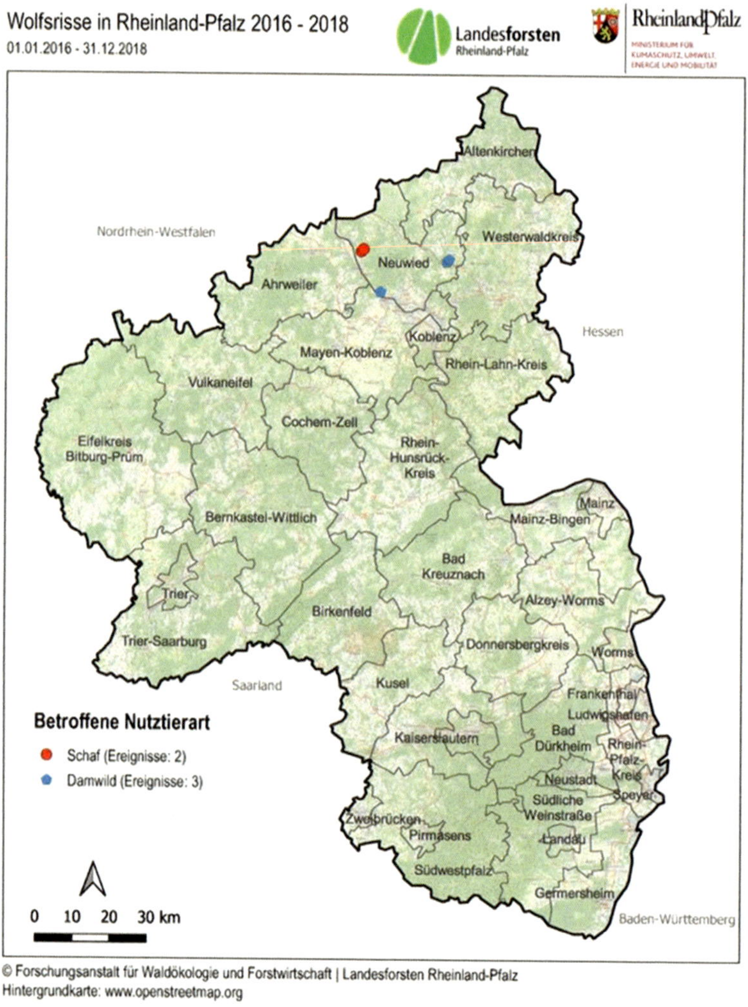

Quelle: Forschungsanstalt für Waldökologie und Forstwirtschaft (FAWF)

3. Wolfs-Agency

Affektive Agency

Was passiert, wenn sich Wölfe in einer neuen Region ansiedeln, wie wird eine Region zu einem Wolfsterritorium? In diesem Kapitel erzähle ich die Geschichte der jüngsten Rückkehr von Wölfen in den Westerwald, die in der Gründung des ersten Rudels überhaupt, dem Feldkirchener Wald/Neuwied-Rudel, gipfelt.[1] Diese Geschichte beginnt Jahre vor meiner Recherche und wird ab Herbst 2019 zu einer persönlichen Geschichte. Sie verwebt eine Vielzahl (und natürlich eine Auswahl) von Quellen zu einer Erzählung, die sich historisch durch die Zeit entwickelt und doch gelegentlich hin und her springt, von einer Perspektive zur anderen, von einem Ort zum anderen. Offizielle Aussagen über Wolfsbilder, tote Wölfe und Risse werden ergänzt durch lokale/regionale Presseberichte, Social-Media-Posts, lokale Ereignisse und persönliche Erzählungen von Einheimischen in der nahen und angrenzenden Umgebung. Während sich die Haupterzählung auf das unmittelbare Wolfsterritorium konzentriert, werde ich zeigen, wie Ereignisse von außerhalb in die lokalen Erzählungen einfließen und dadurch verschiedene geografische Verflechtungen schaffen.

Der Zweck dieses Kapitels ist ein doppelter. Erstens möchte ich beschreiben, wie Wölfe und Menschen eine gemeinsame Welt teilen, in der ihre Leben sich berühren und füreinander von Bedeutung sind. Sowohl in öffentlichen Debatten als auch im wissenschaftlichen Diskurs wird diese Situation meist mit dem Begriff der Koexistenz umschrieben, ein Begriff, der – wie Jean-Luc Nancy bemerkte – in seiner Bedeutung »often oscillates between indiffe-

1 Das Kapitel schließt somit im Frühjahr 2021 ab. Auf spätere Entwicklungen in den Jahren 2021 und 2022 und das Leuscheider Rudel gehe ich kurz in Kapitel 6 ein.

rence and resignation, or even between cohabitation and contamination«.[2] Für Wolfsbefürworter beschwört der Begriff positive Bilder von friedlichem Zusammenleben einer Gemeinschaft über Speziesgrenzen hinweg. Für jene hingegen, die dem Wolf skeptisch gegenüberstehen, ist es ein allzu positiver Begriff, der Frieden und Harmonie suggeriert, wo sie nur Konflikt und Bedrohung sehen. Der Begriff hat also seinen semiotischen Ballast, den es zu berücksichtigen gilt. Ebenso müssen wir davon ausgehen, dass Koexistenz in verschiedenen Schattierungen und Formen gelebt wird.

Wie bereits in der Einleitung erwähnt, ist die grundlegendste Form einer Koexistenz in der gemeinsamen körperlichen Konstitution menschlichen und nichtmenschlichen tierischen Lebens verwurzelt. Anstatt von einem menschlichen Exzeptionalismus auszugehen, der uns vom Rest der Welt abhebt (und über ihm steht), gilt es anzuerkennen, dass wir alle ein gemeinsames körperliches Wesen haben (wenn auch in einer Vielzahl von Formen und Fähigkeiten), das uns befähigt, einander auf spezifische Weise zu affizieren und affiziert zu werden. In einer solchen Perspektive existieren Tiere nicht nur, sie treten in Erscheinung und wirken,[3] d.h. Tiere sind (und werden für uns) affektiv durch das, was sie tun.[4] Ein Wolf wird sozusagen durch sein *Wölfen* affektiv.[5] Für die Rückkehr der Wölfe in den Westerwald bedeutet dies, dass jeder Wolf auf seinem Weg durch die Region, mit jedem Schritt, mit jeder Urin- oder Losungsmarkierung, mit jedem Riss beginnt, sich in das sozioökologische Gefüge der Region einzuweben und damit den affektiven Boden für ein Zusammenleben von Wölfen, anderen Wildtieren, Weidetieren, ansässigen Menschen und der Landschaft zu schaffen.

All dies mag für Leser und Leserinnen aus der Umweltanthropologie, der Multispezies-Anthropologie oder dem interdisziplinären Feld der Human-Animal Studies offensichtlich sein, da ich hier lediglich auf die theoretischen Entwicklungen der letzten 30 Jahre Bezug nehme. Der Großteil der Literatur über Mensch-Wolf-Beziehungen ist jedoch in einem ganz anderen Bereich angesiedelt, der *Human Dimensions of Wildlife*, einem Bereich, der von (meist quantitativen) Soziologen und Ökologen dominiert wird, die innerhalb eines sozialwissenschaftlichen Paradigmas der empirischen Sozial-

2 Nancy, Jean-Luc: Being Singular Plural, Stanford: Stanford University Press 2000, S. 43.

3 T. Ingold: Being Alive, S. 175

4 Ebd., S. 170.

5 Ebd., S. 174.

forschung arbeiten.[6] In diesem Feld wird das tatsächliche Leben der Wölfe den Naturwissenschaften zur Untersuchung überlassen, während sich die Sozialwissenschaften mit den ›menschlichen Dimensionen‹ des Zusammenlebens mit Wölfen befassen, die in der Regel in ›Meinungen‹ und ›Einstellungen‹ über Wölfe bestehen. Indem sie die vermutlich immer noch dominierende westliche Vorstellung einer Dichotomie zwischen Natur und Kultur mitsamt der damit einhergehenden disziplinären Aufteilung in natur- und sozialwissenschaftliche Forschung reproduzieren, schreiben sie ein Forschungsparadigma fort, aus dessen Perspektive Menschen und Wölfe nicht dieselbe Welt zu bewohnen scheinen und ihre Leben sich nicht gegenseitig beeinflussen.

Exemplarisch hilft hier ein Blick in die Arbeit eines führenden deutschen Soziologen auf diesem Gebiet, Ulrich Schraml. Er konstatiert beispielsweise in einem Grundlagentext über »Wildtiermanagement für Menschen«:

> »Umgangssprachlich ist es üblich, […] von Wildtier-, Wolfs- oder Luchskonflikten zu sprechen (engl: ›Human-wildlife-conflict‹ oder ›Human-carnivore-conflict‹). Diese Perspektive unterstellt, dass auch Tiere ›in die Schlacht ziehen‹, um ihre Interessen durchzusetzen. Aus sozialwissenschaftlicher Sicht ist das ein seltsamer Gedanke«.[7]

Stattdessen plädiert Schraml für eine gesellschaftspolitische Einordnung des Konflikts, der den ›symbolischen Gehalt‹ des Wolfs ins Zentrum rückt. Während andere Soziologen und Soziologen zumindest anerkennen, dass es neben einem innergesellschaftlichen Konflikt über Wölfe (z.B. zwischen Wolfsadvokaten und Wolfsgegnern) auch einen Konflikt mit Wölfen gibt[8], versteift sich Schraml in seinem anthropozentrischen handlungstheoretischen Ansatz auf die rein menschlich-gesellschaftliche Dimension des Konflikts und delegiert Wölfe zu passiven Empfängern menschlicher Bedeutungszuweisung, die mit ihrem Verhalten keinerlei Einfluss auf gesellschaftliche Prozesse haben. In diesem wie auch im nächsten Kapitel werde ich zeigen, wie realitätsfern ein solcher Ansatz ist und wie er vor allem dem Verstehen von den am Konflikt

6 Zahlreiche Beispiele hierfür findet man in der gleichnamigen Zeitschrift *Human Dimensions of Wildlife*.

7 Schraml, Ulrich: Wildtiermanagement für Menschen, in: Marco Heurich (Hg.), Wolf, Luchs und Bär in der Kulturlandschaft. Konflikte, Chancen, Lösungen im Umgang mit großen Beutegreifern, Stuttgart: Ulmer 2019, S. 113-148, hier S. 113.

8 Vgl. Skogen, Ketil/Figari, Helene/Krange, Olve: Wolf Conflicts. A Sociological Study (= Interspecies Encounters, Band 1), New York, NY: Berghahn 2017, S. 9.

Beteiligten im Wege steht. Dass meine Argumentation hier für Schraml wahrscheinlich ein weiterer ›seltsamer Gedanke‹ sein wird, ist wohl dadurch zu erklären, dass er – wie auch die meisten Soziologen im Feld der Human Dimensions of Wildlife – keinerlei Notiz von Entwicklungen außerhalb dieses Feldes nimmt. Literatur der Human-Animal Studies, Multispecies Ethnography, More-than-human Geography wird nicht zitiert, wahrscheinlich nicht einmal gelesen. Stattdessen wird eine Parallele gezogen zwischen einer »esoterischen Auseinandersetzung mit dem Wolfsmotiv« und den Human-Animal Studies. Hinzu kommt, dass auch der Kulturbegriff im Feld der Human Dimensions Studies veraltet scheint. Ihre Konzeptualisierung von Kultur ist eine mentalistische und intellektualistische, die sich zu eng auf Sprache, Ideen und Weltanschauungen, Meinungen und Einstellungen konzentriert. Sie scheinen die Fortschritte der Kultur- und Sozialtheorie der letzten Jahrzehnte zu vernachlässigen, die Kultur als verkörpert, verortet, materiell, aufgeführt und praktiziert sieht. Wenn also wertvolle theoretische Entwicklungen zum Verstehen des Zusammenlebens zwischen Menschen und Tieren gar nicht erst zur Kenntnis genommen werden, muss man sich nicht wundern, wenn die sozialwissenschaftliche Forschung über Wölfe in Deutschland bisher nur wenig zum Verstehen der Konflikte beitragen konnte.

Es ist bedauerlich, dass der zugrunde liegende ökologische Ansatz der Human-Dimensions-Literatur nicht weiterverfolgt wird. Dieses Kapitel bietet ein Beispiel für einen alternativen ökologischen Ansatz zur Mensch-Wolf-Koexistenz, der explizit die Abhängigkeiten von und Beziehungen zum Leben und Tun der Wölfe aufzeigt, ohne die einzelne Meinungen und Haltungen nur schwer zu verstehen sind. Es gilt, Weltanschauungen in die praktischen Gegebenheiten der alltäglichen Multispezies-Lebenswelten einzubetten und sie daraus zu verstehen. In dieser Ökologie einer gemeinsamen Mensch-Wolf-Koexistenz werde ich im Folgenden die wölfische Wirk- und Handlungsfähigkeit (*Agency*) aufspüren. Mein Verständnis tierischer Agency lehnt sich dabei an Edward Reeds Minimaldefinition an: »This is just what *agency* means: agents make things happen, *they make their way in the world*«.[9] In diesem Kapitel geht es dementsprechend darum, aufzuzeigen, wie in einer Situation der Koexistenz Wölfe immer wieder und wieder wirkmächtige Impulse setzen, die individuelle und gesellschaftliche Prozesse auslösen, manchmal Akteure sogar zum Handeln treiben oder zwingen. Obwohl Wölfe auch manchmal

---

9 Reed, Edward: Encountering the world. Toward an Ecological Psychology, Oxford: Oxford University Press, S. 19 (Herv. i.O.).

zu passiven Objekten im Diskurs werden können (und damit zu bloßen Repräsentationen und Symbolen), spielen sie generell eine aktive Rolle bei der Gestaltung der Mensch-Wolf-Beziehung.[10] Das soll nicht heißen, dass ihre Handlungen immer einer absichtlichen Planung mit einem vorgefassten Ergebnis folgen, wie man es aus einem subjektorientierten Ansatz der Agency als Handlungsfähigkeit schließen könnte. Aber ich will auch nicht die Handlungsfähigkeit der Wölfe auf die eines beliebigen ›Akteurs‹ (menschlich oder nichtmenschlich, belebt oder unbelebt) reduzieren, wie es bei einigen materialistischen Ansätzen der Fall ist. Stattdessen interessiere ich mich für die wölfische Fähigkeit, die gemeinsame Koexistenz mit Menschen auf ihre eigene, spezifische Art zu affizieren, d.h. auf sie einzuwirken. Wenn es um die Handlungsfähigkeit von Wölfen in Bezug auf Menschen geht, möchte ich nicht behaupten, dass ihre Handlungen notwendigerweise darauf abzielen, eine bestimmte Wirkung auf uns zu haben (eine Losungmarkierung wird mit der Absicht gesetzt, eine Wirkung auf andere Wölfe zu haben, vielleicht auf andere Tiere, wahrscheinlich nicht auf Menschen). Dennoch haben ihre Handlungen die Fähigkeit, ›Dinge zu bewirken‹ bzw. ›in Gang zu setzen‹, sie wirken dann als Katalysator für menschliche Reaktionen und Antworten (Wolfsbeauftragte werden kontaktiert, gehen in Wälder, um die Losung zu suchen, einzutüten und für DNA-Analysen an das Senckenberg-Institut zu versenden). Darüber hinaus kann die affektive Kraft der wölfischen Agency ihre Wirkung entfalten, ohne dass wirklich etwas passiert sein muss. Manchmal beeinflussen uns Wölfe nur aufgrund ihrer virtuellen Fähigkeit oder ihres Potenzials, etwas tun zu können (zu was sind Wölfe in der Lage?). Eine bloße Sichtung eines Wolfes zum Beispiel wirkt affektiv demnach sowohl durch das tatsächliche Verhalten des Wolfes als auch durch das, was er hätte tun können bzw. was hätte passieren können.

Diese Herangehensweise an wölfisches Handeln ist jedoch notwendigerweise unvollständig. Während wir nachverfolgen können, wie Wölfe auf uns Menschen einwirken, ist es schwer herauszufinden, wie sie ihrerseits von uns beeinflusst werden. Wie ich auf den kommenden Seiten zeigen werde, treten Wölfe meist plötzlich auf und verschwinden ebenso plötzlich wieder. Die meiste Zeit ihres Lebens existieren sie unerkannt und unsichtbar für uns. Die Geschichte von der Rückkehr der Wölfe ist also immer noch eine anthropozen-

10 Siehe Lescureux, Nicolas/Garde, Laurent/Meuret, Michel: »Considering wolves as active agents in understanding stakeholder perceptions and developing management strategies«, in: T. Hovardas (Hg.), Large Carnivore Conservation and Management, S. 147-167.

trische, die in erster Linie nachzeichnet, wie wir Menschen von den Wölfen betroffen sind und nicht andersherum.

Mit diesem Vorbehalt im Hinterkopf können wir uns schließlich der sich abzeichnenden Struktur der affektiven wölfischen Agency zuwenden, die als Wirkungsgeflecht innerhalb eines *affektiven Arrangements* aufgefasst werden kann. Der Begriff des affektiven Arrangements, das einen relationalen Ansatz zu Affekten in ihrer Situiertheit verfolgt, ermöglicht das »zooming-in to local constellations of elements that give rise to specific relational domains of affecting and being affected«.[11] Affektive wölfische Agency soll hier also nicht verstanden werden als eine simple Kausalkette zwischen wölfischen Subjekten und menschlichen Objekten, in der Wölfe als ›erste Beweger‹ einseitig auf Menschen einwirken. Sie streut ihre Wirkung und geht daher immer über das intendierte Ziel einer Handlung hinaus, hat immer mehr als messbare (materielle) Effekte. Ihre Wirkung entfaltet sie sowohl in bloßer körperlicher Präsenz als auch in der Durchführung einer Handlung. Und sie wirkt nach. *Letztlich geht es auch darum, die Bedingungen der Koexistenz selbst als ein affektives Arrangement zu begreifen, in der alle Akteure vor, während und nach ihren Handlungen jeweils eingebunden sind.*

Der Begriff bezieht auch den dynamischen, unabgeschlossenen und instabilen Charakter von Affekten mit ein. Daher müssen wir die gegensätzlichen Tendenzen affektiver Arrangements betrachten, sich entweder zu stabileren und dauerhaften Mustern zu verdichten oder sich aufzulösen bzw. zu transformieren. Darüber hinaus bringen Wölfe unterschiedliche Intensitäten von Affekten hervor (eine Wolfssichtung wirkt anders und normalerweise weniger intensiv als ein vom Wolf getötetes Schaf). Dabei gibt es auch wechselnde Schwellenwerte der Intensität zu berücksichtigen (hat sich eine Bevölkerung erst einmal an Sichtungen gewöhnt, verliert die einzelne Sichtung an affektiver Wirkung). Diese Intensitäten können zudem polyzentrische Beziehungsgeflechte hervorbringen, d.h. statt eines einheitlichen Wolfsterritoriums können wir mehrere affektive ›Hotspots‹ erwarten. Und schließlich müssen wir die heterogene Zusammensetzung des affektiven Arrangements berücksichtigen, das üblicherweise eine Vielzahl von Akteuren und Akteurinnen umfassen wird, die – obwohl sie sich zunehmend in ein wölfisches Arrangement verstricken – ein eigenes Leben in einer Vielzahl anderer Arrangements führen.

---

11 Slaby, Jan/Mühlhoff, Rainer/Wüschner, Philipp: »Affective Arrangements«, in: Emotion Review 11.1 (2019), S. 3-12, S. 5, https://doi.org/10.1177/1754073917722214

Wie die Wölfe in den Westerwald zurückkehrten

Der Westerwald war jahrhundertelang Wolfsland, bevor die letzten Wölfe im 19. Jahrhundert geschossen wurden.[12] Nach mehr als 100 Jahren Abwesenheit gab es 2010 die ersten unbestätigten Sichtungen von (vermutlich wandernden) Wölfen. Ein Jahr später wurde ein weiterer wandernder Wolf bei einem Verkehrsunfall in der Nähe von Gießen – nicht allzu weit vom Westerwald entfernt – angefahren und leicht verletzt. Wie DNA-Tests des Blutes am Auto ergaben, stammte der Wolf aus der Alpenpopulation und wurde daher auf den Namen Pierre-Luigi getauft. Der verletzte Wolf wurde nach dem Unfall noch einige Male gesehen und schien sich weiter in den Westerwald hinein zu bewegen, wo er im Februar 2012 im Kreis Neuwied gefilmt und daraufhin als »der Westerwaldwolf« in den Medien bekannt wurde.

Dann, im April, fanden Spaziergänger bei Hartenfels einen toten Wolf – erschossen.[13] Pierre-Luigi war illegal getötet worden und der Landesjagdverband setzte ein Kopfgeld von 1000 Euro aus (plus weitere 3000 Euro von einer Privatperson), um den Wilderer zu finden. Zwei Tage später meldete sich ein älterer Jäger bei der Polizei, gab die Tat zu und erklärte, er habe den Wolf mit einem streunenden Schäferhund verwechselt. Ein Richter erließ einen Strafbefehl von 2500 Euro, den der angeklagte Jäger nicht akzeptierte. Daraufhin begann im Dezember ein Prozess – es war das erste Mal, dass in Deutschland

---

12 Der pensionierte Westerwälder Zoologe Dr. Frank Wörner hat bis 2019 viele nützliche Informationen zur Geschichte der Wölfe im Westerwald zusammengestellt. Für seine Arbeit und viele aufschlussreiche Gespräche mit ihm bin ich ihm sehr dankbar. Vgl. Wörner, Frank: Wölfe im Westerwald: Verfolgt bis in die Gegenwart – Ein Plädoyer für Akzeptanz, Tierpark Niederfischbach e.V., Niederfischbach 2013; Wörner, Frank: Rheinland-Pfalz erwartet den Wolf: Ein Management soll das Zusammenleben regeln, Tierpark Niederfischbach e.V., Niederfischbach 2015; Wörner, Frank: Neues vom Wolf im Westerwald: Notizen zu Wolfsnachweisen 2016 bis 2019, Tierpark Niederfischbach e.V., Niederfischbach 2019, Wörner, Frank: 10 Jahre Wölfe im Westerwald: Notizen zu einer umstrittenen Rückkehr – Eine Zwischenbilanz 2011-2021, Tierpark Niederfischbach e.V., Niederfischbach 2021.

13 Gerüchte besagten, dass die Umstände des Fundes als höchst verdächtig angesehen wurden, da der Wolf in sehr schwierigem Gelände gestorben war und von jemandem aus Köln und nicht von einem Einheimischen gefunden wurde. Dies nährte das Gerücht, dass es sich bei diesem Wolf nicht um einen ›wilden‹ Wolf handelte, sondern um einen, der in Gefangenschaft gehalten (also markiert) und freigelassen worden war. Immerhin war er vermutlich schon mehrfach gesehen worden und zeigte keine Anzeichen von Scheu (Interview, Kreisjagdmeister, 18.02.2020).

jemand wegen der illegalen Tötung eines Wolfes vor Gericht gestellt wurde. Der Jäger wurde zu einer Strafe von 3500 Euro verurteilt, legte aber Einspruch gegen das Urteil ein. Im zweiten Prozess wurde die Klage unter der Bedingung abgewiesen, dass der Angeklagte 3500 Euro zahlt sowie seinen Jagdschein und seine Waffen abgibt (was er akzeptierte). Pierre-Luigi wurde präpariert und im Naturhistorischen Museum in Mainz ausgestellt.

Laut einer Pressemitteilung des damaligen Ministeriums für Umwelt, Energie, Ernährung und Forsten (MUEEF; heute: Klimaschutz, Umwelt, Energie und Mobilität, MKUEM) hatte dieser ganze Vorfall gezeigt, dass ein ordentliches Wolfsmanagement in Rheinland-Pfalz notwendig ist.[14] Die damalige Ministerin Ulrike Höfken lud Vertreter und Vertreterinnen betroffener Gruppen (Schäferinnen, Jäger, Naturschützerinnen) zu einem Runden Tisch ein, um den ersten Wolfsmanagementplan des Landes zu konzipieren. Sie erklärte, der Wolf könne in absehbarer Zeit nach Rheinland-Pfalz kommen: »Dies wäre eine Bereicherung für unsere Biodiversität. Der Wolf kann in friedlicher Koexistenz mit dem Menschen leben«.[15] Nach zwei Jahren Debatte wurde der endgültige Plan im Februar 2015 vorgestellt. Obwohl in der Zwischenzeit kein einziger Wolf gesichtet worden war, fühlte man sich mit dem nun vorliegenden Managementrahmen vorbereitet.

Und in der Tat dauerte es nicht lange, bis die Wölfe wirklich zurückkamen. Ab 2016 verdichteten sich die Wolfspräsenzen im Kreis Neuwied. In zwei Septembernächten waren fünf Schafe getötet worden. Ein totes Reh wurde gefunden, das von derselben Fähe (Wölfin) getötet worden war. Ebenfalls im September wurde ein Wolf fotografiert, und ein Jahr später, im November 2017, noch einmal. Doch diese Hinweise belegten keine dauerhafte Wolfspräsenz in der Region. Bislang galt kein Wolf als ansässig, d.h. hatte ein Territorium etabliert, noch gab es kein Rudel – soweit man wusste.

Doch das sollte sich im Jahr 2018 ändern. Am 13. Mai 2018 fotografierte ein ortsansässiger Förster eine Fähe auf dem Truppenübungsplatz Stegskopf bei Daaden im östlichen Teil des Westerwaldes. Die Fähe (GW1072f)[16] wurde in

14 »Ministerin Ulrike Höfken begrüßt Urteil zum Wolfsschützen«, https://mkuem.rlp.de/de/pressemeldungen/detail/news/News/detail/ministerin-ulrike-hoefken-begruesst-urteil-zum-wolfsschuetzen/?no_cache=1&cHash=d31ed411576ce8e28ea2b155842a4218 (Zugriff: 18.06.2022).

15 Ebd.

16 Wölfe in Deutschland werden nach genetischer Identifikation nach einer fortlaufenden Nummer benannt, zusammen mit dem Kürzel GW für Grauwolf und gefolgt von f (female/weiblich) oder m (male/männlich).

den nächsten Monaten mehrfach fotografiert, auch Losung wurde gefunden und ausgewertet. Bis dahin hatten sich Wolfsspuren (sowohl Sichtungen als auch Risse) in verschiedenen Gebieten der Region gehäuft. Neben der Fähe am Stegskopf gab es mehrere Risse im Kreis Neuwied (ein Damhirsch aus einem Wildgehege, ein Rothirsch, ein Reh). Die Wölfe waren nicht mehr zu ignorieren und das Ministerium erklärte den Westerwald im Mai 2018 offiziell zum Wolfspräventionsgebiet, d.h. zu einem potenziellen Wolfsgebiet, in dem Herdenschutzmaßnahmen erstattet werden. Fast ein Jahr später, im April 2019, wurde der Stegskopf schließlich zum ersten Wolfsterritorium in Rheinland-Pfalz, nachdem eine Urinprobe aus dem Januar als vom selben Wolf stammend identifiziert werden konnte wie die in den Monaten zuvor gefundenen Losungen. Nach Januar fehlte allerdings jede Spur dieser Fähe und man begann sich über deren Verbleib zu wundern.

Abbildung 13: Der erste residente Wolf im Westerwald, die Fähe GW1072f.

Quelle: Forschungsanstalt für Waldökologie und Forstwirtschaft (FAWF)

Ungeachtet dessen organisierte das Ministerium im August 2019 eine regionale Wolfskonferenz in Hachenburg im Zentrum des Westerwaldes, um die Öffentlichkeit zu informieren und verschiedene betroffene Gruppen zur Diskussion zusammenzubringen. Es wurden Vorträge von verschiedenen Experten gehalten, gefolgt von drei Workshops, in denen über Auswirkungen auf die Gesellschaft, die Jagd oder die Tierhaltung diskutiert werden konnte.[17]

Während die Fähe am Stegskopf zum Zeitpunkt der Konferenz bereits seit mehr als sechs Monaten verschwunden war, verfestigte sich die Wolfspräsenz im Kreis Neuwied immer mehr. Im Mai waren bei Dürrholz-Muscheid drei Schafe von Wölfen getötet worden. Im Oktober wurden sechs Schafe bei Rheinbrohl gerissen, eine Woche später ein Schaf bei Oberirsen-Rimbach und zwei Wochen danach zwei Schafe bei Sankt Katherinen. Die Regionalzeitung *Rhein-Zeitung* verkündete: »Eindeutige Wolfsspuren im Westerwald«[18] und »Jäger sind sich sicher: Ein Wolfsrudel lebt in der Verbandsgemeinde«[19]. Dabei lag für das Ministerium das einzige Wolfsrevier im Westerwald am Stegskopf und nicht im Kreis Neuwied.

Als der Südwestrundfunk (SWR) am 21. November 2019 eine Live-Podiumsdiskussion über den Wolf in Daaden veranstaltete, wurde deutlich, dass offizielles Wissen und lokales Wissen in ihrer jeweiligen Einschätzung der Wolfssituation auseinandergingen. Während der Publikumsdiskussion stand ein Jäger auf und bemerkte:

> »[Jäger:] Wir hatten gerade einen Fall hier unten am Rhein bei einer Drückjagd. Neun Wölfe waren da. Es ist bewiesen, es waren neun. Und einer von ihnen hat sich einem Jäger bis auf zehn Meter genähert und ist nicht weggelaufen. Erst als der Jäger mit den Armen winkte und rief, ging er langsam weg. Das ist nicht normal. […]
>
> [Moderator:] Jetzt muss ich nachfragen. Das ist gerade passiert?
>
> [Jäger:] Ja, während der Jagd von X.
>
> [Moderator:] Und Sie sind sicher, dass nicht […], dass es nicht nur ein und dasselbe Tier neunmal gesehen wurde?
>
> [Jäger:] Nein, das ist völlig klar […].
>
> [Moderator:] Das sind sensationelle Neuigkeiten.«[20]

---

17 Auf diese Konferenz werde ich in Kapitel 6 noch einmal genauer zurückkommen.

18 Rhein-Zeitung vom 05.11.2019.

19 Rhein-Zeitung vom 15.11.2019.

20 Podiumsdiskussion des SWR, Daaden, 21.11.2019, Protokoll des Verfassers.

Was war geschehen? Die folgende WhatsApp-Nachricht kursierte ein paar Tage zuvor in der regionalen Jägerschaft:

> »Liebe Kollegen, am Wochenende wurde mir bei den Jagden Fürst X, Baron Y, Z etc. von 9 Wolfsbegegnungen berichtet, die zeitgleich an verschiedenen Stellen bestätigt wurden. Ein Wolf hat sich ohne Scheu bis auf 10m einem Jäger genähert, der erst durch lautes Schreien vertrieben werden konnte, aber nur langsam davon getrollt ist. X, Y und andere bestätigen durch Sichtungen und Fotos ein komplettes Rudel seit einigen Monaten! Dennoch gehen die offiziellen Stellen von nur einer Fähe aus! Wir Jäger tuen uns keinen Gefallen damit, die Sichtungen und Fotos zurückzuhalten, das führt nur dazu, daß man die Anwesenheit von so vielen Wölfen verschweigt und keine Notwendigkeit zum Handeln erforderlich macht! Bitte, bitte, sammelt Kotproben in Plastiktüten und gebt sie den Großcarnivorenbeauftragten weiter. Dann betreten die auch nicht eure Reviere, falls das befürchtet wird! Bauern, Schäfer, Tierhalter und Jäger sind jetzt in höchst besorgter Alarmbereitschaft und wir erreichen den erforderlichen Handlungsbedarf nur wenn die Wölfe in ihrer Gesamtzahl offiziell bestätigt sind! Zur Zeit rotten sich ganze Schwarzwildbestände in der Nähe zu Dörfern und Städten zusammen und meiden die Wälder. In Bad Hönningen ziehen diese schon nachts durch die Straßen, wie mir heute berichtet wurde! Von der Schwierigkeit der Bejagung aller Schalenwildarten will ich erst gar nicht sprechen. Bitte vermittelt das auch an alle Jäger in euren Bereichen!«[21]

Der Kreisjagdmeister von Neuwied begann die Jäger zu versammeln und forderte sie auf, jetzt beim Monitoring mitzuarbeiten. Als »professionelle Fachleute« sollten sie in die Monitoringmaßnahmen eingebunden werden. Deshalb organisierte er für jeden Großkarnivorenbeauftragten (GKB) einen jagdlichen Ansprechpartner, um bei den Jägern »Hemmschwellen« zur Zusammenarbeit mit den Vertretern des Wolfsmanagements abzubauen und die »Transparenz« der Managementprozesse durch die Beteiligung der Jäger zu erhöhen.[22] Während eine GKB diese Idee begrüßte und durch die Zusammenarbeit mit dem Kreisjagdmeister ihre Arbeit erleichtert sah, war ein anderer GKB skeptischer. Für ihn schien es sich um einen weiteren Versuch der Einflussnahme auf das Wolfsmanagement zu handeln, um Jägerbelange darin zu verankern. Das Verhältnis zwischen Jägern und GKB war bisher generell angespannt gewesen. In

21 WhatsApp-Nachricht, erhalten 19.11.2019.

22 Interview, Kreisjagdmeister Neuwied, 18.02.2020.

den Worten eines GKB: »In Jägerkreisen waren wir GKB verpönt. Das mag daran liegen, dass zwei der drei zuständigen GKB im Gebiet auch NABU-Wolfsbotschafter sind.[23] Das gefiel den Jägern überhaupt nicht«.[24]

Es fand ein Treffen mit dem Leiter des Großkarnivorenmonitorings, regionalen GKB und örtlichen Jägern und Weidetierhaltern statt. Als ich das Treffen einige Zeit später mit einem der Teilnehmer rekonstruierte, sagte er, dass die Menschen in der Gegend generell besorgt über die Wolfspräsenz gewesen seien. Ein Besitzer einer Pferdepension (der auch Jäger ist) hatte befürchtet, dass Pferdebesitzer seine Ställe nicht mehr mieten würden, aus Furcht, im Wolfsgebiet zu reiten oder ihr Pferd dort auf die Weide zu lassen, wo es potenziell gefährdet sei. So schien seine gesamte finanzielle Zukunft in Gefahr. Ein Viehzüchter befürchtete, dass seine Tiere ausbrechen könnten, wenn sie von Wölfen angegriffen würden. Seine Tiere könnten von Wölfen getötet oder verletzt werden oder nach einem Ausbruch auf der Straße laufend Verkehrsunfälle mit Autos oder Motorrädern verursachen. Er hatte eine starke Zunahme solcher Ausbrüche festgestellt, seit die Wölfe in der Gegend waren (ob tatsächlich durch sie verursacht oder nicht, konnte er nicht mit Sicherheit sagen). Manchmal scheine die bloße Anwesenheit von Wölfen das Verhalten seiner Tiere zu verändern, überlegte er. Wenn sie zum Füttern in den Stall zurückkämen, sehe

23 Der NABU ist eine der etabliertesten Naturschutzorganisationen in Deutschland. Ihre Wolfsbotschafter sind Ehrenamtliche, die Aufklärungsarbeit leisten. Wolfsskeptiker verwenden »NABU« oft als despektierliches Akronym für ›Wolfsfreunde‹ im Allgemeinen.

24 Interview, GKB B, 11.05.2020. – Bis dahin waren die örtlichen Jäger ziemlich zurückhaltend, sich am Monitoring zu beteiligen. Es herrschte ein allgemeines Misstrauen gegenüber dem offiziellen Wolfsmanagement (als zu wolfsfreundlich und im Bunde mit den Naturschützern), das sich auch aus einem früheren Vorfall speiste. Ein Jäger hatte einen GKB wegen eines mutmaßlichen Risses eines Rehs kontaktiert. Der GKB nahm eigenen Angaben zufolge eine genetische Probe, wurde aber vom Jäger auch dazu gedrängt, den ganzen Kadaver mitzunehmen. Obwohl das nicht eigentlich vorgesehen ist, stimmte er schließlich zu, ließ den Kadaver aber mangels Kühlmöglichkeiten im Wald liegen und rief die Forschungsanstalt für Waldökologie und Forstwirtschaft (FAFW) an, die ihn am nächsten Morgen abholen sollte. Bis dahin hatte jedoch ein anderer Jäger den Kadaver gefunden und seitdem machte die Geschichte die Runde, der GKB habe absichtlich einen Beweis für die Anwesenheit von Wölfen verheimlichen wollen. In der Folge wurde der GKB bei öffentlichen Veranstaltungen mit dieser Geschichte wiederholt konfrontiert und die Jäger misstrauten ihm seitdem (wie auch dem gesamten Wolfsmanagement). Interview, GKB A, 08.11.2019.

er sie manchmal ruhelos hin und her gehen, ein wenig fressen und dann wieder zurückgehen ... als seien Wölfe irgendwo in der Nähe. Und der Nebenerwerbs-Schafhalter (der schon einmal einen Angriff auf seine Herde erlebt hatte und auch Jäger ist) war allgemein skeptisch und unzufrieden, weil in seinen Augen die Tierhaltung durch die Wölfe unmöglich gemacht werde.[25]

Zum Zeitpunkt dieses Treffens im Dezember schien der Aufruf des Kreisjagdmeisters zur Zusammenarbeit erfolgreich gewesen zu sein. Mehrere Fotos, Videos und Losungen wurden plötzlich vorgelegt, darunter ein Foto einer Fähe mit fünf Welpen vom August. Nach einigen Monaten der Bearbeitung und Verifizierung der neuen Nachweise erkannte das MUEEF im Februar 2020 das erste Rudel in Rheinland-Pfalz offiziell an. Außerdem wurden die Eltern des Rudels (GW914f und GW1159m) rückwirkend für das vorangegangene Monitoringjahr 2018/19 als residentes Paar anerkannt.

Abbildung 14: Wölfe des Feldkirchener Wald/Neuwied-Rudels.

Quelle: Forschungsanstalt für Waldökologie und Forstwirtschaft (FAWF)/private Quelle

25 Interview, Weidetierhalter und Jäger, 03.02.2020.

Mit anderen Worten, die Wölfe lebten seit mindestens zwei Jahren in der Gegend, ohne dass es jemand bemerkte? Nicht ganz, denn die lokale Bevölkerung wusste schon länger von ihnen. Der Kreisjagdmeister reflektiert über die letzten Monate vor der offiziellen Anerkennung des Neuwieder Rudels:

> »[Jäger:] Und dann wurden plötzlich zwei (Wölfe) gesehen und in Mainz haben sie noch behauptet, da war nur ein Wolf, am Stegskopf [...]. Da haben sich die Jäger richtig aufgeregt. Nicht nur die Jäger, sondern die ganze Gemeinde. Auch wenn ich mit Leuten gesprochen habe, die nichts mit der Jagd zu tun haben. [...] Dass die Landesregierung bestritten hat, dass es hier keine Wölfe gibt oder nur den einen im Westerwald [...].
>
> [Interviewer:] Woher wussten die einfachen Leute von den Wölfen? Ich nehme an, dass sie selbst keine Wölfe gesehen haben?
>
> [Jäger:] Zu der Zeit war es in der Presse [...], auch als mein Foto gemacht wurde [...], sie behaupteten immer noch [...], sogar vor zwei Monaten [...], sie behaupteten immer noch, es gäbe nur einen oder zwei Wölfe [...]. Die Leute vor Ort sagen, die Landesregierung, die Grünen, der Minister, sie wollen nicht zugeben, dass wir hier Wölfe haben [...]. Obwohl wir es mittlerweile alle wissen, durch Mundpropaganda. Es gibt Spaziergänger in Rheinbrohl und in Bad Hönningen, die gehen spazieren. Es gibt Ehefrauen von Gemeinderatsmitgliedern, die am helllichten Tag einem Wolf begegnet sind [...].
>
> [Interviewer:] Ja?
>
> [Jäger:] Ja, ja, sicher. Sie hatten zu viel Angst, um noch in den Wald zu gehen. Der Bürgermeister von Bad Hönningen hat mir erzählt, dass es Ehefrauen von Gemeinderäten gibt, die nicht im Wald spazieren gehen. [...] Die haben alle Angst.«[26]

Im gleichen Gebiet hatte auch ein örtlicher Berufsjäger (und mehrere andere Jäger) die Anwesenheit der Wölfe seit mindestens zwei Jahren bemerkt. Er sehe nicht nur alle paar Monate Wölfe, wenn er von einem Hochsitz aus jage. Er habe auch Risse gefunden, die vermutlich von Wölfen stammten. Ihm sei aufgefallen, dass Rotwildkälber seltener geworden seien; dass Rotwild tagsüber weniger aktiv sei; dass Rotwild sich bis an die äußeren Häuser des Dor-

26 Interview, Kreisjagdmeister, 18.02.2020.

fes heran bewege; dass Rotwildrudel größer geworden seien, ebenso die Wildschweinrotten; dass Wildschweine aggressiver gegenüber Jagdhunden geworden seien und dass dadurch mehr Hunde bei den großen Drückjagden verletzt würden; dass das Rehwild sehr vorsichtig geworden sei, fast unsichtbar. Inzwischen hatte er gelernt, die Zeichen zu lesen, »wann die Wölfe durch sein Revier ziehen« (und wann sie es wieder verlassen), indem er das veränderte Verhalten seines Wildes beobachtete.[27]

Dann begann die Coronakrise und Wölfe wurden plötzlich für die meisten Menschen als Thema unwichtiger. So sagte mir beispielsweise ein Ortsbürgermeister (von Hammerstein) im Wolfsterritorium: »Nein, ich habe nicht bemerkt, dass die Leute hier durch die Anwesenheit der Wölfe beunruhigt sind. Und ehrlich gesagt, haben wir jetzt andere Dinge [die Coronakrise], um die wir uns kümmern müssen«. Aber er hatte von dieser Wolfsbegegnung der Frau des Gemeinderats in Rheinbrohl gehört. Seine Patentante, die eine Bekannte dieser Frau kannte, leitete eine Nachricht darüber über Social-Media-Kanäle weiter.[28]

Da die Aktivitäten in der Öffentlichkeit während des Lockdowns im Frühjahr 2020 stark eingeschränkt war, gingen viele Menschen in den örtlichen Wäldern spazieren. Ältere Menschen waren unterwegs, allein oder zu zweit, mit und ohne Hund, Reiter auf Pferden, Mountainbikerinnen, junge Familien mit Kinderwagen. Die Wälder schienen voll mit Menschen zu sein, besonders an sonnigen Wochenenden. Der Bürgermeister von Hammerstein freute sich über eine hohe Zahl von Wanderern das ganze Jahr über, er konnte wegen der Wölfe weder sinkende noch steigende Zahlen feststellen. Alle, die ich auf meinen regelmäßigen Wanderungen durch das Wolfsgebiet ansprach, waren sich bewusst, dass sie sich in einem Wolfsgebiet befanden, aber niemand hatte jemals einen Wolf gesehen oder anderweitig bemerkt. Ja, einige von ihnen hatten Fotos oder Videos gesehen, die in privaten Facebook- oder WhatsApp-Gruppen kursierten. Nein, die Hundespaziergänger waren überhaupt nicht besorgt um ihre Hunde. Sie entfernten sich ja nicht weit von ihnen, wurde mir mehr als einmal gesagt.

Eine Gruppe von drei älteren Leuten saß auf einer Bank direkt im Kernbereich des Wolfsgebietes und bemerkte mich, wie ich den Boden auf dem Weg absuchte. Nachdem ich ihnen erzählt hatte, dass ich nach Wolfslosung suche,

27 Interview, Berufsjäger, 27.04.2020.

28 Interview, Bürgermeister von Hammerstein. 08.06.2020.

da genau hier viel gefunden worden war, begannen wir über die Wölfe zu sprechen. Sie erzählten mir, dass sie Anwohner seien und regelmäßig in diesem Teil des Waldes spazieren gingen. Einer der Männer sagte, es störe ihn überhaupt nicht, dass es hier Wölfe gebe. Er gehe trotzdem in den Wald. »Aber hast du nicht eine Weile aufgehört zu gehen, als es herauskam?«, warf die Dame ein, die neben ihm saß. »Nun, ja, aber nur für kurze Zeit«, antwortete er entschuldigend und leicht verlegen. Er sei sich damals einfach nicht sicher gewesen, ob Wölfe gefährlich seien, also habe er sich erst informiert und sei erst wieder in den Wald gegangen, als er sicher war, dass Wölfe nicht gefährlich sind.

Als ich im Juni von einer Exkursion in die Lausitz zurückkam, war mein erster Eindruck, dass es im Westerwald ein wenig ruhiger geworden war. Mir fiel ein, dass ich mich der neuen Referentin für Artenschutz des MUEEF noch nicht vorgestellt hatte, und beschloss sie anzurufen. Ich erzählte von meinen Forschungen und erwähnte die spannenden Entwicklungen im Westerwald mit seinem neuen Rudel. Doch ihre Antwort war zögerlich. Wir könnten nicht sicher sein, dass es noch ein Rudel gebe, sagte sie mir, es kursierten in letzter Zeit Geschichten über mögliche illegale Wolfstötungen in der Gegend. Und niemand hatte in den letzten Monaten irgendeinen Hinweis auf Wölfe gemeldet. Was für Geschichten?, fragte ich sie. Ich hatte nichts Derartiges gehört. Alles schien in Ordnung zu sein, bevor ich in die Lausitz fuhr. Ich hatte regelmäßig Wolfslosungen gefunden und keinen Hinweis darauf, dass etwas nicht stimmte. Ich wollte der Sache nachgehen.

Ein paar Telefonate mit meinen verschiedenen Informanten später wurde die Situation klarer. Jemand hatte den NABU kontaktiert, weil er am Abend des 10. April 2020 Unruhe in einer Schafherde in der Nähe von Neuwied bemerkt hatte (in der Nähe der Stelle, wo zwei Wochen zuvor ein Wolf von einem Wanderer gefilmt worden war). Kurz darauf wurden zwei oder drei Schüsse abgefeuert. Als ich den Schäfer später fragte, was passiert sei, sagte er mir, dass ein Jäger tatsächlich einen Wolf gesehen habe. Aber ob die Schüsse mit der Sichtung zusammenhingen, konnte er nicht sagen. Da der NABU nicht für weitere Ermittlungen zuständig war, leitete man die E-Mail zunächst an die Stiftung Natur und Umwelt (SNU) weiter. Da auch diese nicht zuständig war, leitete sie die E-Mail an die Forschungsanstalt für Waldökologie und Forstwirtschaft (FAFW) weiter. Von dort wurde ein lokaler GKB informiert.[29] Doch es

29 Diese Information stammt aus mehreren E-Mails vom 16.04.2020 bis 24.04.2020. Der Bericht über die angebliche illegale Tötung eines Wolfes ging nie an die Öffentlichkeit

war nichts in Erfahrung zu bringen. Es habe keine Beweise und keine eindeutigen Hinweise gegeben, dass eine illegale Tötung stattgefunden hatte, sagte er mir. Aufgrund einer Sportverletzung hatte er auch nicht aktiv nach Wolfsspuren gesucht, was erklärte, warum in letzter Zeit keine neuen Spuren gefunden worden waren. Ende Juni erhielt ich von einem anderen Informanten das Foto eines Wolfswelpen aus dem mutmaßlichen Kerngebiet des Wolfsgebietes. Da ich mir nicht sicher war, ob dieses Foto privat oder an das offizielle Monitoring weitergeleitet worden war, durfte ich es meinerseits nicht übermitteln, aber ich nahm es als Zeichen dafür, dass das Rudel noch da war und sich sogar fortgepflanzt hatte.

Auf der anderen Seite des Rheins, im Hunsrück, hatte ein Wolf in der Nacht zum 1. Mai 2020 ein Schaf gerissen. Am nächsten Tag beschloss eine Schäferin im nahen Boppard-Udenhausen, den Zaun für ihre sieben Schafe durch eine wolfssichere Absperrung zu ersetzen. Das getötete Schaf war weniger als 20 Kilometer entfernt; ihre Schafe befanden sich damit in Reichweite dieses Wolfes. Es störte sie nicht, dass sich ein ganzes Wolfsrudel 50 Kilometer weiter bei Neuwied aufhielt, da der Rhein als Grenze galt, die die Wölfe wahrscheinlich nicht überschreiten würden. Aber jetzt war ein Wolf in ihrer Region. Außerdem behauptete ihr Nachbar (der sich später zu unserem Gespräch gesellte), kürzlich einen heulenden Wolf im nahen Hünenfeld gehört zu haben. Dann gab es ein Video von einem Wolf, aufgenommen von einem Jäger in der Nähe von Halsenbach, weniger als zehn Kilometer entfernt. Und als wir uns Mitte Juni trafen, erzählte die Schäferin mir, dass in der Nähe des nächsten Dorfes, Buchholz, ein paar Tage zuvor ein totes Reh gefunden worden war, vielleicht auch von einem Wolf gerissen. Ich erwähnte, dass ein örtlicher Förster mir am Tag zuvor gesagt hatte, der erste Monat der Rehwildjagd habe sich als außergewöhnlich schwierig erwiesen. Im Vergleich zu den Vorjahren sei viel weniger Rehwild erlegt worden und es sei kaum welches gesehen worden. Das war höchst ungewöhnlich. Jetzt, wo ich dies erwähne, bemerkte die Schwester der Schäferin, dass sie seltsamerweise in den letzten ein oder zwei Monaten auf ihrer täglichen Runde um das Dorf mit ihrem Hund auch kaum Rehe gesehen habe. Normalerweise begegne sie ihnen regelmäßig.[30]

(vermutlich, weil es keine Beweise gab), wurde aber anschließend intern unter den GKB diskutiert, als sich die Ereignisse in den kommenden Monaten entwickelten.

30 Interview, Schäferin und Schwester, 18.06.2020.

So wurde zwar deutlich, dass sich zu dieser Zeit vieles tat, aber es war ungewiss, was genau geschah.[31] Ende Juni kristallisierte sich jedoch im Hunsrück ein neuer Hotspot heraus, der die Aufmerksamkeit vorübergehend vom Westerwald-Rudel ablenkte. Nach einer Serie von vermeintlichen Wolfsrissen bei Emmelshausen hatten sich lokale Nutztierhalter in einer WhatsApp-Gruppe organisiert, um sich über den Wolf in der Region auszutauschen und herauszufinden, »wie wir unsere Tiere weiterhin auf der Weide halten können, ohne in ständiger Angst vor dem Wolf zu leben«.[32] Und nun planten sie einen öffentlichen Vortrag in Niedert im Hunsrück, mit einem als radikalen Wolfsgegner bekannten Schäfer als ›Wolfsexperten‹, gefolgt von einem Mahnfeuer (und Grillen). Nach Aussage eines SNU-Rissgutachters wollte kein Vertreter des Wolfsmanagements dorthin gehen, da es als »kontraproduktiv« angesehen wurde, in einer Zeit hoher Emotionen aufzutreten. Wolfsbefürworter sahen das anders, wie man einer E-Mail entnehmen kann, die ich kurz vor der Veranstaltung erhielt:

> »Nächsten Samstag wird X, Sie kennen ihn, einen Vortrag halten [...] in Niedert (bei Emmelshausen/Hunsrück). Herr X ist rhetorisch begabt, aber er ist ein bekennender Wolfshasser und er versteht es, Fakten zu verdrehen und so darzustellen, dass jemand, der sich mit der Materie nicht auskennt, auf seine abstrusen Darstellungen hereinfällt. Wenn Fakten fehlen, werden sie schnell erfunden. Der Mann ist, wenn er hemmungslos vor einem wohl eher uniformen Kreis spricht, mit seinen Ideen extrem gefährlich für die Sache der Wölfe. Ich wäre gerne hingegangen, kann aber leider aus familiären Gründen nicht. Es wäre schön, wenn einige von Ihnen (insbesondere GzSdW-Mitglieder[33]) dorthin gehen könnten und ein wenig Sachlichkeit und vor allem FAKTEN in die sicherlich hitzige Diskussion einbringen würden.«[34]

An dem Abend hatten sich mehr als 80 Bauern und Bäuerinnen, Weidetierhalter und ein paar Jäger eingefunden (und keine GzSdW-Mitglieder). Es war nicht das gemischte Publikum, das man sonst bei solchen Veranstaltungen findet. Am Eingang erwähnte ich, dass ich auch Jäger bin, und das wurde wohlwollend zur Kenntnis genommen: »Ah, dann sitzen Sie ja praktisch im glei-

---

31 »Noch kein Beleg für die Rückkehr des Wolfs«, in: Rhein-Zeitung vom 03.07.2020.

32 Presseinformationen der Veranstalter, o.D.

33 Gesellschaft zum Schutz der Wölfe (GzSdW), eine der ältesten und größten Wolfsschutzorganisationen in Deutschland.

34 E-Mail eines lokalen GzSdW-Mitglieds, 30.06.2020.

chen Boot wie wir. Sie sind auch vom Wolf betroffen.« Die Stimmung an diesem Abend war gedämpft und unruhig, vielleicht ein bisschen wütend, aber nicht aufmüpfig. Der Redner machte seinem Ruf alle Ehre und hielt eine aufrüttelnde Rede (siehe Kapitel 6), doch die Reaktion des Publikums war sachlicher. »Kann der Bauernverband nicht etwas tun?«, war der erste Kommentar nach einer Weile peinlichen Schweigens, als der Redner seinen Vortrag mit einem Aufruf zu den Waffen beendet hatte. Und aus dem geplanten Mahnfeuer und Grillen wurde nur ein Grillen.

Schließlich stellten sich alle angeblichen Risse bei Emmelshausen, die zu dieser Versammlung geführt hatten, als nicht durch Wölfe verursacht heraus und die Situation beruhigte sich (aber, wurden weiterhin Zweifel laut, hatte nicht der Wolfsexperte an diesem Abend erklärt, dass man den offiziellen DNA-Tests nicht trauen könne, da es ein Monopol eines einzigen Labors gebe, das mit dem Wolfsmanagement im Bunde sei?).[35] Zwei Monate später jedoch griff ein Wolf (später als GW1554m identifiziert) Nutztiere im Kreis Bitburg-Prüm in der Eifel (nördlich des Hunsrücks und westlich des Westerwalds) an. Bei vier Angriffen innerhalb von zehn Tagen gelang es ihm, ein Kalb und drei Schafe zu töten. Wieder wurde eine öffentliche Veranstaltung vor Ort organisiert, diesmal jedoch vom Wolfsmanagement und unter Beteiligung verschiedener Experten vom Schäfer über den Naturschützer bis hin zum Politiker, »um vor allem den Menschen vor Ort die Möglichkeit zu geben, ihre Ängste, Sorgen und Nöte zu äußern«. Dennoch forderten FDP-Landtagsabgeordneter Marco Weber und Bauernpräsident Michael Horper öffentlich die »Entnahme« (die Tötung) von »Billy« (so der neu gefundene Name für diesen Wolf).[36]

Doch zurück in den Westerwald: Nach dem inoffiziellen Foto eines Welpen im Territorium des Neuwieder Rudels gab es keine weiteren Nachrichten. Doch seit März gab es regelmäßig Hinweise in Form von Losung und Fotos von einem Wolf (oder mehreren?) im Kreis Altenkirchen im Westerwald, nicht allzu weit vom Territorium des Neuwieder Rudels entfernt. Wie sich herausstellte, zeigte eines dieser Fotos vom Juni sogar eine Fähe mit Zitzen (GW1415f), was das MUEEF als Beweis für eine Reproduktion wertete. Mit anderen Worten: Es gab jetzt ein zweites Rudel im Westerwald! Es gab auch ein Foto von

35 »DNA-Analyse zeigt: Kälber im Hunsrück wurden nicht vom Wolf gerissen«, in: Rhein-Zeitung vom 15.07.2020.

36 »Naturschützer fordern: Kein Bumm für Wolf Billy«, in: Rhein-Zeitung vom 12.09.2020.

einem Wolf (demselben?) mit zwei Welpen, sodass das Rudel im Juli offiziell anerkannt wurde.

Merkwürdigerweise wurden spätestens ab Juni Anzeichen für die Anwesenheit des männlichen erwachsenen Wolfs des Neuwieder Rudels im Territorium des neuen Rudels gefunden. Mitte Juli tötete er dort sogar zwei Schafe.[37] Was hatte er dort zu suchen? Konnte es sein, dass er der Vater der Welpen des neuen Rudels war? War seiner Partnerin aus seinem Rudel etwas zugestoßen? War sie bei dem Vorfall im April vielleicht doch getötet worden? Ein GKB begann zu spekulieren, aber die Situation war unklar.

Ein Anwohner äußerte seinen Unmut über die Wolfssituation in einem Brief an die *Rhein-Zeitung*:

> »Wie viel Wolf verträgt unsere Region? Wenn sich erst einmal Rudel gebildet haben und durch unsere Wälder streifen, wer kann dann noch sicher sein? Weder Tier noch Mensch? Oder müssen wir erst warten, bis ein Wolfsrudel, tagelang ausgehungert, einen Menschen angreift? [...] Was nützt und welche Bereicherung ist er mit seinem enormen Gefahrenpotenzial für uns und unsere heimische Umwelt?«[38]

Auch ein lokaler Westerwälder Bundestagsabgeordneter der CDU (der mir bereits von Jägern und Nutztierhaltern als jemand mit »vernünftigen Ansichten« zum Wolf empfohlen worden war), forderte eine Änderung der Wolfspolitik. Vermutlich alle Vorfälle aus Westerwald, Eifel und Hunsrück zusammenfassend, veröffentlichte Erwin Rüddel eine Pressemitteilung, in der er angesichts der zunehmenden Probleme mit Wölfen in der Region zum Handeln aufrief:

> »Es vergeht kaum ein Tag, an dem in der Lokalpresse nicht über Wölfe und Wolfsrisse an Weide- und Nutztieren auch in den Landkreisen Neuwied und Altenkirchen berichtet wird. Die Population wächst dauerhaft jährlich um 30 Prozent, die Wolfsrudel werden größer und es gibt zunehmend mehr Wölfe und Rudel auch in unserer Region. Deshalb ist es an der Zeit für rationale Politik statt Wolfsromantik«.

Es gebe nicht nur ein Problem für die Weidetiere, es sei »nur eine Frage der Zeit«, bis sich die Menschen selbst bedroht fühlten und Wölfe in der Nähe oder sogar innerhalb von Siedlungen gesehen würden. Rüddel schlug schließlich

---

37 »Wolf aus Kreis Neuwied hat Schafe gerissen«, in: Rhein-Zeitung vom 10.08.2020.

38 »Enormes Gefährdungspotential« (Leserbrief), in: Rhein-Zeitung vom 24.07.2020.

ein rigoroses Management vor, das die Tötung von Problemwölfen und sogar wolfsfreie Gebiete beinhaltete.[39]

Im angrenzenden Siebengebirge/Nordrhein-Westfalen (nördlich des Neuwieder Rudelgebietes und westlich des Rudelgebietes Leuscheider Wald) applaudierten Weidetierhalter und -halterinnen beim »Tag der offenen Weide« im September Rüddels Vorschlägen.[40] Er und einige Politiker der FDP hätten die Bedrohung durch die Wölfe verstanden. Im Einladungsschreiben zu der Veranstaltung wurde der Wolf als eines von mehreren Problemen genannt, mit denen die heutigen Nutztierhalter leben müssten: der radikale Rückgang sowohl der Schafe als auch der Schäfer in den letzten 20 bis 30 Jahren, das Beinahe-Aussterben alter regionaler Schafrassen, die Kosten des Tierschutzes und die wirtschaftlichen Herausforderungen (Preise für Tierprodukte, Zäune usw.). Doch am Tag selbst dominierte der Wolf viele Gespräche. Lokalpolitiker und Journalisten hörten zu. Eine Vertreterin der Gesellschaft zum Schutz der Wölfe war anwesend (was von den Schäfern positiv zur Kenntnis genommen wurde, auch wenn sie deren Zweifel am Wolf nicht ausräumen konnte). Aber niemand vom offiziellen Wolfsmanagement, so ein Zeitungsbericht, »traute sich zu erscheinen«, um sogleich zu ergänzen: »wie zu erwarten war«. Die Nutztierhalter waren zunehmend beunruhigt durch die beiden Rudel in der Nähe und außerdem durch die beunruhigenden Bilder des »Schermbecker Vorfalls« weiter nördlich. Über Social-Media-Kanäle kursierte ein Video, das aus einem Haus heraus durchs Fenster gefilmt worden war und zwei Wölfe auf einem Feld direkt hinter dem Gartenzaun zeigt, die einen Hirsch jagen und angreifen.[41] Laut einem Alpakabesitzer beweise dieses Video das Ausmaß der Bedrohung durch Wölfe.

In Rheinland-Pfalz wurde im Oktober der zehnte Runde Tisch vom MUEEF organisiert.[42] Aufgrund der Vorfälle, die durch Wolf Billy verursacht worden

39 »Immer mehr Wölfe – und trotzdem ›weiter so‹«?, in: Blick Aktuell vom 17.08.2020.

40 »Lammflüsterer zwischen Idylle und Existenzsorgen«, in: Rhein-Zeitung vom 10.09.2020.

41 »Experten bestätigen Video: Wölfe haben Hirsch in Hünxe angegriffen«, in: Dorstener Zeitung vom 15.04.2020.

42 Ich hatte eigentlich darum gebeten, an dieser Veranstaltung teilnehmen zu dürfen. Mir wurde jedoch gesagt, dass keine »Außenseiter« erwünscht seien, vor allem im Hinblick auf die im nächsten Jahr anstehenden Wahlen. Nicht zum ersten Mal während meiner Feldforschung hatte ich den Eindruck, dass ich auf Vorbehalte bezüglich meiner Forschung stieß, da ich jemand war, der ›Dinge öffentlich machte‹. Von einem meiner Forschungsteilnehmer erfuhr ich, dass mein Name kürzlich bei einem anderen

waren, erklärte man die Eifel zum neuen Wolfspräventionsgebiet. Außerdem wurde vereinbart, dass die Regelungen zum Umgang mit Problemwölfen überarbeitet werden müssten.[43] In der letzten Pressemitteilung des MUEEF (Oktober 2020) wird berichtet, dass sich das erste Rudel des Westerwaldes, das Neuwieder Rudel, aus unbekannten Gründen aufgelöst habe. Lediglich der männliche adulte Wolf GW1159m war offenbar noch vorhanden, ist aber nun offiziell als Partner des Leuscheider-Wald-Rudels anerkannt – dem nunmehr einzigen Rudel in Rheinland-Pfalz.[44]

Wolfs-Agency in Affektiven Arrangements

Lassen wir die Geschichte von der Rückkehr der Wölfe in den Westerwald an dieser Stelle so stehen und schauen wir uns an, was sie uns über wölfische Affekte und Agency erzählt. Was haben die Wölfe also getan, um den Westerwald zu einem Wolfsterritorium zu machen? Sie wanderten durch den Westerwald und die angrenzenden Regionen; einige von ihnen entschieden sich zu bleiben und ›sesshaft‹ zu werden; einige von ihnen fanden sich zusammen und wurden ein Paar; zwei Paare (wenn auch mit demselben männlichen Wolf?) pflanzten sich fort und wurden ein Rudel/eine Familie; eines dieser Rudel hörte wahrscheinlich auf zu existieren, da der Fähe möglicherweise etwas zugestoßen war; sie markierten ihr Territorium mit Losung; sie töteten Wildtiere, beispielsweise Rehe; sie töteten Weidetiere, etwa Schafe, ein Kalb und Gehege-Damwild.

Wie haben die Menschen auf diese Wölfe und ihre Handlungen reagiert? Wie wurden sie affiziert? Sie führten Monitoringaktivitäten durch, suchten nach Losung, nahmen genetische Proben und stellten Kamerafallen auf; sie begannen politische Prozesse des Wolfsmanagements, einschließlich Runder Ti-

---

Management-Treffen zur Sprache gekommen war, wo jemand fragte, wie viel man mir erzählen könne, da ich nicht Teil des Wolfsmanagements sei.

43 Griese: »Wolf-Präventionsgebiet ›Eifel-West‹ kommt«, Pressemeldung des MUEEF, 06.10.2020, https://mueef.rlp.de/de/pressemeldungen/detail/news/News/detail/griese-wolf-praeventionsgebiet-eifel-west-kommt/?no_cache=1&cHash=88065029cd9fbcd528772ef668e7c7c1 (Zugriff: 18.06.2022).

44 »Umweltministerium informiert: Totes Tier an B8 bei Rettersen vermutlich Wolfswelpe«, 23.10.2020, https://mueef.rlp.de/de/pressemeldungen/detail/news/News/detail/umweltministerium-informiert-totes-tier-an-b8-bei-rettersen-vermutlich-wolfswelpe/?no_cache=1&cHash=12d3d7305504e4d6969fd161d5ca5338 (Zugriff: 18.06.2022).

sche, Konferenzen, öffentlicher Vorträge; Schäferinnen begannen, den Schutz ihrer Tiere zu erhöhen, bauten neue Zäune oder verbesserten alte, integrierten Hunde in Herden; einige Leute hörten auf, in den Wald zu gehen, einige von ihnen gingen dann wieder hin; Bilder und Videos zirkulierten über Social-Media-Kanäle; jemand könnte einen Wolf getötet haben; einige Menschen hatten Begegnungen mit Wölfen, die meisten hatten keine; (einige) Jäger engagierten sich aktiv im Monitoringregime und versuchten ihren Einfluss im Wolfsmanagement zu erhöhen.

So zusammengefasst, ist die Geschichte der Rückkehr der Wölfe in den Westerwald typisch, denn sie enthält sämtliche Elemente der Rückkehr von Wölfen überall in Deutschland (oder auch in jedem anderen Land). Eine Wolfsbiologin, die die Entwicklung der letzten 20 Jahre genau verfolgt hat, bemerkte dazu, dass es eine gewisse Tragik in den ewiggleichen Geschichten von Konflikten gäbe, die sich Jahr für Jahr in jeder neuen Wolfsregion wieder und wieder abspielen. In diesem Sinne glaube ich, dass die Geschichte der Westerwälder Wölfe Bedeutung auch über die regionalen Besonderheiten hinaus hat.

Eine der wichtigsten Erkenntnisse aus dieser Geschichte ist, dass in ihr kaum etwas passiert, ohne dass die Wölfe vorher etwas tun. Das ist die Quintessenz dessen, was wölfische Agency bedeutet. Es reichte nicht aus, dass Wölfe nach Deutschland zurückkehrten. Damit das MUEEF aktiv werden konnte, mussten Wölfe das Territorium von Rheinland-Pfalz betreten haben. Hat sich ein Wolf zur Ansiedlung entschlossen, dann wird eine regionale Wolfskonferenz organisiert, um die Anwohner zu informieren und ihre Sorgen und Ängste zu hören. Wenn ein Wolf Nutztiere tötet, werden öffentliche Veranstaltungen organisiert, um dem negativen öffentlichen Aufschrei entgegenzuwirken, und Schäfer sehen sich plötzlich veranlasst, einen Zaun zu bauen. Wenn ein Wolf zu oft Nutztiere angreift, fühlt sich die Politik bemüßigt zu reagieren und fordert die Entnahme und ein strengeres Management. Wenn bei einer großen Jagd plötzlich mehrere Wölfe auftauchen, dann fühlen sich die Jäger veranlasst, aktiv zu werden. Man könnte diese Liste weiter und weiter führen. *Was bliebe von der Geschichte übrig, wenn wir sie ohne die Handlungen der Wölfe schreiben würden?*

Wölfisches Wirken zeigt sich überall. Manchmal ist es nur ein einzelner Wolf, der uns berührt, bewegt, erschüttert. Ein wandernder Wolf hat zudem eine andere Art von affektiver Wirkung als ein ansässiger (wenn auch nicht unbedingt eine weniger intensive, wie uns die Risse von Billy, dem Eifelwolf, gezeigt haben). Aber wandernde Wölfe kommen und gehen; die ansässigen sind hier, um zu bleiben, und die Menschen erwarten, dass sie ständig betroffen sind (aber auch das muss nicht immer so sein, wie die Fähe am Stegskopf zeigte, sie verschwand, kurz nachdem sie offiziell als ansässig anerkannt wurde). Rudel haben wiederum eine andere Art der Agency. Sie vermehren sich und damit die wölfische Präsenz und Agency in der Region. Schäfer und Schäferinnen fühlen sich plötzlich von Wolfsrudeln umgeben. Dabei könnte ein großer Fluss ausreichen, um nicht von Wölfen betroffen zu sein, nicht einmal von ganzen Rudeln. Wölfe in einer anderen Region wirken anders als die vor der eigenen Haustür. Aber manchmal vereinen sich auch Wölfe mehrerer Regionen in ihrer affektiven Wirkung, sodass ein Politiker eine verdichtete Wolfspräsenz um sich herum spürt, mit Rissen jeden Tag, und infolgedessen entscheidet, dass genug genug ist. Und schließlich zeigt sich die affektive Agency von Wölfen als Spezies in Form von Erwartungen hinsichtlich der ihnen zugeschriebenen Fähigkeiten. Ein Mann geht nicht mehr im Wald spazieren, als er zum ersten Mal von Wölfen hört, die dort leben. Er hat ein bisschen Angst, weil er nicht sicher ist, was ihn erwartet und ob ihm Gefahr droht. Man hört schließlich Geschichten ... Jäger glauben, dass es »nur eine Frage der Zeit ist, bis etwas passiert«.

Eine weitere Erkenntnis dieser Geschichte ist die Variation der Intensitäten von wölfischen Affekten. Ein Wolf in Bewegung, der auf einem unscharfen Bild einer Kamerafalle eingefangen wurde (und anschließend nicht als C1[45] eingestuft, nicht offiziell anerkannt und nicht in der Presse veröffentlicht wurde), bewirkt nicht den gleichen Affekt wie ein verifiziertes C1-Bild. Ein Bild, als Zeugnis einer Begegnung, vielleicht über Social-Media-Kanäle weitergeleitet, begleitet von einer persönlichen Erlebniserzählung, kann wiederum mehr Wirkung haben. Wenn das Bild bei einer Nahbegegnung aufgenommen wurde, z.B. von Jägern bei der Jagd, kann die affektive Wirkung noch größer sein (wobei sofort Fragen nach ›richtigem‹, ›natürlichem‹ Verhalten und Scheu auftauchen). Intensitäten von Sichtungen oder Begegnungen sind wiederum anders als Intensitäten von Rissen. Während Risse von Wildtieren vor allem Jäger betreffen, scheinen Risse von Nutztieren nicht nur Weidetierhalter, sondern auch andere Einheimische zu stören. In der Tat scheinen gerissene Weidetiere die treibende affektive Kraft für die Betroffenheit zu sein, was die Rückkehr

45 Wolfsnachweise werden im wissenschaftlichen Monitoring anhand der sogenannten SCALP-Kriterien (Status and Conservation of the Alpine Lynx Population) klassifiziert in C1: eindeutiger Nachweis (z.B. Totfund, genetischer Nachweis, Foto), C2: bestätigter Hinweis (z.B. Spur oder Riss), C3: unbestätigter Hinweis (z.B. Sichtbeobachtungen ohne Fotobeleg), zuzüglich nicht bewertbaren Hinweisen und falschen Beobachtungen. Vgl. Reinhardt, Ilka et al.: Monitoring von Wolf, Luchs und Bär in Deutschland (= BfN-Skript 413), Bonn: Bundesamt für Naturschutz 2015.

der Wölfe in den Westerwald angeht. Doch das Beispiel des Schermbecker Vorfalls zeigt, dass das Töten von Wildtieren direkt vor der eigenen Haustür nicht weniger intensiv erlebt werden dürfte.

Der auf Video festgehaltene Vorfall in Schermbeck, der die Besucher und Besucherinnen des nordrhein-westfälischen »Tages der offenen Weide« so in Unruhe versetzte, zeigt uns auch, was ich zuvor das polyzentrische Beziehungsgeflecht genannt habe. Der Nutztierhalter, mit dem ich an diesem Tag sprach, fühlte sich durch die Anwesenheit der Westerwälder Wölfe betroffen, aber auch durch andere Wölfe, die weiter entfernt, jedoch im selben Bundesland leben. Die Schäferin im Hunsrück fühlte sich nicht von den Westerwälder Wölfen betroffen, sondern von denen in ihrer Hunsrücker Region. Die Ministerin hingegen war von allen Vorfällen innerhalb ihres Bundeslandes betroffen. Wie wir an diesen Beispielen sehen, entwickelt sich das affektive Arrangement, das in der Geschichte von der Rückkehr der Wölfe in den Westerwald nachgezeichnet wird, von verschiedenen Zentren aus und bildet immer neue kleinere Arrangements, die sich – je nach den Handlungen der Wölfe und ihren affektiven Intensitäten in der Region – verfestigen oder vergehen können. Diese affektiven Zentren kommen und gehen mit den Bewegungen der einzelnen Wölfe und konsolidieren sich, wenn Wölfe in einer Region resident werden.

Nimmt man all diese Erkenntnisse zusammen, so zeigt sich, dass die affektiven Arrangements des Zusammenlebens von Menschen und Wölfen in einer entstehenden Wolfsregion höchst prekär, dynamisch und damit offen sind. Selbst die Etablierung eines Territoriums scheint keine Garantie für eine Konsolidierung dieser Arrangements zu sein, da die Stegskopf-Fähe bald verschwand, das Neuwieder Rudel (vermutlich) verschwand, der erwachsene Wolf des Neuwieder Rudels sein Territorium wechselte und wohl anderswo ein neues Rudel gründete. Wie wir sehen, ist die Region auch zwei Jahre nach der Rückkehr der Wölfe in den Westerwald immer noch ein aufstrebendes (oder doch ein abnehmendes?) Wolfsterritorium, dessen Entwicklung noch lange nicht abgeschlossen ist. Was sich stabilisiert hat, sind die Bemühungen des Wolfsmanagementregimes, einen Wolfsmanagementplan aufzustellen, ein Monitoringregime einzurichten (jetzt mit Unterstützung der Jäger?), die Ausweisung neuer Wolfsschutzgebiete zu formalisieren und die Konzentration des Regimes in einem neuen Wolfskompetenzzentrum zu planen.[46] Viele

46 Das neue Koordinationszentrum Luchs und Wolf wurde dann 2021 gegründet und nahm seine Arbeit auf.

Schäferinnen haben ihre Reaktionen auf Wolfspräsenzen durch Investitionen in neue Zäune und in mindestens einem Fall auch in Herdenschutzhunde stabilisiert. Die Jäger haben – soweit ich das beurteilen kann – ihre Jagdpraktiken nicht verändert. Und auch die lokale Bevölkerung hat ihre Alltagspraktiken nicht maßgeblich an die Präsenz der Wölfe angepasst.

Die dynamische Instabilität des affektiven Arrangements geht hier Hand in Hand mit einem Gefühl der Ungewissheit, das mit mangelndem Wissen über die Vergangenheit, Gegenwart und mögliche Zukunft als Wolfsgebiet zusammenhängt. Was der amerikanische Naturschriftsteller Barry Lopez in der Einleitung seines klassischen Buches *Of Wolves and Men* schrieb, gilt auch heute noch: »The truth is we know little about the wolf. What we know a good deal more about is what we imagine the wolf to be«.[47] Auch mit Wolfsforschungsprojekten und Wolfsmonitoringregimen bleiben die Wölfe in Deutschland weitgehend Phantome, die in ihren Territorien ›spuken‹ und nur gelegentlich menschliche Lebenswelten berühren, die sichtbar werden und so ihre affektive Kraft spüren lassen, und die Wellen schlagen, die sich durch das affektive Arrangement ziehen.

Die Frage ist: Stabilisiert sich dieser prekäre Zustand des affektiven Arrangements jemals? Verblasst das Gefühl der Unsicherheit jemals? Werden wir jemals mehr Wissen über Wölfe haben, sobald sie sich als langfristige Mitbewohner etabliert haben? Und gibt ihre affektive Anwesenheit ihrem Territorium letztlich einen affektiven Ton, also eine Wolfsatmosphäre?

47 Lopez, Barry H.: Of Wolves and Men, New York: Simon & Schuster 1995, S. 3.

Abbildung 15: Wolfsterritorien in Sachsen im Monitoringjahr 2020/21. Darunter die Protagonisten von Kapitel 4, das Rosenthaler Rudel (RT).

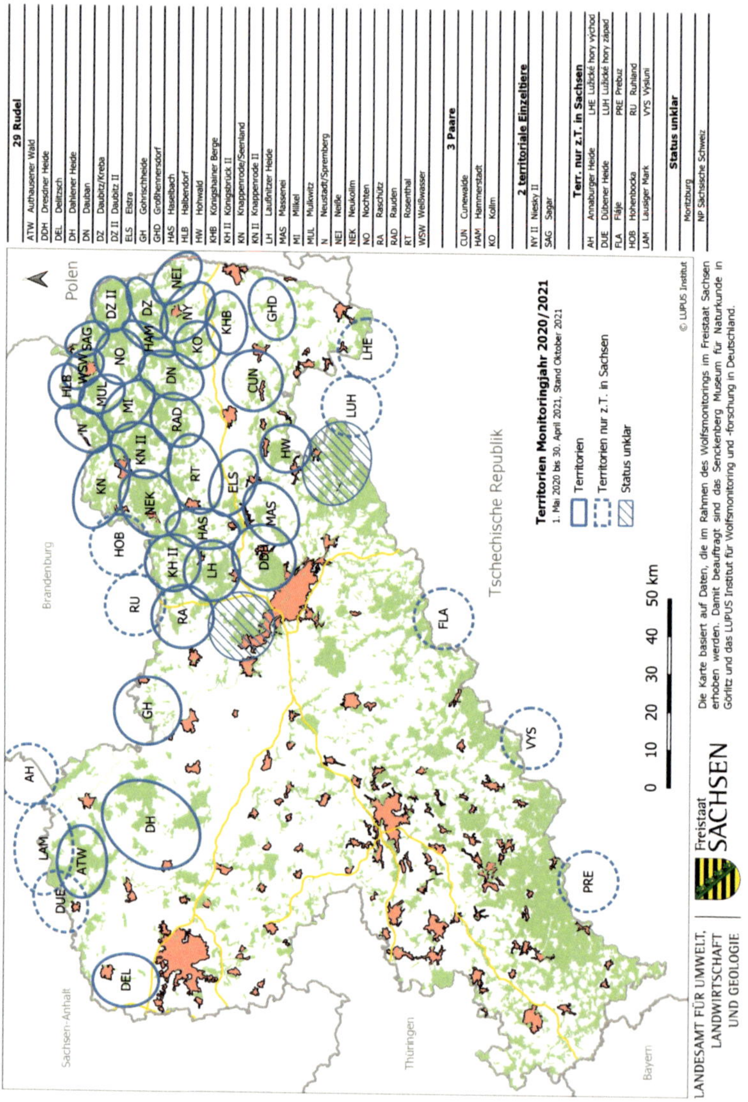

Quelle: LUPUS-Institut für Wolfsmonitoring und -forschung

4. Wolfs-Atmosphären

Von Wolfs-Atmosphären und der Ökologie der Angst

Im letzten Kapitel habe ich die Geschichte der Rückkehr der Wölfe in den Westerwald erzählt, um zu zeigen, wie die Koexistenz von Wölfen und Menschen beide in affektive Arrangements verstrickt. Insbesondere ging es mir darum, nachzuzeichnen, wie Wölfe sowohl im Hinblick auf Affekte (Präsenzen und Spuren) als auch auf (materielle) Effekte ›etwas in Bewegung bringen‹ und so als affektive Akteure im Geflecht dieser Arrangements sichtbar werden. Dabei habe ich mich auf die grundlegendste Definition von Affekt als eine lebendige Kraft gestützt, die Dinge in Bewegung setzt. Wir haben auch gesehen, wie sich diese Kräfte zu immer dichteren Präsenzen verdichten oder wieder verblassen, um schließlich zu vergehen. In diesem Kapitel werde ich weiter untersuchen, wie sich bestimmte affektive Dynamiken zu einer bestimmten affektiven Anordnung verdichten können, die ich *Wolfsatmosphären* nennen werde.[1]

Während sich meine bisherigen Ausführungen zur wölfischen Agency in erster Linie mit wölfischen Handlungen und deren Wirkungen auf Menschen befassten, versucht der Fokus auf Atmosphären die *gefühlten* affektiven Kräfte von Wölfen auf ihre menschlichen und nichtmenschlichen Mitbewohner zu verdeutlichen. Eine Atmosphäre wird hier als eine prekäre, dynamische, affektiv geladene Struktur verstanden, die von Wölfen ausgeht, ihr Territorium umhüllt und dadurch auch das Leben der dort Wohnenden emotional einfärben kann. Doch Wölfe sind nicht die alleinigen Produzenten

1 Lorimer, Jamie: »Nonhuman charisma«, in: Environment and Planning D: Society and Space 25.5 (2007), S. 911-932, https://doi.org/10.1068/d71j; Lorimer, Jamie/Hodgetts, Timothy/Barua, Maan: »Animals' atmospheres«, in: Progress in Human Geography 43.1 (2019), S. 26-45, https://doi.org/10.1177/0309132517731254; Schroer, Sara A./Schmitt, Susanne B. (Hg.): Exploring atmospheres ethnographically (= Anthropological studies of creativity and perception), London/New York: Routledge 2018.

von Atmosphären. Vielmehr versammelt ihr affektives Leben eine Vielzahl von Elementen (jedes mit seinen eigenen affektiven Kräften) in einem Arrangement, das andere Wesen, Materialien und materielle Objekte sowie Landschaften einschließt. Als »unbestimmt, räumlich ergossene Gefühlsqualität«[2] ist es eine Möglichkeit, darüber nachzudenken, wie durch Wölfe verursachte individuelle, subjektiv-emotionale Erfahrungen aus größeren intersubjektiven affektiven Strukturen hervorgehen.

Es sind Wolfsatmosphären, auf die Wolfsfreunde und -freundinnen anspielen, wenn sie von dem Nervenkitzel sprechen, in einem Wolfsgebiet zu sein und die Chance zu haben, Wölfen ›in echt‹ zu begegnen; wenn Ehefrauen von Gemeinderäten davon sprechen, zu viel Angst zu haben, in ein Wolfsgebiet zu gehen; wenn Schäfer das verstörte Gefühl ihrer Herde nach einem Wolfsangriff beschreiben; wenn Jäger versuchen, Worte für dieses mulmige Gefühl zu finden, das sie haben, wenn sie mit einem frisch erlegten Reh durch ein Wolfsgebiet gehen; wenn sie von Wildschweinen sprechen, die sich aus Angst in immer größeren Rotten zusammenfinden; wenn sie behaupten, es sei nur eine Frage der Zeit, bis etwas passieren werde; oder, auf der allgemeinsten Ebene, wenn Menschen auf dem Land davon sprechen, nun in Angst leben zu müssen und sich ihr ganzes Leben durch die bloße Anwesenheit der Wölfe geändert habe.

Das Leben von Tieren über ihre Atmosphäre zu erforschen, mag zunächst ungewöhnlich erscheinen. In den Human-Animal Studies wurde man im Zuge der affektiven Wende in den Geistes- und Sozialwissenschaften darauf aufmerksam. Aber auch Naturwissenschaftler haben sich mit den affektiven Kräften der Tiere beschäftigt, wenn auch nicht unter dem Stichwort »Atmosphäre«. In der Verhaltensökologie begannen Forscher, »letale« von »nichtletalen« Effekten von Beutegreifern auf Beutetiere zu unterscheiden.[3] Seit Jahrzehnten erforschen Ökologen, welche Rolle Raubtiere bei der Regulierung ökologischer Systeme einnehmen. Beutegreifern werden »dichtevermittelte Effekte« nachgesagt, d.h. sie beeinflussen die Mortalitätsrate und damit die Populationsgröße der Beutetierart. Man geht davon aus, dass Ökosysteme *top-down* durch die trophischen Ebenen reguliert werden. Ein anderer Ansatz argumentiert jedoch, dass die Primärproduktion und ihre Auswirkungen auf Pflanzenfresser die Ökosysteme *bottom-up* reguliert, wobei Raubtiere keinen signifikan-

2 Böhme, Gernot: Atmosphäre. Essays zur neuen Ästhetik, Frankfurt a.M.: Suhrkamp 2013, S. 27.

3 Für Übersichten über Wolf-Beute-Beziehungen im Allgemeinen vgl. Mech, David/Peterson, R.: Wolf-prey relations, ; D. Mech/D. Smith/D. MacNulty: Wolves on the Hunt.

ten Einfluss hätten. Neuere Studien verkomplizieren die ökologische Modellierung weiter mit der Annahme, Top-down- und Bottom-up-Regulierungssysteme seien miteinander verwoben und könnten sich überschneiden. Die Rolle von Beutegreifern im Ökosystem gibt also immer noch Rätsel auf.[4]

Um die Angelegenheit noch weiter zu verkomplizieren, erkennen Ökologen nun auch nichtletale (verhaltensbasierte) Effekte von Beutegreifern auf Beutetiere an. Die (nicht unumstrittene) Hypothese ist hier, dass die bloße Anwesenheit eines Beutegreifers einen Effekt (in der Terminologie dieser Arbeit: affektive Wirkung) auf Beutetiere in der Umgebung hat. Sie leben in einer »Ökologie der Angst«.[5] Es wird davon ausgegangen, dass Beutetiere ein Leben in ständiger Angst davor führen, zur Beute zu werden, immer wachsam und auf der Suche nach Beutegreifern sind, Gebiete mit hohem Risiko meiden oder nur wenig Zeit dort verbringen, Gebiete mit geringem Risiko suchen oder sich in größeren Gruppen zusammenschließen. In diesem Modell ist die Angst ein existenzielles Gefühl, das sie wachsam und damit am Leben hält. Es sickert in ihre Umgebung ein und verwandelt diese in »Landschaften der Angst«.[6]

Diese Verhaltensökologie der Beutegreifer-Beute-Beziehung wurde prägnanterweise vor allem anhand von Wölfen untersucht. Mehrere Studien mit den Wölfen des Yellowstone-Nationalparks in den Vereinigten Staaten untersuchten, wie Beutetierarten wie Wapiti-Hirsche auf die Anwesenheit von Wölfen reagieren.[7] Die Ergebnisse scheinen jedoch nicht schlüssig zu sein, was eindeutige Top-Down-Effekte angeht. Wölfe und ihre Beutetiere scheinen nicht einem Standard-Verhaltensprotokoll zu folgen und zeigen stattdessen eine Vielzahl von Reaktionen und Verhaltensweisen. Studien über Wölfe in

4 Vgl. Heurich, Marco: Die Rolle der großen Beutegreifer im Ökosystem, in: Ders. (Hg.), Wolf, Luchs und Bär in der Kulturlandschaft, S. 71-94.

5 Brown, Joel S./Laundré, John W./Gurung, Mahesh: »The ecology of fear: optimal foraging, game theory, and trophic interactions«, in: Journal of Mammalogy 80.2 (1999), S. 385-399, https://doi.org/10.2307/1383287

6 Laundré, John W./Hernández, Lucina/Altendorf, Kelly B.: »Wolves, elk, and bison: re-establishing the ›landscape of fear‹ in Yellowstone National Park, U.S.A«, in: Canadian Journal of Zoology 79.8 (2001), S. 1401-1409, https://doi.org/10.1139/z01-094

7 Ebd.; Creel, Scott et al.: »Elk Alter Habitat Selection as an Antipredator Response to Wolves«, in: Ecology 86.12 (2005), S. 3387-3397, https://doi.org/10.1890/05-0032; White, P. J./Proffitt, Kelly M./Lemke, Thomas O.: »Changes in Elk Distribution and Group Sizes after Wolf Restoration«, in: The American Midland Naturalist 167.1 (2012), S. 174-187, h ttps://doi.org/10.1674/0003-0031-167.1.174

Mitteleuropa sind spärlich und ähnlich unschlüssig.[8] Außerdem gibt es Hinweise darauf, dass die Angst vor dem Menschen die Angst der Beutetiere vor Wölfen überschattet.[9] Und schließlich fand eine Studie in Deutschland heraus, dass Wölfe selbst Anzeichen von Angst vor Menschen zeigen, da sie z.B. Straßen und andere anthropogene Strukturen in der Landschaft zu meiden scheinen.[10]

Wie wir sehen, kann eine breitere Sichtweise einer Ökologie der Angst in verschiedenen Dimensionen wirken: vom tierischen Räuber zur tierischen Beute, vom menschlichen Räuber zur tierischen Beute-Beutegreifer (Wölfe), vom menschlichen Räuber zur tierischen Beute (z.B. Rehe) und vielleicht sogar vom tierischen Räuber (Wölfe) zur menschlichen Beute.[11] Gerade die letztere Dimension wird von jenen oft ins Feld geführt, die Wölfen skeptisch gegenüberstehen (siehe nächstes Kapitel). Obwohl es in Deutschland seit der Rückkehr der Wölfe keinen einzigen Vorfall gab, bei dem ein Mensch zu Schaden gekommen ist, scheinen manche Menschen allein durch die schiere Möglichkeit beunruhigt oder zumindest verunsichert zu sein.[12] Und wo immer Wölfe zum ersten Mal auftauchen, behaupten Wolfsskeptiker, dass sie den

---

8 Kuijper, Dries P. et al.: »Landscape of fear in Europe: Wolves affect spatial patterns of ungulate browsing in Białowieża Primeval Forest, Poland«, in: Ecography 36.12 (2013), S. 1263-1275, https://doi.org/10.1111/j.1600-0587.2013.00266.x; Kuijper, Dries P. et al.: »Context dependence of risk effects: Wolves and tree logs create patches of fear in an old-growth forest«, in: Behavioral Ecology 26.6 (2015), S. 1558-1568, https://doi.org/10.1093/beheco/arv107; Theuerkauf, Jörn/Rouys, Sophie: »Habitat selection by ungulates in relation to predation risk by wolves and humans in the Białowieża Forest, Poland«, in: Forest Ecology and Management 256.6 (2008), S. 1325-1332, https://doi.org/10.1016/j.foreco.2008.06.030

9 Zbyryt Adam et al.: »Do wild ungulates experience higher stress with humans than with large carnivores?«, in: Behavioral Ecology 29.1 (2018), S. 19-30, https://doi.org/10.1093/beheco/arx142

10 Reinhardt, Ilka/Kluth, Gesa: Untersuchungen zum Raum-Zeitverhalten und zur Abwanderung von Wölfen in Sachsen. Endbericht Projekt »Wanderwolf« (2012–2014), im Auftrag des Sächsischen Staatsministeriums für Umwelt und Landwirtschaft (SMUL), 2015.

11 J. Soentgen: Ökologie der Angst.

12 Siehe den klassischen Überblick über Wolfsangriffe auf Menschen, zusammengestellt von Linnell, John et al.: The fear of wolves: A review of wolf attacks on humans, NINA Oppdragsmelding 731, Trondheim: Norsk institutt for naturforskning 2002, https://www.nina.no/archive/nina/pppbasepdf/oppdragsmelding/731.pdf (Zugriff: 18.06.2022) bzw. die Neuauflage Linnell, John D./Kovtun, Ekaterina/Rouart, Ive: Wolf attacks on humans: an update for 2002–2020. NINA Report 1944. Trondheim: Norwegian Institu-

Ort in etwas verwandeln, das man als eine Landschaft der Angst bezeichnen könnte.

In diesem Kapitel werde ich eines der prominentesten Beispiele für eine solche Landschaft der Angst im Detail untersuchen und das Konzept der Tieratmosphäre nutzen, um die Komplexität der damit verbundenen sozioökologischen Beziehungen zu entwirren. Wie lässt sich die Wolfsatmosphäre beschreiben? Welche Emotionen sind beteiligt? Was oder wer trägt zur Atmosphäre bei? Ist sie stabil oder dynamisch? Wenn sie dynamisch ist, was beeinflusst ihre Transformationen und Intensitäten?

Diesen Fragen gehen wir in der Gemeinde Ralbitz-Rosenthal in Sachsen nach, dem Heimatgebiet des Rosenthaler Rudels[13], das von einer Fähe namens Marie angeführt wird. Ralbitz-Rosenthal besteht aus zehn Dörfern mit rund 1750 Einwohnern in der ländlichen Lausitz. Die Mehrheit der Bewohner und Bewohnerinnen sind Deutsche mit (katholischer) sorbischer Identität (eine alteingesessene slawische Minderheit, die seit mehr als 1000 Jahren in dieser Region lebt). Wie viele andere in der Lausitz arbeiten nur wenige tatsächlich in der Landwirtschaft und verdienen ihren Lebensunterhalt stattdessen in den nahen gelegenen städtischen Zentren und der Energiewirtschaft. Generell kann Rosenthal jedoch als eine recht wohlhabende Gemeinde mit einer starken ländlichen Identität beschrieben werden. Sie ist sowohl in der Region als auch deutschlandweit als Hotspot des Anti-Wolfs-Aktivismus und für ein Wolfsrudel bekannt geworden, das wahrscheinlich mehr Schafe getötet hat als jedes andere Rudel in Deutschland. Es ist also ein extremes und anschauliches Beispiel, aber kaum ein typisches. Nichtsdestotrotz zeigt uns der Fall Rosenthal Aspekte von Wolfsatmosphären, die regelmäßig auch anderswo zu finden sind, wenn auch weniger intensiv.

Der Zweck dieses Kapitels ist es auch, sich mit Wolfsskeptikerinnen, ihren Argumenten und ihren Erfahrungen, intensiver auseinanderzusetzen. Hier tauchen wir ein in die Lebenswelt und Weltanschauung von wolfskritischen Menschen und versuchen, Mensch-Wolf-Konflikte aus deren Perspektive wahrzunehmen und zu verstehen. Die hier vorgestellte Geschichte von Rosenthal und dem Rosenthaler Rudel kann daher als eine besondere narrative

---

te for Nature Research 2021, https://brage.nina.no/nina-xmlui/handle/11250/2729772 (Zugriff: 18.06.2022).

13 Die »Ausnahmewölfe von Rosenthal«, wie eine der populärsten deutschen Jagdzeitschriften, *Jäger* (25.09.2015), sie nannte, https://www.jaegermagazin.de/jagd-aktuell/woelfe-in-deutschland/die-ausnahmewoelfe-von-rosenthal/ (Zugriff: 18.06.2022).

Konstruktion von Ereignissen und Erfahrungen gelesen werden, die darauf abzielt, vor allem die affektiven Dimensionen des Konflikts zu erkunden. Dennoch wiederholt diese Geschichte nicht nur die Ansichten der lokalen Aktivisten. Sie führt auch andere Ansichten ein, die deren Ansichten konfrontieren, herausfordern oder ihnen widersprechen, und schafft so eine mehrstimmige ethnografische Beschreibung, die nicht nur die Mensch-Wolf-Dimension des Konflikts beachtet, sondern auch soziale Konflikte einschließt. Anders formuliert könnte man auch sagen, dass ich hier sowohl Konflikte mit Wölfen als auch Konflikte über Wölfe gleichermaßen berücksichtige.

Allerdings lasse ich auch einiges zugunsten des Verstehens der wolfskritischen Lebenswelt außer Acht, was von enormer Wichtigkeit für einen öffentlichen Diskurs um genau diese Lebenswelt ist. Ich klammere beispielsweise die Fragen aus, ob die vorgetragenen Sorgen und Ängste in irgendeiner Form ›berechtigt‹ sind, die Gefahren ›wahrscheinlich‹, die Lösungsvorschläge ›machbar‹. Des Weiteren klammere ich aus, inwiefern die Sichtweise der Wolfskritiker repräsentativ für ›die Rosenthaler‹ bzw. ›die Lausitzer‹ ist. Die von ihnen initiierte Petition, die von mehr als 16.000 Personen unterschrieben wurde, die meisten davon aus Rosenthal und der Lausitz allgemein, lässt den Schluss zu, dass die Wolfskritiker für viele Menschen in und um Rosenthal sprechen. Doch lässt sich nicht beurteilen, ob die Unterschreibenden ein Zeichen gegen Wölfe setzen wollten oder für die Solidarität mit den Weidetierhaltern, ihrer Nachbarschaft, Verwandten und Bekannten. Wie dem auch sei, viele Fragen der Repräsentation bleiben: Wer repräsentiert wen, aus welcher Motivation heraus, mit welchen Mitteln und mit welchen Zielen?

Abbildung 16: Die Fähe Marie/FT7.

Quelle: André Klingenberger

Abbildung 17: Das Rosenthaler Rudel.

Quelle: André Klingenberger

Landschaft der Angst?: Rosenthal und das Rosenthaler Rudel

Im Rahmen einer Studie zur Raumnutzung und zu Bewegungsmustern von Wölfen[14] wurde im Mai 2012 eine einjährige Fähe des Milkeler Rudels, nachfolgend FT7, GW112f oder Marie genannt, gefangen und mit GPS-Sendehalsbändern markiert. Mit nur 27 Kilogramm beschrieben die Forscherinnen sie als klein und zierlich. Obwohl sie schon recht erwachsen war, blieb Marie während ihres zweiten Lebensjahres lieber bei ihrem Elternrudel und wagte sich nur gelegentlich für einen Tag aus ihrem Territorium heraus, um die Welt außerhalb zu erkunden. Im Jahr 2013 – im Alter von etwa 22 Monaten – war sie immer noch bei ihrem Rudel und muss trächtig geworden sein. Aber es konnten keine Beweise für ihren Nachwuchs gefunden werden, daher vermutete man, dass ihre ersten Welpen nicht überlebt hatten.

Abbildung 18: Schafe am Tag nach einem Wolfsangriff auf einer Weide in Rosenthal.

Quelle: Autor

Kurze Zeit später schien Marie jedoch den Schritt gegangen zu sein, sich von ihrer Familie zu entfernen und ihr eigenes Territorium zu gründen, das südwestlich an ihr ursprüngliches grenzte. Sie hatte einen Partner gefunden,

14 I. Reinhardt/G. Kluth: Untersuchungen zum Raum-Zeitverhalten und zur Abwanderung von Wölfen in Sachsen.

der aus Polen (GW294m) herüberkam und in der Gegend um Rosenthal ansässig wurde. Warum dort? Eine Einwohnerin von Rosenthal bemerkte dazu:

> »[ROSENTHALERIN:] Das sind alles Wiesen des Klosters, alle entlang des Klosterwassers, vom Dorf Panschwitz abwärts, die verpachtet waren. Das war natürlich das Paradies auf Erden für die Wölfe. Damals, 2013, als das erste Rosenthaler Rudel hier ankam, gab es vier große Schafherden, richtig große Schafherden […].
>
> [INTERVIEWER:] Das heißt mehrere hundert [Schafe]?
>
> [ROSENTHALERIN:] Genau, er [der Wolf] brauchte nicht mehr in den Wald zu gehen, er hatte alles hier und das war wie das Paradies.«[15]

Bis zu dem Zeitpunkt, als ihr Halsband im November 2013 vorzeitig abfiel, besuchte Marie ihre Eltern noch regelmäßig. Und im Jahr darauf wurde das Rosenthaler Rudel mit fünf Welpen geboren. Zu diesem Zeitpunkt hatten die Wölfe bereits auf sich aufmerksam gemacht. Im Jahr 2013 griffen sie sechsmal (drei C1- und drei C3-Nachweise) und im Jahr 2014 siebzehnmal (sechs C1- und elf C3-Nachweise) lokale Schafherden an.[16] Marie kannte wahrscheinlich Schafe als Beute aus ihren ersten beiden Jahren im Milkeler Rudel (das nach ihrer Geburt im Mai für sieben Angriffe im Jahr 2012 und sechs im Jahr 2011 verantwortlich war).

Für die örtlichen Schäfer und Anwohner war dies eine beunruhigende neue Situation, die bald zu Problemen führte:

> [ROSENTHALERIN:] »X [ein ortsansässiger Schäfer] hatte vorher alles mit einem festen Zaun gesichert, noch bevor die Wölfe kamen, und er dachte, das würde funktionieren und, na ja, vielleicht haben sie dort gelernt, ich weiß es nicht, sie haben alle dort gelernt, die Wölfe und die Schäfer. Aber dann ging es Schlag auf Schlag, was schnell zu einem riesigen Unmut führte. Die

15 Interview, Rosenthaler Aktivistin, 04.08.2020.

16 Maries erste Versuche, Schafe anzugreifen, waren mit der Überwindung eines Maschendrahtzauns verbunden, wobei sie beim ersten Mal darüber kletterte (100 cm) und sich beim zweiten Mal darunter grub. Im Jahr 2014 hat sie sechsmal Schafe bemerkt und getötet, die mit Ketten angebunden waren. Zu DDR-Zeiten war es üblich, dass die Menschen ein oder zwei Schafe zur Fleischversorgung hielten. Diese wurden meist an einen Pfosten neben dem Haus angekettet. Diese Praxis ist in der Lausitz noch vereinzelt anzutreffen, auch im Wolfsgebiet.

> Leute, das betraf nicht nur die Betroffenen, sondern die ganze Bevölkerung hat sich [an dem Unmut] beteiligt, weil wir alle das gesehen, gehört und gelesen hatten, und dann hat man uns das als eine Situation verkauft, an die wir uns gewöhnen müssen. Das ist inakzeptabel [...].
>
> [ROSENTHALER:] ... [wurde uns gesagt, dass] Sachsen mit fünf oder sechs Rudeln auskommen würde. Das wäre möglich und dann sehen wir weiter. Aber dann wurde es richtig dynamisch. Dann waren es zwölf, dann achtzehn, und wenn man die Frage gestellt hat, wie viele Rudel werden wir irgendwann in Sachsen haben, was ist das Ziel, hat niemand darüber gesprochen.«[17]

Die Wolfsatmosphäre von Rosenthal begann also mit einer Kaskade gewaltsamer Eingriffe von Marie und ihrem Rudel in das affektive Gefüge einer lokalen Lebenswelt – der häuslichen Sphäre, in der das alltägliche Leben gelebt wird, in der Routinen einer ›Heimat‹ Gestalt geben, zu der die Menschen gehören, einem Ort, der bekannt ist, der vertraut ist und sich vertraut anfühlt, eine Erweiterung des eigenen Selbst, der eigenen Familie und der Beziehungen. Diese Lebenswelt ist ihre *Heimat*, ein Gebiet, das die Menschen vor Ort über Jahrhunderte hinweg geprägt und zu einer Kulturlandschaft ihrer eigenen Ordnung und unter ihrer Kontrolle gemacht haben. Es ist eine artenreiche Landschaft, in der domestizierte Nutztiere ihren Platz neben ihren menschlichen Besitzern und Besitzerinnen haben und wilde Tiere in den umliegenden Wäldern unter der Obhut der örtlichen Jäger leben. Die romantische Ader dieses deutschen Heimatbegriffs ist offensichtlich, ebenso wie seine idyllischen Untertöne, die eine gewisse soziale Ästhetik[18] hervorrufen. Mit anderen Worten: Obwohl das Konzept *Heimat* als Teil der Weltanschauung der Menschen verstanden werden kann, sollten wir sie im Zusammenhang mit Wolfsatmosphären besser als ein bestimmtes ortsgebundenes Lebensgefühl, eine gefühlte Qualität der Existenz begreifen. *Was die Wölfe in den Augen von wolfsskeptischen Menschen verletzen, ist dieser Sinn für Heimat, die ein sicherer Ort sein und sich auch ›heimelig‹ anfühlen sollte.*

Maries Eindringen wurde umso heftiger erlebt, als es »Schlag auf Schlag ging«. Ein Bewohner sprach in diesem Zusammenhang von der *Schlagzahl* der

---

17 Interview, Rosenthaler Aktivistin und Aktivist/Jäger, 04.08.2020.

18 Über den Begriff der sozialen Ästhetik, vgl. MacDougall, David: The Corporeal Image. Film, Ethnography, and the Senses, Princeton University Press 2005.

Angriffe, ein Begriff, der normalerweise in Bezug auf den Rhythmus von Maschinen verwendet wird. Mit jedem Angriff etablierten sich die Wölfe Schritt für Schritt und wurden Teil dieser lokalen Lebenswelt, die sich in ein Wolfsterritorium verwandelte – ob die Menschen es wollten oder nicht. Die Heimat wurde ›wölfisch‹, denn die Menschen mussten sich auf bis dahin unbekannte und ungewohnte Empfindungen und Emotionen einstellen, die durch die Wolfspräsenz hervorgerufen wurden. Im Gegensatz zu der im letzten Kapitel geschilderten Situation im Westerwald hat die Einwohnerschaft von Rosenthal mehrere Jahre lang kontinuierliche Wolfsvorfälle in ihrer unmittelbaren Umgebung erlebt. Wie einer der lokalen Aktivisten sagte, saßen sie alle gemeinsam in der Klemme, nicht nur die Schäfer, sondern alle Einheimischen, da sowohl die affektive Wirkung als auch die materiellen Folgen für alle spürbar waren. Da Rosenthal auch eine eng verbundene Gemeinde und Gemeinschaft ist, war jeder in irgendeiner Form von den Wolfsübergriffen ›betroffen‹ und konnte leicht mit den Schäfern mitfühlen. Während man im Westerwald die verschiedenen Wolfspräsenzen ignorieren konnte, wenn man wollte, konnte man sich in Rosenthal kaum aus seiner zum Wolfsterritorium gewordenen Lebenswelt lösen.

Im Zentrum dieses Territoriums standen die Schafe und ihre Weiden – viele davon rund um die Dörfer. Eine Wolfsatmosphäre konnte sich in diesem frühen Stadium nur entwickeln, da Rosenthal eine Multispezies-Lebenswelt war, in der Schafe den Nexus sowohl für die Mensch-Schaf-Beziehung als auch für die Wolf-Schaf-Beziehung bildeten. Und in beiden Beziehungen geht es letztlich um den Tod der Schafe, da sie sowohl für den Menschen als auch für den Wolf in erster Linie eine Nahrungsquelle darstellen. Dennoch gibt es im Hinblick auf den Tod atmosphärisch gesehen signifikante Unterschiede. Der Tod der Schafe durch den Menschen ist eine geordnete Angelegenheit, er kommt an geeigneten Orten zu vorher geplanten Zeiten, er wird von Fachleuten herbeigeführt und vollzieht sich unter Einsatz von Technologien (im Idealfall) sauber, sicher und damit vermutlich möglichst schmerzfrei.[19] Ihr Tod widerspricht also nicht unbedingt der sozialen Ästhetik der Heimat. Risse von Wölfen sind jedoch anders, wie mir diese junge Frau aus Rosenthal erzählte:

> »Also, ich habe eigentlich noch keinen Wolf gesehen, der Schafe tötet, aber ein totes Schaf, ja, hier in Rosenthal […] also, ich weiß das von Papa, der ist

19 The Animal Studies Group (Hg.), Killing Animals, Chicago: University of Illinois Press 2006.

> Jäger, ich weiß das, wenn ein Tier tot ist. Aber es ist wieder anders, wenn es von einem Wolf war, wenn irgendwelche Teile fehlen, einfach rausgerissen sind, das ist irgendwie anders […].«[20]

Ein vom Wolf getötetes Tier wird nicht grundlos als *Riss* bezeichnet. Das Wort bezieht sich auf die Tötungsmethode der Wölfe, die sich nicht nur einen erstickenden Biss in die Kehle auszeichnet, sondern auch durch das Aufreißen des Bauches sowie das Herausreißen von Fleischstücken oder eines Beines aus dem Tierkörper. Wie ein Schäfer es ausdrückte, kann es nach einem Wolfsriss wie am Schauplatz einer Bombenexplosion aussehen, mit überall herumliegenden Körperteilen. Verwundete Tiere mit aufgerissenen Bäuchen, heraushängenden Eingeweiden oder herausgerissenen Fleischstücken sind ebenfalls Anblicke, die betroffene Schäfer kennen (auch in Rosenthal). All dies mag für einen Beutegreifer eine ganz natürliche Art und Weise des Tötens sein. Aber verglichen mit der sozialen Ästhetik des Alltags in Rosenthal, wo man den Tod von Tieren leicht ignorieren oder sich zumindest sicher sein kann, dass alles nach einem vorgefassten und ethisch überzeugenden Plan abläuft, *wirken Risse wie ein Schock, ein affektiver Bruch des lokalen Empfindens*. Wölfe machen den Tod von Tieren nicht nur sichtbar und öffentlich. Sie tun dies an Orten, die normalerweise für alltägliche Routineaktivitäten wie Spazierengehen, Spielen, Treffen mit Menschen reserviert sind. Risse kommen auch plötzlich und unerwartet. Da Wölfe in der Regel nachts oder in der Dämmerung jagen, hat der Mensch kaum je die Chance, Zeuge des eigentlichen Tötungsaktes zu werden. Es sind dessen materiellen Ergebnisse, die dann gefunden werden können und auf die Anwesenden wirken. Diese materiellen Überreste (manchmal zusammen mit – für uns scheinbar – grausam verletzten Tieren) sind oft alles andere als das Ergebnis einer ›ordnungsgemäßen‹ Tötung. *Risse sind hot kills, Ausdruck einer affektiven Wildheit, die nicht zur gewohnten Lebenswelt des Menschen gehört und als höchst verstörend erlebt werden kann.*

Die Sicht auf Risse und die Atmosphäre, die sie hervorrufen, müssen daher als von breiteren kulturellen Empfindungen und Praktiken des Tötens von Tieren geprägt angesehen werden. Wie Garry Marvin aufgezeigt hat, sind Tiertötungen weitgehend aus dem Blickfeld verschwunden, so dass Tierleid, -schmerz und -tod leichter ignoriert werden können, zumal sowohl die Haltung als auch die Tötung von Tieren mechanisiert und industrialisiert worden

20 Interview, Rosenthalerin, 04.08.2020.

sind.[21] Selbst auf dem Land, wie in der Lausitz, aber auch in anderen Regionen Deutschlands, gehört der Tod von Tieren längst nicht mehr zur Lebenswelt der Menschen. Nicht nur der Durchschnitt der städtischen Bevölkerung, die angeblich der Natur entfremdet ist (wie von Wolfsskeptikern oft behauptet), hat kaum Erfahrungen mit dem Tod von Tieren. Das Gleiche gilt für die meisten Landbewohner und -bewohnerinnen, die – abgesehen von Jägern – mit Tieren im Allgemeinen nicht viel zu tun haben. Vor diesem Hintergrund wird die Frage nach der ›Natürlichkeit‹ einer Tötungsart zum Thema und kann dazu führen, dass eine Wolfsatmosphäre aufkommt, die von manchen als schockierend, beunruhigend und bedrohlich empfunden wird.

***

Im Monitoringjahr 2013/14 gab es zehn Rudel in Sachsen und erste Formen des Widerstands waren bereits organisiert. Die Jäger waren die Ersten, die gegen die Rückkehr der Wölfe protestierten. Die sächsische Staatsregierung versuchte sie zu besänftigen, indem sie den Wolf 2011 offiziell zur (jagdbaren) Wildart erklärte (allerdings mit ganzjähriger Schonzeit, da er weiterhin unter Naturschutz stand). Doch diese Gesetzesänderung gab den Jägern – zumindest theoretisch – ein gewisses Mitspracherecht in Wolfsangelegenheiten, vor allem um sie in das Wolfsmonitoring einzubinden und eine Zusammenarbeit zwischen Wolfsmanagement und Jägern in Gang zu setzen. Der sächsische Landesjagdverband (LJV) schien zu diesem Zeitpunkt tatsächlich besänftigt zu sein und sein Protest gegen Wölfe schwand. Allerdings spaltete sich eine Gruppe von etwa 60 Jägern und Jägerinnen vom LJV ab und gründete die Freie Jägerschaft Wittichenau, die seither eine radikalere Haltung gegen Wölfe einnimmt. Kurz nach der Abspaltung verstärkte auch der LJV Sachsen seinen Widerstand gegen den Wolf wieder und seine Aktionsgruppe Wolf, angeführt vom LJV-Wolfsbeauftragten, initiierte eine Petition »Die heimische Tierwelt bittet um ihre Hilfe«, die rund 9000 Unterschriften sammelte.

Diese Petition kam direkt nach der ersten von Schäfern organisierten Petition »Schäfer bitten um Hilfe«, die von September 2012 bis Januar 2013 lief und ebenfalls fast 9000 Unterschriften zusammenbrachte. Die Petition machte auf die existenziellen Ängste der Schäfer und ihre neuen finanziellen Belastungen aufmerksam und forderte eine geregelte Bejagung der Wölfe. Auch wenn alle

21 Marvin, Garry: »Wild Killing: Contesting the Animal in Hunting«, in: The Animal Studies Group (Hg.), Killing Animals, Chicago: University of Illinois Press 2006, S. 10-29.

bisherigen Protestformen vonseiten des Wolfsmanagements keine unmittelbare Konsequenz zu haben schienen, trugen sie doch zu einer sich stetig erhitzenden Debatte bei, die 2016 in zwei Anträgen auf eine letale Entnahme von Wölfen des Rosenthaler Rudels durch den Landrat von Bautzen gipfelte. Beide Anträge wurden jedoch abgelehnt.[22] Jäger und Aktivisten wurden zunehmend frustrierter und verweigerten die Zusammenarbeit mit dem Wolfsmanagementregime.

Nach weiteren sechzehn (acht C1 und acht C3) Angriffen auf Nutztiere durch das Rosenthaler Rudel im Jahr 2015 und elf (neun C1 und zwei C3) im Jahr 2016, wurde die einheimische Bevölkerung immer wütender. Die Kreisverwaltung organisierte ein Wolfssymposium in Cunnewitz, um sich mit dem lokalen Protest auseinanderzusetzen, aber die Veranstaltung ließ die Situation weiter eskalieren. Lokale Aktivisten und Aktivistinnen erinnern sich, wie herablassend die ›Wolfsmanager‹ sie an diesem Tag behandelten und wie die Veranstaltung von Wolfsbefürwortern »infiltriert« wurde, die versuchten, jeden negativen Kommentar zu den Wölfen abzuwürgen und jeden auszubuhen, der über die »Fakten« der Angriffe des Rosenthaler Rudels berichtete. Also beschloss eine Gruppe lokaler Jäger, eine neue Petition zu starten, um ihren Protest zu verstärken. Dieses Mal sammelten sie mehr als 16.000 Unterschriften und übergaben die Petition im Januar 2018 an den Landtag.

Schon zuvor, im Oktober 2017, hatte das Staatsministerium für Umwelt und Landwirtschaft (SMUL) – nach zwei Wolfsangriffen auf Schafherden bei Laske und Cunnewitz und auf offiziellen Antrag des Landrats – endlich die Genehmigung zum Abschuss eines Wolfs des Rosenthaler Rudels erteilt.

> »Ein oder mehrere Wölfe haben in den letzten Wochen offenbar gelernt, die empfohlenen und für die Schafhalter zumutbaren Schutzmaßnahmen (Elektrozaun und Flatterband) zu überwinden. Damit liegen die Voraussetzungen zur Entnahme eines Wolfes vor. Um weitere große wirtschaftliche Schäden abzuwenden, ist die Entnahme der Wölfe trotz des grundsätzlich auch weiterhin bestehenden strengen Schutzes der Wölfe gerechtfertigt und geboten, da keine weiteren für die Tierhalter zumutbaren Alternativen zum Schutz der Nutztiere bestehen.«[23]

22 »Vorerst kein Wolfs-Abschuss«, in: Sächsische.de vom 18.10.2017, https://www.saechsische.de/vorerst-kein-wolfs-abschuss-3797820.html (Zugriff: 18.06.2022).

23 »Staatsministerium für Umwelt und Landwirtschaft erteilt Einvernehmen zur Ausnahmegenehmigung des Landratsamtes Bautzen zur Entnahme eines Wolfes«, Pressemit-

Naturschützerinnen und Tierschützer waren über diese Entscheidung erzürnt. Die Grüne Liga Sachsen (ein Zusammenschluss mehrerer Naturschutzorganisationen) und die Tierschützer von Wolfsschutz Deutschland e.V. waren mit einem Eilantrag gegen die Genehmigung erfolgreich. Außerdem kamen Aktivistinnen von Wolfsschutz Deutschland aus ganz Deutschland nach Rosenthal, um zu überprüfen, ob die dortige Umzäunung korrekt sei, und um »Nachtwachen« zum Schutz des Rudels abzuhalten.[24]

> »Ich kann mich noch gut erinnern, als wir vor zwei Jahren diese ganzen Übergriffe hatten, da kamen militante Wolfsschützer hierher, ich glaube, einer kam aus Frankfurt und andere aus Hamburg, die dann mit ihren Autos hier rumgefahren sind, mit Nachtsichtgeräten herumgefahren sind, die Wiesen ausgeleuchtet haben und die viel Unruhe gebracht haben. Einige von ihnen sind mit Plakaten durch Ralbitz gelaufen und wollten die Leute provozieren. Aber die Leute haben sich nicht provozieren lassen. […] Das war alles sehr kurios. Und eine tolle Anekdote war, X [ein ortsansässiger Schäfer], der hatte seine Schafe hier oben auf einer Wiese, da war eine Koppel, und die Herde war seit zwei Tagen nicht mehr da, und die Wolfsschützer sind zu diesen Zäunen gegangen, haben sie angefasst und gesagt, da ist kein Strom dran, deswegen können die Wölfe reinspringen. Und dass die Schafe nicht mehr da waren, dass sie auf einer anderen Koppel waren, das haben sie nicht gesagt. Dann haben sie ein schönes Foto gemacht. Wir haben alle nur gegrinst […].«[25]

Die Wolfsaktivistinnen waren sich jedoch sicher, dass die örtlichen Schäfer ihre Weiden nicht entsprechend eingezäunt hatten und vermuteten, dass sie die Wölfe absichtlich zu einem »inakzeptablen Fastfood-Angebot« anlockten. Und mit dieser Meinung standen sie nicht allein da. Vonseiten der Wolfsbefürworterinnen in der Region hatte ich schon oft von diesem Verdacht gehört, Rosenthaler Schäfer provozierten die Entnahme des Rudels. Selbst das SMUL räumte in seiner Pressemitteilung ein, dass die Gründe für den Erfolg der Wöl-

---

teilung des SMUL/Landkreis Bautzen, 27.10.2017, https://www.medienservice.sachsen.de/medien/news/214194 (Zugriff: 18.06.2022).

24 »Große Exklusivreportage: Faktencheck und Zaunkontrollen in Sachsen«, Wolfsschutz Deutschland e.V., 02.07.2021, https://wolfsschutz-deutschland.de/tag/rosenthaler-rudel/ (Zugriff: 18.06.2022).

25 Interview, Rosenthaler Aktivist/Jäger, 04.08.2020.

fe bei der Tötung von Schafen in Rosenthal zumindest in der unsachgemäßen Einzäunung lägen:

> »Warum haben sich die Wölfe im Bereich des Rosenthal-Rudels anders verhalten? Die Situation im Rosenthal-Rudel unterscheidet sich insofern von anderen Rudeln, dass es diesen Wölfen immer wieder möglich war, nicht geschützte Schafe (angebunden) oder nicht wie empfohlen geschützte Schafe (hinter Festzäunen) zu erbeuten. Dadurch ist ein Lerneffekt eingetreten, der dazu führte, dass wiederholt sachgerecht geschützte Tiere gerissen wurden.«[26]

Nachdem der Antrag zur letalen Entnahme eines Wolfes abgelehnt worden war, schlossen sich vier regionale Organisationen zusammen und schrieben die »Bautzener Erklärung«[27] an den Sächsischen Landtag.[28] Der Verein Sicherheit und Artenschutz, die Initiative Wolfsgeschädigter und besorgte Bürger, die Freie Jägerschaft Wittichenau und der LJV Sachsen[29] erklärten das sächsische Wolfsmanagement für gescheitert. Sie forderten unter anderem, das Wolfsmanagement durch ein ganzheitliches Wildtiermanagement (unter Führung von Jägern) zu ersetzen, den Wolf zu bejagen sowie Wölfe nur noch in ausgewiesenen Wolfsgebieten zuzulassen. Und obwohl die Erklärung einige Aufmerksamkeit in den Medien erhalten hatte, gab es keine Reaktion vonseiten des Parlaments.

---

26 »Staatsministerium für Umwelt und Landwirtschaft erteilt Einvernehmen zur Ausnahmegenehmigung des Landratsamtes Bautzen zur Entnahme eines Wolfes«, Pressemitteilung des SMUL/Landkreis Bautzen, 27.10.2017, https://www.medienservice.sachsen.de/medien/news/214194 (Zugriff: 18.06.2022).

27 http://woelfeindeutschland.de/aus-der-gruft-die-bautzener-erklaerung/ (Zugriff: 06.08.2022).

28 Die Initiative ging hauptsächlich auf die vier Personen zurück, die diesen Organisationen vorstehen. Alle von ihnen sind Jäger und mindestens drei von ihnen haben sich seit einigen Jahren aktiv gegen Wölfe eingesetzt.

29 Nach Angaben des inzwischen verstorbenen Wildbiologen und Wolfsexperten Ulrich Wotschikowsky wurde die »Bautzener Erklärung« vom LJV-Präsidenten ohne vorherige Rücksprache unterzeichnet, was (neben anderen Gründen) zum Rücktritt des Präsidenten wenige Wochen nach Bekanntwerden der Erklärung führte. Der Wolf hatte jahrelang für Streit im LJV gesorgt. Vgl. Ulrich Wotschikowsky, »Aus der Gruft: die Bautzener Erklärung – aktualisiert«, Wolfsite. Forum Isegrim, 16.02.2018. http://woelfeindeutschland.de/aus-der-gruft-die-bautzener-erklaerung/ (Zugriff: 01.04.2021).

In diesen Episoden wird deutlich, dass Wolfsatmosphären und ihre Dynamik entwirrt werden müssen, da sie weder monolithisch noch stabil sind, sondern komplex, fragil, ambivalent und in stetiger Weiterentwicklung. Obwohl ich von einer Wolfsatmosphäre gesprochen habe, d.h. einer Atmosphäre, die sich um Wölfe herum entwickelt, sind die Wölfe nicht die einzigen Akteure, die zu ihr beitragen. Wenn in der sozialwissenschaftlichen Literatur zum Wolfsmanagement argumentiert wird, dass Mensch-Wolf-Konflikte eigentlich nicht so sehr Konflikte *mit* Wölfen sind, sondern soziale Konflikte *über* Wölfe, so unterscheide ich mich von dieser Perspektive, da ich beide Konflikte nur als zwei Seiten derselben Medaille betrachte. Sie auf einen Klassenkonflikt zu reduzieren (wie in weiten Teilen der Human Dimensions of Wildlife-Literatur), der auf dem Feld des Wolfsmanagements (neben vielen anderen) ausgetragen wird, ist irreführend. In Rosenthal ist ein Dauerkonflikt *mit* Wölfen der Treiber. Allerdings sind die Einheimischen in ihren Möglichkeiten, sich in diesem Konflikt mit den gesetzlich geschützten Wölfen auseinanderzusetzen, begrenzt und reglementiert. Es ist ihnen erlaubt, dies auf indirekte Weise zu tun (z.B. durch verbesserte Zäune), nicht aber auf direkte Weise (z.B. Wölfe zu vergrämen oder zu jagen). *Bezogen auf die affektiven Qualitäten der Wolfsatmosphäre bedeutet dies, dass sich die Wolfsatmosphäre nicht nur aus einer Irritation des Lebensgefühls, aus Gefühlen des Schreckens, des Entsetzens und der Bedrohung speist, sondern auch aus dem Ohnmachtsgefühl der Menschen vor Ort, d.h. aus dem Gefühl der Handlungsunfähigkeit, des Nicht-kontrollieren-Könnens, der fehlenden Selbstwirksamkeit in Bezug auf den Wolf.*

Diese Gefühle werden gleichzeitig von einer Wut auf diejenigen begleitet, die für die Ohnmacht verantwortlich gemacht werden, also auf das Wolfsmanagementregime insgesamt und dessen Unterstützer. Damit verschiebt sich der Mensch-Wolf-Konflikt hin zu einem sozialen Konflikt unter Menschen und gewinnt dadurch zusätzliche Dimensionen. Um eine Gestalt-Metapher[30] zu verwenden: Das Rosenthaler Rudel stichelt durch seine Angriffe im Hintergrund weiter, während die Menschen ihre Aufmerksamkeit auf andere, menschliche Figuren im Vordergrund lenken und sich in sozialen

30 Gemeint ist hier der Begriff der Gestalt aus der gestalttheoretischen Wahrnehmungspsychologie, wonach sich das Gesichtsfeld gliedert in eine Figur (Objekt), einen Vorder- und Hintergrund. Das Erkennen eines Objekts ist hier nicht das Wahrnehmen einer isolierten Figur, sondern eines Gesamtzusammenhangs einer Figur vor einem Hintergrund, d.h. einer organisierten Gestalt.

Arenen engagieren, die weit von der Unmittelbarkeit ihrer nun gemeinsamen Mensch-Wolf-Lebenswelt zu Hause entfernt sind. Tatsächlich ist das Engagement der Einheimischen in Wolfsangelegenheiten durch ein ständiges Hin- und Herschalten zwischen den Ereignissen und Akteuren im Vorder- und Hintergrund gekennzeichnet, wodurch die Dynamik der Wolfsatmosphäre eine Achse erhält, um die sie sich weiterspinnen kann.

Diese Atmosphärenachse kann entlang zweier menschlicher Dimensionen weiter differenziert werden, einer vertikalen und einer horizontalen. Die vertikale Achse bezieht sich auf Konflikte nach oben innerhalb einer sozialen Hierarchie. Die Einheimischen sind mit den wichtigsten Akteuren und Institutionen des Wolfsmanagements wie dem Landtag, einem Ministerium, nichtstaatlichen Institutionen wie dem Senckenberg-Institut (für genetische Forschung) und Vermittlern wie z.B. regionalen Politikern und Politikerinnen konfrontiert. Das große Machtgefälle gegenüber diesen Akteuren fördert die oben erwähnten Gefühle von Entmündigung, Hilflosigkeit und Ohnmacht, verbunden mit Wut. Diese Gefühlskonstellation wird zusätzlich mit affektiven Eingriffen von einer horizontalen Achse konfrontiert, d.h. von anderen Akteuren innerhalb der Zivilgesellschaft, hauptsächlich von Pro-Wolf-Organisationen wie der Grünen Liga Sachsen oder dem Wolfsschutz Deutschland. Diese Pro-Wolf-Organisationen sind nicht offiziell Teil des Wolfsmanagementregimes, aber wolfsskeptische Personen betrachten sie als »im Bunde« mit dem Regime, da sie mutmaßlich den gleichen Wert des Wolfsschutzes teilen.[31]

Die affektiven Qualitäten von Konflikten entlang beider Achsen sind verschieden. Abgesehen von vermittelnden Personen wie dem Rissgutachter scheint das institutionalisierte Wolfsmanagementregime weit von der lokalen Lebenswelt entfernt und gesichtslos zu sein, es gibt kein klares Ziel des eigenen Ärgers, nur eine allgemeine Richtung. Die Pro-Wolf-Organisationen werden in der Regel als Gruppen von Menschen (Bürger und Bürgerinnen wie sie selbst) wahrgenommen, den Einheimischen werden sie nicht nur durch Gerichtsverfahren, sondern auch durch lokale Veranstaltungen wie die in Cunnewitz oder die Aktivitäten des Wolfsschutz Deutschland in Rosenthal

31 Ich bin auch oft auf Verwirrung bei Wolfsskeptikern gestoßen, die irrtümlich davon ausgingen, dass irgendeine Naturschutzorganisation Teil des Wolfsmanagements ist. Diese Unterscheidung scheint in ihren Augen irrelevant zu sein, da sowohl die Wolfsmanagement-Institutionen als auch die Naturschutzorganisationen angeblich auf ähnliche Ziele hinarbeiten, nämlich Wölfe in Deutschland wieder anzusiedeln.

bekannt. Wenn sie von öffentlichen Veranstaltungen wie Vorträgen und Debatten berichten, regen sich Wolfsskeptiker in Rosenthal (aber auch anderswo) in der Regel weniger über den Umgang mit Managementvertreterinnen auf als über die heftigen Auseinandersetzungen mit Wolfsbefürwortern. Während Managementvertreterinnen in der Regel als einseitig, aber zumindest recht rational und moderat in ihren Argumenten angesehen werden, gelten Wolfsbefürworter als hochemotional, irrational und radikal in ihren Zielen. Während mit dem offiziellen Management versucht werden kann, zu verhandeln (z.B. Petitionen und Anträge auf letale Entnahme), scheint mit »Wolfskuschlern«, wie es in Kreisen der Wolfsskeptischen schon mal heißt, keine Einigung möglich.

Die frühen Episoden der Ereignisse in Rosenthal zeigen schließlich auch, wie die Dynamik von Wolfsatmosphären zwischen Konsolidierung und Desintegration oszilliert. Um zum kontinuierlichen Engagement für den Protest unter den Einheimischen zu motivieren, bedarf es nicht nur kontinuierlicher Wolfsangriffe, sondern auch eine einigermaßen stabile soziale Organisation. Zu Beginn schlossen sich Einheimische mit Anti-Wolf-Bewegungen in anderen Teilen Sachsens zusammen. Dabei ist es wichtig zu beachten, dass beide frühen Petitionen eingebettet waren in bereits bestehende Organisationen und Netzwerke einzelner Interessengruppen (Schäfer und Jäger). Das Thema Wolf konnte sich also mit anderen Themen dieser Interessengruppen und deren Problemen und Herausforderungen in der heutigen Gesellschaft verknüpfen. Es sollte nicht überraschen, dass wir hier einen der Hauptschauplätze haben, wo Konflikte *mit* Wölfen zu Konflikten *über* Wölfe und andere Themen werden.

Neben der Teilnahme an landesweiten Protesten versuchten die Rosenthaler, lokale Formen des Protests zu organisieren, sei es durch die Gründung eines neuen Jagdvereins, das Aufsetzen einer neuen Petition oder Forderungen nach der letalen Entnahme von Wölfen des Rosenthaler Rudels. Auch wenn Konflikte um Wölfe und andere Themen als Ausdruck von Klassenkämpfen oder des Missverhältnisses zwischen Land und Stadt in die Vorgänge einflossen, drehten sich die lokalen Proteste immer um Marie und das Rosenthaler Rudel im Besonderen. Davon ausgehend wurden dann Forderungen nach einer Revision des Wolfsmanagements im Allgemeinen formuliert. Aber immer mit dem Blick darauf, dass eine solche Revision die Wolfssituation in der Lebenswelt von Rosenthal und den Nachbargemeinden verändern sollte.

Wir können also schlussfolgern, dass die zeitliche Stabilität und Konsolidierung der Wolfsatmosphäre von Rosenthal von einer kontinuierlichen Wiederbelebung eines bestimmten affektiven Arrangements durch eine Reihe von Wolfsangriffen und die Formierung von organisiertem Protest abhingen. Die Wolfsatmosphäre speiste sich aus diesen Formationen, motivierte das Engagement der Menschen und diese brachten ihrerseits neue affektive Qualitäten in die auf den Konflikt mit dem Rosenthaler Rudel zentrierte Wolfsatmosphäre ein und transformierten sie dadurch. Während die besonderen Atmosphären nach einem Wolfsangriff recht instabil sind und sich bald auflösen können, wenn die Kadaver entfernt werden und der Angriff für eine Weile in Vergessenheit gerät, hält der organisierte Protest diese Atmosphären zwischen den Angriffen lebendig und ›brenzlig‹, indem er sie innerhalb der eigenen lokalen Gemeinschaft und in Konflikten mit anderen nacherzählt und diskursiv neu inszeniert.

***

Wenige Monate später, im Juli 2018, verschärfte ein neuer Vorfall die Situation in und um Rosenthal weiter. In den frühen Morgenstunden jagte ein Wolf einen Damhirsch durch das Dorf Cunnewitz, bis der Hirsch in einen Zaun krachte und dort verendete. Als die Anwohner aufwachten und nach draußen gingen, rannte der Wolf davon.[32] Eine Aktivistin aus einem Nachbardorf erinnert sich an den Tag:

> »Dann gab es diese schöne Geschichte in Cunnewitz. Organisatorisch ging dort eigentlich alles schief, was schief gehen konnte. Die Leute hatten die Polizei gerufen, alles gemeldet, während sie in der Sonne herumlagen, die erlegten Wildtiere, zwei davon waren kurz vorm Platzen, weil es an dem Tag so heiß war. Dann kam irgendein Jäger und entfernte sie. [...] Als ich am Montag dort war, war der Landrat im Urlaub, weder die Meldekette noch die Handlungskette funktionierte, nicht einmal der Wildbeauftragte war da, nichts. Auch die Polizei hatte keinen Plan, was zu tun ist, nach all den Jahren. Und mich hat ja wirklich interessiert, wie er [der Wolf] in dieses Dorf, der war ja mittendrin, reingelaufen sein konnte, auf das Wild losgegangen ist und wie das Wild – in seiner Not – hierhin und dorthin gerannt ist, über alle Zäune hinweg und einen kleinen Eisenzaun umgerannt hat [...], da hatten ein paar Enkelkinder gerade ein paar Tage vorher gezeltet. Und dieser Damhirsch hat diesen Zaun umgerannt und hätte das Zelt getroffen und wenn die Kinder

32 Konstantin Kraft, »Wolf hetzt Damhirsch mitten in Dorf in den Tod«, in: Nordkurier vom 31.07.2018.

dort gelegen hätten, na ja, sie wären bis zur Hüfte verletzt gewesen. Und da war dieser Opa, der stand unter Schock, hat gewütet und geschrien, die Leute waren aufgeregt [...], sie waren seit fünf Uhr morgens auf und sie hatten nur Gerüchte und Geschrei gehört und keiner wusste, was passiert war. Es war angespannt. Und solche Dinge halten manche Leute für normal. Das Ende der Geschichte ist, dass niemand – zumindest in diesem Dorf – seine Kinder mehr draußen zelten lässt. Und das ist traurig. Denn wir haben keine Elektrozäune, und zwei Meter hoch, und wir gehen davon aus, dass nachts Wölfe durch das Dorf wandern, natürlich [...]. Seitdem die Wölfe da sind, würde ich die Enkelkinder nie mehr alleine herumlaufen lassen, obwohl sie in einem Alter sind, von fünf oder sechs – es ist einfach vorbei. Und das ist so traurig. Man nimmt diesen Dorfkindern ein bisschen die Freiheit. [...] Da ist immer dieses Gefühl, ist da etwas [ein Wolf] oder ist da nichts. [...] Man hat diesen Gedanken, das kann man nicht leugnen. Und das hat nichts mit Rotkäppchen zu tun [...].«[33]

Einen Monat später stellte der Gemeinderat von Rosenthal einen Antrag an die sächsische Landesregierung, Rosenthal zur »Wolfsregulierungszone« zu erklären: »In den vergangenen Jahren wurden in der Gemeinde viele Schafe getötet, Landwirte und Schäfer hatten Schäden zu beklagen. Zuletzt haben Wölfe innerhalb der Ortschaft Cunnewitz Damwild erlegt.«[34] In dieser Resolution fordert der Gemeinderat, den gesetzlichen Schutz der Wölfe zu senken, die reguläre Jagd auf Wölfe zu erlauben, die Wolfspopulation zu reduzieren, Jägern und Nutztierhalterinnen zu erlauben, Wölfe zu töten, die Tiere angreifen, und Wolfsreservate außerhalb der Gemeinde zu schaffen. Aber die Forderungen wurden alle abgelehnt. Das kam nicht überraschend, wie eine offene Erklärung der Rosenthaler Schäfer zu diesem Vorfall vermuten lässt:

»Spätestens beim Umgang des Wolfsbüros mit diesem Ereignis wird uns hier in den Dörfern klar, dass wir für diese Einrichtung des Freistaates Sachsens eher ein Störfaktor sind. Nachdem man überhaupt jemanden dort erreicht hatte, erklärte man sich für nicht zuständig. Es seien ja keine Weidetiere betroffen.«[35]

33 Interview, Rosenthaler Aktivistin, 04.08.2020.

34 Beschluss der Gemeindevertretung Rosenthal, Nr. 26-08/2018, 30.08.2018.

35 »Weidetierrisse und kein Ende – Erklärung der Rosenthaler Schäfer«, Wolfszone, http://www.wolfszone.de/01home/000main/texte/rosenthaler%20Sch%C3%A4fer.html (Zugriff: 18.06.2022).

Als sich der Vorfall in Cunnewitz ereignete, hatte die einheimische Bevölkerung bereits mehrere Jahre Erfahrung mit Wolfsangriffen auf Schafe. Und obwohl jeder Angriff überraschend kam, wussten die Leute, dass sie früher oder später mit Angriffen rechnen mussten. Sie waren inzwischen Teil ihrer Lebenswelt, die zum Wolfsterritorium geworden war. Dieses Ereignis kam dennoch unerwartet, schockierte und sorgte für eine noch angespanntere Atmosphäre als sonst, gepaart mit Sorgen und Ärger. Anders war hier, dass die Wölfe nicht an der Peripherie des Dorfes jagten und töteten – und auch nicht im Wald, wo sie normalerweise Damwild finden –, sondern inmitten der Lebenswelt der Rosenthaler, sogar buchstäblich eine Grenze überquerend, indem sie den Gartenzaun überwanden und damit in den innersten Kreis des Zuhauses eindrangen. Normalerweise scheinen sich Menschen (abgesehen von Jägern) nicht so sehr für Wölfe zu interessieren, die Wildtiere töten. Aber da es in einem ›häuslichen‹ Bereich geschah, der den Menschen vorbehalten ist, wurde der Zwischenfall plötzlich relevant. Damit kam es zu einer, wie ich es nennen würde, affektiven Verschmelzung auf der Basis von Mimesis: Die Menschen erkannten, dass es möglich war, in diesem häuslichen Bereich unabhängig von der eigenen Spezies zur ›Beute‹ zu werden. Ob die Möglichkeit, von Wölfen angegriffen zu werden, für Menschen real oder wahrscheinlich ist, steht auf einem anderen Blatt. Wichtig ist in diesem Zusammenhang, dass das Gefühl des potenziellen ›Beute-Werdens‹, der eigenen Verletzlichkeit, verbunden mit dem Gefühl der Bedrohung und der Angst, plötzlich einen materiellen Rahmen erhielt, der einer potenziellen Bedrohung einen Realitätsaspekt hinzufügte.

Wie die Besorgnis des weiter vorn in diesem Kapitel zitierten Einwohners, der die Zahl der Rudel ansteigen sah und sich nicht vorstellen konnte, wo das alles enden würde, speist sich die Wolfsatmosphäre aus dem Realen und dem Virtuellen. Was die Menschen berührt und beunruhigt, ist nicht nur das, was dort und damals geschah, sondern auch das, was zu einer anderen Zeit oder an einem anderen Ort anderen Menschen passieren könnte oder passiert ist. Es geht nicht nur um das Rosenthaler Rudel, sondern auch um das Rudel als Vertreter einer Spezies. *Im Sinne des Affekts wird alles, was ›der Wolf‹ jemals getan hat und zu tun in der Lage ist, zu einem Potenzial für das Rosenthaler Rudel.* Und wie die Anwohnerin im obigen Zitat sagte, braucht man keine Märchen, um die Fantasie zu beflügeln (wie oft von Umweltpädagogen behauptet wird, die Wolfsmärchen und -mythen bekämpfen wollen, indem sie sie mit wissenschaftlichen Fakten konfrontieren). Man braucht nur einschlägige Facebook-Gruppen wie »Landleben oder Wolf« zu konsultieren, die täglich Updates aus der ganzen Welt über Wölfe anbieten – grausame Geschichten, Bilder und Videos inklusive. Es kann an dieser Stelle gar nicht genug betont werden, dass Wolfsskeptiker in der Regel nicht mit fiktiven Erzählungen über Wölfe argumentieren. Sie schöpfen aus einer Vielzahl von Vorkommnissen – aus den (Online-)Medien, aus Social-Media-Seiten – und beziehen diese sowohl auf ›den Wolf‹ im Allgemeinen als auch auf die Wölfe, mit denen sie konkret zu tun haben. Das Rosenthaler Rudel wird so in die Lage versetzt, all diese Gräueltaten zu begehen, und es ist diese potenzielle Fähigkeit, die einigen Angst macht. »Da ist immer dieses Gefühl«, wie die Anwohnerin es nannte. Dieses Mal war es ein Damhirsch. Aber könnte es mich als nächstes treffen, oder mein Enkelkind? Wäre ich zur falschen Zeit hier gewesen, hätten sie mich dann gejagt? Was wäre, wenn …? Wir sehen, wie rationale Gedanken über mögliche Zukünfte untrennbar mit Affekten verwoben werden.

***

In der Zwischenzeit gingen die Wolfsangriffe auf Schafe weiter. 2018 wurden vier bestätigte (C1) und weitere sieben unbestätigte (C3) Angriffe gezählt, 2019 weitere sieben bestätigte (C1) plus zehn unbestätigte (C3). Die betroffenen Schäfer waren fast immer die selben. Einen hatte es besonders hart getroffen. Nachdem er bereits 2018 drei Schafe verloren hatte, wurde seine Herde 2019 weitere drei Male angegriffen. Im Juli verlor er 36 Schafe in einer Nacht. Sie waren während eines Gewitters aus ihrer Umzäunung ausgebrochen und somit leichte Beute für die Wölfe. Im September verlor er nochmals drei Schafe auf einer Wiese, die zwar durch einen Elektrozaun gesichert, aber entlang des Flusses nicht eingezäunt war. Einen Monat später hatte ich die Gelegenheit, die Ergebnisse eines weiteren Angriffs zu besichtigen.

Rekonstruieren lässt sich das Geschehen wie folgt: Die Wölfe kamen in der Dunkelheit der frühen Morgenstunden, als alle noch schliefen, über die Felder nahe des Dorfes, schwammen durch den Klosterwasserbach und griffen die Herde von 36 Schafen von der ungesicherten Seite her an. Zuerst wurden zwei Schafe getötet, der Rest geriet in Panik und rannte durch den Zaun, dann die Straße entlang ins Dorf, die Wölfe hinterher. Unterwegs bissen sie einem Schaf in sein rechtes Hinterbein und rissen ein großes Stück Fleisch, Haut und Wolle heraus, ihre Beute konnte sich schließlich in einen Carport neben einem Haus retten. Zurück auf der Weide töteten die Wölfe ein weiteres Schaf und versuchten es durch den Bach wegzuschleppen. Doch die Wolle des Schafes war mit Wasser durchtränkt und so schwer, dass sie es tot im Bach zurücklassen mussten, bevor sie wieder in der Dunkelheit verschwanden.

Um 6.30 Uhr erhielt der Schäfer einen Anruf vom Besitzer des Carports und erfuhr von einem verletzten Schaf sowie von den anderen, die auf der Straße herumliefen. Als der Schäfer ankam und sah, was passiert war, rief er die Fachstelle Wolf an. Eine Rissgutachterin wurde geschickt, um ein Gutachten zu schreiben. Ich traf mit ihr um 10.00 Uhr am Ort des Geschehens ein. Wir fuhren zu dem Hof, wo die Frau des Schäfers mit ihren beiden Border Collies schon auf uns wartete, daneben auf einem Anhänger das verletzte Schaf, das noch unter Schock stand und ganz apathisch wirkte. Sie wartete auf den Tierarzt, ihr Mann war unterwegs, um eine Maschine zu holen, mit der er die Kadaver von der Weide entfernen wollte. Die Frau des Schäfers ging mit uns auf die Weide und zeigte uns die toten Schafe. Als wir uns näherten, konnten wir sehen, dass der Rest der Herde immer noch verängstigt war und sich in einer Ecke zusammenkauerte, um uns zu beobachten. Die Hunde rannten herum und verjagten eine Gruppe von Raben, die sich an einem der Kadaver zu schaffen machten und laut krächzten, als sie davonflogen. Überall im Gras lagen Wollfetzen, hier lag der Pansen, dort drüben zogen sich rote Därme wie Fäden über den Boden. Der Kadaver war aufgerissen, teilweise angefressen. Unmengen von Fliegen hatten sich auf ihm niedergelassen oder schwirrten um ihn herum. Der heißen Oktobersonne an diesem Tag ausgesetzt hatte er schon angefangen, nach Verwesung zu stinken.

Wir gingen weiter über die Wiese, um uns einen Überblick über die Situation zu verschaffen. In dem Bach, der an der uneingezäunten Längsseite der Weide entlangfloss, sahen wir ein Schaf zwischen den Wasserpflanzen im Wasser liegen. Die Frau des Schäfers sprach kaum. Ebenso die Rissgutachterin, die versuchte, sowohl professionelles Verhalten als auch Mitgefühl zu zeigen. »Kann ich mir ein paar (Einweg-)Gummihandschuhe für mich und meinen Mann leihen? [...] Ich bringe sie zurück, versprochen. Gereinigt, versteht sich.« Die Frau des Schäfers versuchte etwas Humor einzubringen. »Oder ich setze sie einfach auf die Rechnung«, scherzte die Rissgutachterin im Gegenzug. Doch abgesehen von diesen Momenten sorgten die Stille und die Anwesenheit der Kadaver für eine angespannte und traurige Stimmung. Die Rissgutachterin begann zu fotografieren und die Bissspuren des Wolfes an der Kehle des Schafes zu vermessen, ich assistierte. Die Frau des Schäfers sprach mit einem Anwohner und seinem Kind, die zum Zaun gekommen waren, um zu fragen, was passiert war. In der Zwischenzeit kam der Schäfer auf die Weide gefahren, bereit, die Kadaver abzutransportieren. Er war noch wortkarger als seine Frau und wirkte in gewisser Weise ähnlich apathisch wie das verletzte Schaf auf dem Hof. Es war das dritte Mal in diesem Jahr, dass sie eine solche Prozedur durchmachten.

Dennoch war es mir unverständlich, warum sie nach allem, was sie erlebt hatten, die ganze Seite des Baches, mehr als 100 Meter, nicht eingezäunt hatten. Unter diesen Umständen würden sie nicht einmal eine Entschädigung erhalten. Aber als ich den Schäfer fragte, zeigte er kaum eine Reaktion. Dort drüben (er zeigte auf einige Schafe auf einer anderen Weide jenseits des Baches) hatten die Wölfe erst vor drei Nächten ein Schaf getötet und ein weiteres verletzt. Sie waren gut eingezäunt, aber die Wölfe schafften es trotzdem, hineinzukommen. Was es dann bringe, richtig einzuzäunen?

Nachdem wir die Kadaver und die Umzäunung dokumentiert hatten, gingen wir zurück zum Hof, während der Schäfer begann, die Kadaver zu entfernen. Auf dem Hof füllten wir die notwendigen Formulare aus (da dies nicht das erste Mal war, konnten die meisten Informationen aus früheren Dokumenten übernommen werden). »Geht es hier um Zäune oder um Tiere?«, bemerkte die Frau des Schäfers und schüttelte nur ungläubig den Kopf über die Formulare. »Ich verstehe das nicht. Ich verstehe es einfach nicht.« Zwei Männer und ein kleiner Junge, der auf seinem großen elektrischen Spielzeugauto fuhr, kamen herüber, um die Schäfersleute zu trösten. Ich sagte der Frau des Schäfers, dass der Junge das alles vielleicht nicht sehen wolle. Aber sie entgegnete, Kinder in diesem Alter störten sich nicht so sehr an solchen Anblicken. Und sie würden sowieso davon hören. Nachrichten sprächen sich herum. Die Rissgutachterin hielt das für den richtigen Moment, um zu gehen, und wir verabschiedeten uns. Obwohl sich die Situation in keiner Weise bedrohlich anfühlte, war die Rissgutachterin immer vorsichtig. Es hatte hier schon einmal eine andere Begebenheit stattgefunden, bei der eine große Gruppe wütender Einheimischer aufgetaucht und die Situation für sie ungemütlich geworden war. Die Leute hatten angefangen, sich über sie zu ärgern und abfällige Bemerkungen über sie in sorbischer Sprache gemacht (in der Annahme, sie würde sie nicht verstehen). Sie hörten erst auf damit, als sie auf Sorbisch antwortete, jemand sie erkannte und den anderen erzählte, dass sie eine Einheimische sei.

Wir stiegen wieder ins Auto und fuhren zurück zur Fachstelle Wolf im SMUL in der Nähe der Landeshauptstadt Dresden. An diesem Tag lag ein Gefühl der Resignation und Hoffnungslosigkeit in der Luft. Einen Monat später beschloss der Schäfer, aufzugeben.

Abbildung 19-21: Die Nekro-Ästhetik eines Wolfsrisses: ein am Hinterlauf verletztes Schaf, ein halb gegessenes Schaf und Gedärme, die sich kreuz und quer über die Weide ziehen.

Quelle: Autor

Schock. Traurigkeit. Apathie. Sympathie. Furcht. Panik. Wut. Resignation. Hoffnungslosigkeit. Anspannung. Die Wolfsatmosphäre war an diesem Tag eine komplexe Gemengelage, an der ein Schäfer und seine Frau, ihre Schafherde, Anwohner, ein Tierarzt und eine Rissgutachterin mit ihrem ethnologischen Assistenten beteiligt waren. Die Wolfsatmosphäre schöpfte aus Gefühlen der Schafe (Schock, Angst), zwischen Menschen und Schafen (Sympathie, Mitgefühl) und der Menschen selbst (Schock, Apathie, Wut, aber auch Sympathie der Anwohner mit der Schäferfamilie und vielleicht Misstrauen oder potenzielle Wut gegenüber der Rissgutachterin). Diese Atmosphäre hatte eine gewisse materielle Verankerung am Ort der Tötung mit seiner besonderen Ästhetik, wie zuvor beschrieben. Diese *Nekro-Ästhetik*, wie ich sie nennen möchte, wurde zu Beginn dieses Kapitels eingeführt, sie wird hier durch die Bilder ansatzweise visualisiert. Einem gewissen Entsetzen angesichts dieser toten Tierkörper und einem Mitfühlen mit den verletzten, leidenden Tieren kann man sich nur schwer entziehen.

Die höchste Intensität einer solchen Nekro-Ästhetik findet sich im sogenannten surplus killing, also wenn Wölfe im ›Überschuss‹ töten, mehr als sie auf einmal fressen könnten. Wie bereits erwähnt, tötete das Rosenthaler Rudel im Juli 2019 in einer Nacht 36 Schafe und ein solches surplus killing kam in Rosenthal in den letzten Jahren häufig vor. Es ist ein Phänomen, das wie nichts anderes zum negativen Image von Wölfen beiträgt (abgesehen von den seltenen Fällen, in denen Menschen von Wölfen getötet werden).

> »Surplus killing (überschüssiges Töten) ist noch immer ein Tabuwort in der sächsischen Wolfspolitik, soll angeblich nur in Einzelfällen geschehen, bleibt für das RT-Rudel damit ohne jede Konsequenz. Es schuf ein Bild des Grauens in und um Zerna [...], brachte außerdem in gleicher Nacht zusätzlich eine Rinderherde incl. Zweier Bullen dazu, die nächtliche Weide zu verlassen und 400m Richtung Gränze zu flüchten. Weidetiere sind Fluchttiere und ein solcher durch Wölfe verursachter Rinder-Ausbruch erhöht das Sicherheitsrisiko eklatant.«[36]

In seiner extremsten Ausprägung ist es ein Phänomen, das für manche sogar die ›Natürlichkeit‹ eines solchen Verhaltens für einen Beutegreifer infrage stellen lässt und das Tier zu einer wilden Bestie macht, die sich vom Rest der Tierwelt abhebt.

36 Brief des Bürgermeisters von Rosenthal an den Landrat, 25.11.2019 (vom Bürgermeister zur Verfügung gestellt).

»Im Grunde hatte ich nichts gegen Wölfe. Nur ein Foto mit den Augen eines am Bauch aufgerissenen, aber noch lebenden Schafes erzeugte in mir meine Meinung. Nur so viel, dass ein solches Verhalten nur bloße Lust am Töten sein kann. Tiere töten zum Fressen, der Wolf – je nach Möglichkeit – leider zum Vergnügen.«[37]

Der Schritt von der wilden Bestie zum Motiv des »großen bösen Wolfs« ist also gar nicht so groß.[38] Dieser Argumentation nach scheinen Wölfe ›bestialisch‹, da sie sich ›untierisch‹ verhalten, ›widernatürlich‹, entgegen den angemessenen Instinkten eines Tieres handeln, wodurch sie ein hohes Maß an Agency, also Handlungsfähigkeit und freiem Willen zeigen.[39] Ihr Verhalten wird dadurch unvorhersehbar und damit risikoreicher und potenziell gefährlich. Außerdem müssen sie, wenn sie einen freien Willen besitzen und sich entscheiden zu töten, ohne Hunger zu haben, wohl die Absicht haben, Schaden anzurichten und es sogar zu genießen. Oder aber es liegt in ihrer ›Natur‹, dass sie nicht nur von einem Hungerinstinkt angetrieben werden, sondern auch von einem Tötungsinstinkt, einer ›Mordlust‹, was sie zu unzähmbaren Tötungsmaschinen macht. Welche Möglichkeit man auch für wahrscheinlicher halten mag, beide haben das Potenzial, Angst unter Wolfsskeptikern zu verbreiten.

Der Horror des *surplus killing* (als auch teilweise das *surplus killing* selbst) ist allerdings menschengemacht bzw. eine hybride Erscheinung, in der menschliches und tierisches Handeln verschränkt sind. Nicht nur hat der Mensch Tiere gezüchtet, die sich gegen einen Wolfsangriff nicht effektiv verteidigen können, er behindert zusätzlich ihre Verteidigung, indem er sie auf kleinen, eingezäunten Weiden hält und unter Umständen nicht adäquat schützt. Vor allem aber greift der Mensch vorzeitig in das Wolfsverhalten ein, entfernt Kadaver und

37 »Mindestens 20 tote Schafe in Schönau bei Rosenthal«, MDR, 20.07.2019, https://www.mdr.de/sachsen/bautzen/bautzen-hoyerswerda-kamenz/schafe-gerissen-verletzt-weide-rosenthal-104.html. Das Zitat stammt aus einem Kommentar zu diesem – inzwischen nicht mehr online verfügbaren – Medienartikel über den ersten Vorfall mit den 36 toten Schafen.

38 Vgl. für eine ausführliche Diskussion über die Entstehung des Stereotyps des großen bösen Wolfs: Jürgens, Uta M./Hackett, Paul M.: »The Big Bad Wolf: The Formation of a Stereotype«, in: Ecopsychology 9.1 (2017), S. 33-43, https://doi.org/10.1089/eco.2016.0037

39 Vgl. Breyer, Thiemo: »Bestien – Zur Anatomie des Schreckens vor dem Animalischen«, in: Erik Norman Dzwiza-Ohlsen/Andreas Speer (Hg.), Philosophische Anthropologie als interdisziplinäre Praxis, Leiden u.a.: Brill | mentis 2021, S. 194-204.

verhindert, dass Wölfe in den Tagen nach einem Angriff zum Ort der Tötung zurückkehren, um (sinnvoll?) weiter zu fressen.[40]

***

Im November 2019 baten die Gemeindevertretung und der Bürgermeister von Rosenthal den Landrat abermals um die letale Entnahme des Rosenthaler Rudels. Neu war dieses Mal, dass sie vor allem mit dem Schutz der öffentlichen Sicherheit und der Gesundheit der Einheimischen argumentierten. Der Grund für diese veränderte Argumentationslinie ist möglicherweise einem Brief an den Bürgermeister zu entnehmen, verfasst von einer lokalen Aktivistin der Anti-Wolf-Bewegung, die sowohl die Initiative Wolfsgeschädigte und besorgte Bürger als auch den Verein Sicherheit und Artenschutz vertrat. In diesem Brief erwähnte sie die Antwort des Landratsamtes auf ihre frühere »Anzeige bezüglich Gefahr in Verzug durch Wölfe«:

> »Da es beim Schutzstatus bislang keinen nachweisbaren Fortschritt gibt, stellt Landrat X nun stärker das Thema der Gefährdung der Menschen in den Siedlungen in den Mittelpunkt seiner Bemühungen. Der Freistaat arbeitet derzeit an einer Wolfsverordnung für Sachsen, die auch diesen Punkt berücksichtigt [...].«[41]

Ob dies bei dem erneuten Versuch, eine Genehmigung zur Entnahme des Rudels zu erhalten, zur Strategie wurde, lässt sich nicht mit Sicherheit sagen. Aber der Ton des Briefes des Bürgermeisters an den Landrat war eindeutig. Es gebe eine »Eskalation der Sicherheitslage«. Die »bedrohliche Sicherheitslage«, »ernsthafte Gefahr« und »Sicherheitsbedenken«, die zu »Zorn und Unverständnis« aufseiten der Anwohner führe, beruhe auf mehreren Wolfsangriffen auf Schafe und Wolfssichtungen im Ort in der Nähe einer meist von Schulkindern genutzten Bushaltestelle. Eines der Schafe sei sogar tot in einer Garage zehn Meter entfernt vom Haus einer Familie mit Kind gefunden worden. Die Herde eines Schäfers sei kürzlich zum dritten Mal in diesem Jahr angegriffen und einige Schafe »bestialisch zerfleischt« worden. In dem Schreiben des Bürgermeisters wird auch das zuvor schon erwähnte Gefühl der Hilflosigkeit und Ohnmacht wieder deutlich, wenn er schreibt:

40 Kruuk, Hans: Hunter and Hunted: Relationships Between Carnivores and People, Cambridge: Cambridge University Press 2002, S. 50-53.

41 Brief an den Bürgermeister von Rosenthal, 11.10.2019 (vom Bürgermeister zur Verfügung gestellt).

> »Ich habe für amtliche Wolfsverharmlosung kein Verständnis mehr. Mir fehlt Unterstützung von staatlicher Seite. Ich kann den Bürgern nur unzureichend antworten und lehne meine Verantwortung für die genannten Punkte ab, weil ich allein für die geforderte Sicherheit nicht sorgen und für entstandene Schäden durch Wölfe nicht haften kann.«[42]

So hoffte der Gemeinderat, endlich genügend Argumente für sein Anliegen gesammelt zu haben. Doch die Antwort des Assistenten des Landrats war ernüchternd:

> »Die Begutachtung der Wolfsrisse sowie die Entscheidung/Empfehlung für eine Vergrämung/Entnahme obliegen mit Inkrafttreten der [Wolfs-] Verordnung der Fachstelle Wolf. Wenn diese keine Empfehlung gibt, dann könnte theoretisch dennoch eine Entnahme durch uns angeordnet werden. Aber das nur in der Theorie, denn in der Praxis wird seitens der Wolfslobby in einem solchen Fall sofort Strafanzeige gegen den Landrat gestellt – und das hundertfach. Sollte einer dieser Anzeigen Erfolg beschieden werden, könnte die damit illegale Tötung mit bis zu fünf Jahren Haft und 50.000 Euro Geldstrafe geahndet werden. Die beamtenrechtlichen Auswirkungen eines solchen Urteils werden ihnen geläufig sein. Aus diesem Grund erweist sich die theoretische Möglichkeit der Verordnung zur Entnahme als Windbeutel. […] Aus den genannten Gründen ist Herr X daher nicht der richtige Ansprechpartner für den Unmut der Bevölkerung.«[43]

In der Episode dieses Abschnitts sehen wir wieder das mittlerweile bekannte Muster der Wolfsatmosphäre, das aus einem Bedrohungsszenario (für Schafe und Menschen gleichermaßen) gepaart mit Empörung, Zorn und Unverständnis gegenüber den angeblich Hilfe verweigernden Wolfsbehörden besteht. Dieses besondere Stimmungsensemble wird am besten durch das von lokalen Aktivisten organisierte *Wolfsmonitoring der Bürger* veranschaulicht.

---

42 Brief des Bürgermeisters von Rosenthal an den Landrat, 25.11.2019 (vom Bürgermeister zur Verfügung gestellt).

43 Büro des Landrats an den Bürgermeister von Rosenthal, E-Mail, 12.05.2019 (vom Bürgermeister zur Verfügung gestellt). Dies ist derselbe Landrat, der bereits zweimal die letale Entnahme beantragt hatte. Mit der neuen Wolfsverordnung von 2019 hat sich jedoch die Zuständigkeitsverteilung für eine letale Entnahme geändert, was der Kreisverwaltung mehr Macht gibt. Daher der Meinungsumschwung des Landrats und seine Vorsicht in dieser Angelegenheit.

Lokale Aktivisten und Aktivistinnen waren mit dem Wolfsmonitoring unzufrieden, da die offiziellen Zahlen nie mit ihrem Wissen übereinzustimmen schienen. Die strengen wissenschaftlichen Kriterien für einen ordnungsgemäßen Nachweis einer Wolfssichtung, etwa durch Losung oder durch die Auswertung von Spuren bei getöteten Schafen, führen dazu, dass einige Wolfsmeldungen aufgrund mangelnder Beweise abgewiesen werden. Diese Meldungen gehen nicht in die offiziellen Statistiken ein, die wiederum die Grundlage für Debatten und Entscheidungen im Wolfsmanagement sind. Lokale Aktivisten und Aktivistinnen sind jedoch verärgert, dass Wolfsmanager dem widersprechen, was sie aus Erfahrung wissen. Ich habe einen Wolf gesehen. Warum will mir das Wolfsmanagement erzählen, ich hätte keinen gesehen? Warum verheimlichen sie diese Tatsache? Das muss eine Täuschung zugunsten der Agenda des Wolfsmanagements sein – so die häufig anzutreffende Klage.

Abbildung 22: Wolfsmonitoring der Bürger mit Fotodokumentation und Karten der gemeldeten und nicht gemeldeten Vorfälle.

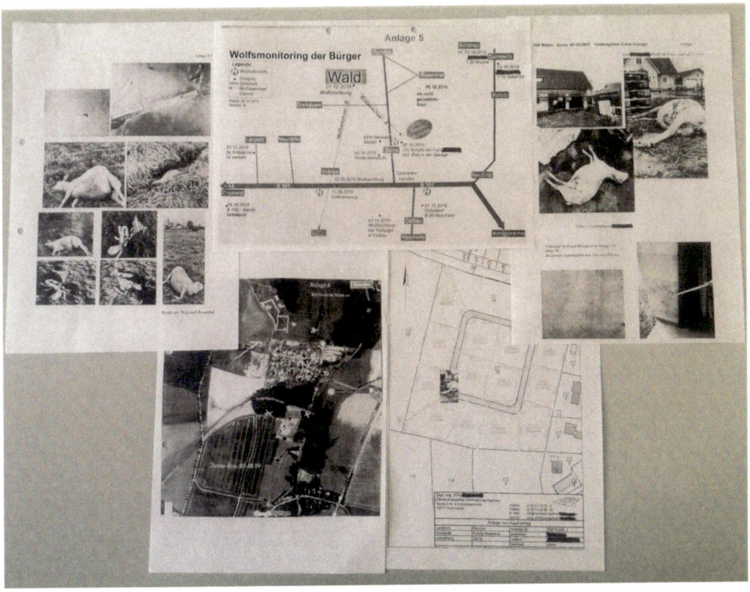

Quelle: Autor

Ich habe bereits darauf hingewiesen, wie sich die Wolfsatmosphäre sowohl aus dem Realen als auch aus dem Virtuellen speist, indem sie zeigt, wie ein bestimmtes lokales Wolfsrudel mit der Spezies Wolf im Ganzen verwoben wird. Hier sehen wir, dass nicht nur die potenziellen Fähigkeiten des Wolfes berücksichtigt werden müssen. Wir müssen auch revidieren, was auf lokaler Ebene ›die wirklichen Wölfe‹ heißt. In diesem Zusammenhang ist es wichtig zu verstehen, dass eine Wolfsatmosphäre primär auf dem Erfahrungswissen der lokalen Lebenswelt basiert und nicht rein auf wissenschaftlichen Fakten, die auf C1-Beweisen aufbauen. Sie umfasst eindeutige Nachweise (C1), bestätigte Hinweise (C2), unbestätigte Hinweise (C3), nicht bewertbare Zeichen, nicht gemeldete Zeichen und unter Umständen sogar das, was nach den SCALP-Kriterien als falsche Beobachtungen gilt. Diese Zeichen haben unterschiedliche affektive Intensität und Kraft, aber nicht unbedingt entlang der Linien dessen, was offiziell als Beweis oder kein Beweis, als bestätigt oder unbestätigt gilt. Ein unbestätigtes Zeichen kann genauso affektiv sein wie ein C1-Beweis. *Was wirklich zählt, ist der lebensweltliche Affekt eines Zeichens: ein getöteter Damhirsch mitten im Dorf, ein verletztes Schaf im Carport, Wolfsspuren in der Nähe einer Bushaltestelle. Wenn sich all diese Zeichen vermehren und an immer mehr Orten auftauchen, verdichtet sich die Wolfsatmosphäre und beginnt sich einhüllend, aufdringlich und beunruhigend anzufühlen.*

***

Inzwischen ist es ruhig geworden in und um Rosenthal. Ungewöhnlich ruhig vielleicht.[44] Offiziell wurden im Jahr 2020 in Sachsen 326 Tiere von Wölfen getötet (nach 280 im Jahr 2018 und 400 im Jahr 2019), aber keine Schafe in der Gemeinde Rosenthal.[45] Lediglich im nahe gelegenen Wittichenau wurden im Februar acht Schafe getötet und es gab einige Vorfälle mit Kühen, von denen aber keiner als Tötung durch Wölfe bestätigt wurde. Insgesamt scheint die Zahl der von Wölfen getöteten Tiere zurückgegangen zu sein. Manche sagen, weil fast alle Schäfer (zumindest in Rosenthal) aufgegeben haben. Andere sagen,

44 MDR/uwa, »Stille graue Räuber: Wölfe in der Oberlausitz bleiben in Deckung«, MDR, 18.06.2020. https://www.mdr.de/nachrichten/sachsen/bautzen/goerlitz-weisswasser-zittau/stille-graue-raeuber-in-der-oberlausitz-100.html (Zugriff: 18.06.2022).

45 Allerdings gab es im Dezember zwei Angriffe auf Gehege-Damwild in Ralbitz-Rosenthal; sachsen.de, https://www.wolf.sachsen.d e/schadensstatistik-4169.html (Zugriff: 18.06.2022).

weil die Schäfer weniger melden. Vielleicht hat es damit zu tun, dass wahrscheinlich alle Welpen von Marie in diesem Jahr und im Jahr davor bei Verkehrsunfällen gestorben sind und es daher nicht viele Mäuler zu stopfen gab. Oder vielleicht ist Marie gestorben? Nach meinem letzten Besuch in Rosenthal im Sommer 2020 wurde mir gesagt, ich solle auf den Herbst warten. Im Herbst werde es wieder losgehen, wie jedes Jahr, wenn die Welpen groß genug sind, um mit den anderen auf die Jagd zu gehen. Die Rosenthaler nennen es »die Zeit der Jagdschule«.

Mitte August 2020 erhielt ich eine WhatsApp-Nachricht von einem der Rosenthal-Aktivisten, die zwei getötete Schafe aus dem nahe gelegenen Dorf Piskowitz zeigte. »Wie jedes Jahr.« Ich leitete die Bilder an eine mir bekannte Rissgutachterin weiter und fragte sie nach Details zu diesem Fall. Sie wusste nicht, dass in Piskowitz Schafe getötet worden waren. Es war nicht darüber berichtet worden. Aber sie bat mich, das Bild zu vergrößern: Beide Schafe waren mit Ketten angebunden.

5. Wolfs-Gefühle

Von Gefühlen, Sentiments und Ethos

Im vorletzten Kapitel haben wir gesehen, wie die Koexistenz mit Wölfen affektiv durchdrungen ist, begleitet von immer wieder aufkommenden Gefühlsausbrüchen verschiedenster Akteure auf die Agency wölfischen Handelns. Im letzten Kapitel habe ich gezeigt, wie sich über einzelne Akteure hinaus gefühlsgefärbte Atmosphären in einer Region verbreiten, sich über einen längeren Zeitraum festsetzen können und damit spontan aufkommendes, individuelles Gefühlserleben vorprägen. In diesem Kapitel sollen die Gefühle, die das Verhältnis zwischen Wölfen und Menschen prägen, endlich in den Mittelpunkt rücken: Es geht mir darum, die Gefühlswelten wichtiger Akteursgruppen zu skizzieren und zu verstehen, indem ich a) das Repertoire ›typischer‹ Gefühle in Bezug auf den Wolf zu fassen suche und b) aufzeige, wie einzelne, spontan auftretende Gefühlsausbrüche Ausdruck dauerhafter Gefühlstrukturen oder Dispositionen sind. Es wird ersichtlich werden, dass die ansonsten im Vordergrund der öffentlichen Wolfsdebatten stehenden Meinungen, Haltungen und Einstellungen nicht einfach Ausdruck rationaler Evaluierungen auf der Grundlage von Wissen sind, sondern vielmehr als *Sentiments*[1] zu verstehen sind, affektiv aufgeladene Sinngebungs- und Orientierungsstrukturen, die sich vor allem in sozialer Interaktion manifestieren.

Wenn ich im Folgenden also die Gefühlswelten von Schäfern, Jägerinnen und Wolfsfreundinnen kartiere, dann geht es mir nicht um eine bloße Auflistung, nicht um eine Intensitätsmessung der aufgetretenen Gefühle gegenüber dem Wolf oder gar um deren Bestimmung als ›positive‹ oder ›negative‹. Ich versuche zu verstehen, wieso aus der ganzen Bandbreite möglicher Gefühle nur manche typischerweise bei einer Akteursgruppe aufkommen und

1 J. Bens/O. Zenker: Sentiment.

inwiefern man diese Gefühle in ihre spezifische Lebenswelt sinnvoll einordnen kann. Das heißt konkret: Die Frage nach den wolfsbezogenen Gefühlen wird in Verbindung gesetzt mit der Frage, **wie fühlt es sich generell an, Schäfer/Jägerin/Wolfsfreund zu sein – in dieser Zeit, in dieser Gesellschaft, mit Wölfen?**[2] Diese Vorgehensweise betont, dass die Akteure nicht ›unbedarft‹ von Wölfen affektiv berührt werden, sondern jeweils immer schon affektiv vorgeprägt sind, also mit einer Vorgeschichte auf Wölfe treffen.

Als Ethnologe interessiert mich dabei weniger die individuell-biografische Vorgeschichte als vielmehr kulturelle Muster in den Gefühlsstrukturen der Akteursgruppen. Die praxistheoretisch inspirierte Idee hierfür ist, dass z.B. Schäfer als eine *community of practice* durch ihre Schäferpraxis, ihr Schäfersein, nicht nur Fertigkeiten, Wissen und Handlungskompetenzen erworben haben, sondern – meist beiläufig – auch die Normen, Werte und Sentiments ihrer Community. Als Lebensform hat das Schäfersein zudem sein eigenes *Ethos*[3], d.h. es ist ›gestimmt‹, hat seine eigene Gefühlsprägung, ein Lebensgefühl. Damit sei aber nicht gesagt, dass alle Schäfer gleich fühlen, denken und handeln (denn die zuvor erwähnte individuell-biografische Vorgeschichte bleibt ja bestehen). Was hier zum Ausdruck kommt ist *ein gewisser Möglichkeitsraum, eine typische Bandbreite von Gefühlsstrukturen, indem individuelles Gefühlserleben auftritt und Ausdruck findet.*

Doch die methodologische Frage ist: Wie identifiziert man das Typische für eine Akteursgruppe? In einer ethnografischen Forschung wie dieser geschieht das durch das Erheben und Korrelieren von verschiedenen Daten. Beobachtungen werden in Bezug gesetzt mit informellen Gesprächen, Interviews, offiziellen Dokumenten von Verbänden, Kommentaren in sozialen Medien, Medienbeiträgen usw., um Musterhaftes in der gesamten Bandbreite (und eben nicht nur in individuellen Äußerungen) zu erkennen. Hierdurch werden auch potenzielle Differenzierungen innerhalb der Community sichtbar: Gibt es z.B. unterschiedliche Standpunkte zum Thema Wolf und nicht den einen typischen Standpunkt, wird dies in mehreren Datentypen früher oder später auftauchen. In meiner Interpretation der Daten hielt ich mich entspre-

2 In diesem Kapitel werde ich zum besseren Überblick der Kartierung von Gefühlswelten, darauf hinweisende Begriffe in Fettdruck stellen.

3 C. Geertz: Interpretation of cultures, S. 89. Bei Geertz wird die ›Weltanschauung‹ einer Kultur ergänzt durch ihr Ethos, »the tone, character, and quality of their life, its moral and aesthetic style and mood«.

chend an den Grundsatz: verallgemeinern, wenn möglich; differenzieren, wo nötig.

Jede dieser Gruppen von Akteuren und Akteurinnen hätte gut und gerne ein eigenes Kapitel, wenn nicht gar ein eigenes Buch, füllen können. Sie alle drei in einem Kapitel abzuhandeln war für die Kohärenz dieses Buches notwendig, bedeutet aber, dass wir es im Folgenden nicht mit einer abschließenden Gesamtübersicht zu tun haben, sondern mit einer Annäherung an das Phänomen. Wichtig in diesem Kontext ist, überhaupt einmal einen Zugang zu diesen Gefühlswelten zu entwickeln und sie zu beschrieben, sodass sie für einen öffentlichen Diskurs erschlossen werden können. Trotz der Beschränkungen, alles in einem Kapitel abhandeln zu müssen, habe ich mich stets an einer ›dichten Beschreibung‹ von Gefühlen orientiert. Gefühle sollen hier also nicht lediglich als Emotion, d.h. als kulturell normierte Kategorie eines Gefühls (Hass, Wut, Liebe, Neid etc.) abgehandelt, sondern auch in ihren (phänomenologischen) Erfahrungsqualitäten beschrieben werden. Denn auf Wölfe wütend zu sein oder Wölfe zu lieben kann vieles bedeuten. Erst die dichte Beschreibung stellt die Sinnzusammenhänge her, die vonnöten sind, um diese Gefühle als typisch für eine Akteursgruppe zu verstehen. Zudem ermöglicht sie es, eine differenziertere Sicht auf Emotionen im Wolfskonflikt einzunehmen: weg von einfachen Zuschreibungen, hin zu einem komplexen Verständnis des unbestimmten, ambivalenten, dynamischen Charakters von Gefühlserfahrungen.

Zu dieser differenzierten Sicht gehört auch, dass man Gefühle, die sich auf Wölfe richten, von denen unterscheidet, die sich auf andere soziale Akteurinnen richten. Ich hatte in Kapitel 3 im Kontext der Unterscheidung von Konflikten *mit Wölfen* und Konflikten *um Wölfe* bereits darauf hingewiesen. Auch in Bezug auf das Zustandekommen von Wolfsatmosphären in Kapitel 4 war dies wichtig auseinanderzuhalten. Die in diesem Kapitel zu behandelnden Gefühlswelten sind ebenso ›Gemengelagen‹ – bestehend sowohl aus verschiedenen Gefühlen als auch aus verschiedenen Gefühlsadressaten –, die es zu entwirren gilt.

Ein letzter Punkt: Im letzten Kapitel ging es mir primär darum, die affektive Wirkung von Wölfen vom Standpunkt der wolfsskeptischen Menschen aus zu verstehen. Eine kritische Reflexion hielt ich weitgehend zugunsten dieses Ziels zurück. Hier jedoch wechsle ich permanent zwischen ethnografischer Beschreibung und phänomenologischer Immersion in Gefühlswelten einerseits und kritischem Hinterfragen andererseits. Dadurch möchte ich explizit betonen, was sich schon implizit durch das gesamte letzte Kapitel zog:

nämlich, dass Gefühle in Sachen Wolf eine politische Dimension haben. Eine wissenschaftlich-kritische Perspektive einzunehmen, bedeutet entsprechend, immer wieder das Politische zu thematisieren, insbesondere dann, wenn es ein Interesse an einer bestimmten, positiven Form der Außendarstellung gibt, die eben als genau das – eine ›Darstellung‹, eine ›Performance‹ – behandelt werden muss. Auch hier helfen wiederum die ethnografische Perspektive und Methode: Darstellungen von Interessenvertretungen können verglichen bzw. kontrastiert werden mit Äußerungen einzelner Akteure und Beobachtungen von Events und Handlungen, um Widersprüche oder Ungereimtheiten aufzeigen oder offiziell Ungesagtes mit anderweitig Gesagtem ergänzen zu können.

»Geliebt. Gewollt. Geopfert?[4]«: Schäfer, Wölfe und Schafe

Abbildung 23: Auf einer Demonstration von Weidetierhaltern in Wiesbaden.

Quelle: Autor

4 So der Titel einer DVD, die zum Thema Weidetierhaltung und Wolf vom Förderverein der Deutschen Schafhaltung e.V herausgegeben wurde.

Weidetierhalter gelten gemeinhin als die Akteursgruppe, die am meisten von der Rückkehr der Wölfe betroffen ist, und unter ihnen insbesondere die Schafhalter.[5] Da fast 90 Prozent der durch Wölfe verursachten Risse Schafe sind[6], möchte ich die Schafhalter in den Mittelpunkt meiner Ausführungen stellen.[7] Schafhalter sind eine heterogene Gruppe, die sich aus Berufsschäfern im Haupterwerb und (die von mir zur besseren Unterscheidung genannten) Schafhaltern im Nebenerwerb bzw. den Hobby-Schafhaltern zusammensetzt. Sie gilt es auch von anderen Weidetierhaltern zu unterscheiden und zu erkunden, was das Besondere an ihrer Situation ist. Wichtig scheint mir, dass Schafhalter unter den Weidetierhaltern eine marginale, kleine Gruppe darstellen. In ganz Deutschland gibt es ca. 1,5 Millionen Schafe (Stand 2021)[8] und ca. 18.000 Schafhalter, davon weniger als 1000 Berufsschäfer (Stand 2016)[9]. Sie selbst sehen sich – ähnlich wie der Wolf und ähnlich wie einige ihrer Schafrassen – als »vom Aussterben bedroht«.[10] Der ehemalige Vorsitzende des Bundesverbands Berufsschäfer erläutert: »Die Statistik weist sinkende Zahlen für den Sektor aus. Das Durchschnittsalter liegt über 56 Jahre. In den deutschen Schäferschulen sind 10-20 Auszubildende pro Jahr angemeldet. Die Einkommen sind in

---

5 Ergänzend zu meinen Ausführungen, vgl. eine qualitative Studie, die von mir co-betreut wurde: Ostrowski, Lea: Die Rückkehr des Wolfs in den Leuscheider Wald: Untersuchungen zu Akzeptanz und naturbezogenen Werten im Bereich der Weidetierhaltung, Masterarbeit, Hochschule für nachhaltige Entwicklung Eberswalde 2022.

6 Stand 2020, laut DBBW, https://www.dbb-wolf.de/wolfsmanagement/herdenschutz/schadensstatistik (Zugriff: 18.06.2022).

7 Die anderen Weidetierhalter, insbesondere Halter von Mutterkuhherden oder Pferdebesitzer, sind zwar nur marginal durch Risse konkret betroffen, doch fühlt man sich zumindest potenziell betroffen und gefährdet. Ihrer besonderen Situation gerecht zu werden, würde den Rahmen hier sprengen.

8 Statistisches Bundesamt, https://www.destatis.de/DE/Themen/Branchen-Unternehmen/Landwirtschaft-Forstwirtschaft-Fischerei/Tiere-Tierische-Erzeugung/Tabellen/betriebe-schafen-und-schafenbestand.html (Zugriff: 20.06.2022).

9 Alfons Deter: »Schäfer in Not: Zahl der Berufsschäfer jetzt unter 1000!«, top agrar online, 06.03.2018, https://www.topagrar.com/management-und-politik/news/schaefer-in-not-zahl-der-berufsschaefer-jetzt-unter-1000-9410439.html (Zugriff: 20.06.2022).

10 »Gedanken zur Rückkehr der Wölfe nach Deutschland«, Die Schäfer. Bundesverband Berufsschäfer e.V., 19.10.2014. https://www.berufsschaefer.de/news/33/10/152/schafe-wolf-und-artenschutz (Zugriff: 20.06.2022).

den meisten Betrieben am unteren Ende der landwirtschaftlichen Erwerbsscala.«[11]

Dazu kommen noch etliche andere Probleme wie ein Mangel an Tierärzten, hohe Tierarztrechnungen, intensiver Wettbewerb und hohe Kosten für Weideflächen, starke Abhängigkeit von Subventionen, Konkurrenz für ihre Produkte durch ausländische Importe, vermehrte Bürokratie, Sieben-Tage-Wochen ohne Urlaub usw. Das grundlegende Ethos unter Schäfern und Schäferinnen ist demnach eines der **Existenzangst**. »Was bringt das Morgen?« – der Schriftzug auf einem Plakat bei einer Demonstration für Weidetierhaltung und gegen Wölfe in Wiesbaden fasst die tiefsitzende **Verunsicherung** und Ungewissheit über die Zukunft und wie alles weitergehen soll (jetzt mit Wolf), gut zusammen.

Dazu kommt noch, dass die gesellschaftliche Stellung der Schäfer lange Zeit eine Randstellung war: Sie waren als Berufsgruppe weder sichtbar noch hatten sie eine Stimme, um auf ihre Probleme öffentlich aufmerksam zu machen, oder die Macht, um Forderungen zu stellen – im Kontrast zu anderen Weidetierhaltern, die über den Bauernverband (DBV) oder die Deutsche Reiterliche Vereinigung (FN) relativ mächtige Interessenvertretungen haben.[12] Dies führt bei Schäfern und Schäferinnen zu einem weitverbreiteten **Gefühl mangelnder Achtung und (gesellschaftlicher) Anerkennung** für ihren Beruf und für das, was sie mit ihren Tieren für die Gesellschaft und für die Natur leisten.

Doch diese Gefühle sind sekundär, wenn wir sie vergleichen mit der Bedeutung der affektiven Beziehung der Schafhalter zu ihren Tieren. Exemplarisch zeigt sich das bei M., einem Berufsschäfer mit ca. 800 Schafen in der Nähe von Neuwied, im Gebiet des früheren Neuwieder Rudels.[13] Er steht kurz vor der Rente und der Übergabe des Betriebs an seine Tochter. In seinem ganzen Leben war er nur einmal getrennt von seinen Schafen – und zwar im Urlaub – und rief täglich seine Tochter an, um sich nach seinen Schafen zu erkundigen: ob sie denn genug zu fressen und Wasser hätten und ob sonst alles in

---

11 Günther Czerkus: »Viele Fragen zur Zukunft der Schaf- und Ziegenhaltung«, ebd., 24.06.2016. https://www.berufsschaefer.de/news/50/9/152/wo-soll-die-reise-hingehen (Zugriff: 20.06.2022).

12 Daher auch die Versuche durch Tage der Weidetiere, Tage der offenen Weide, der Bundesschau Schafe oder dem Europäischen Hirtenzug, öffentlich sichtbarer zu werden.

13 Interview, Schäfer, aus Rheinland-Pfalz, 30.06.2020.

Ordnung sei. ›Loslassen‹, von seinen beruflichen Pflichten, von seinen Schafen, konnte er nicht. Sein Schäfersein war bestimmt von **Sorge** in einem doppelten Sinn: der **Sorge für** seine Schafe und der **Sorge um** seine Schafe. Beide Formen zusammen sind konstitutiv für die Praxis des Hütens und prägen die Beziehung zwischen Schäfer und Schafen. Diese Beziehung ist eine wechselseitige, doch auch eine hierarchische. Die Funktion des Schäfers als Hirte, die Praxis des Hütens und der lange Domestikationsprozess des Schafs verweisen darauf, dass es eine klare Machtbeziehung und ein Machtgefälle in dieser Beziehung gibt. Die Sorge für und um die Schafe ist eben auch untrennbar mit deren Nutzung verbunden, d.h. primär der Fleischproduktion, Milchproduktion, Wollproduktion – und seit Kurzem der ökologischen Landschaftspflege oder sogar mit der Nutzung als *companion animal* (als tierischer Begleiter für einen selbst oder für geführte Schafwanderungen für interessierte Städter).

Wie sich die Beziehung eines Schafhalters zu seinen Tieren im konkreten Fall gestaltet, hängt stark von der Nutzungsart ab. Die Sorge kann eine Form der Zuneigung und Liebe werden oder eher oberflächlich bleiben und von wirtschaftlichen Interessen geleitet sein. Ein Ehepaar aus dem Westerwald, das über 100 Ziegen zur Landschaftspflege hält und Ziegenwanderungen anbietet, deren Herde teils aus geretteten ehemals verwahrlosten und kranken Ziegen besteht, die mit der Flasche großgezogen wurden, entwickeln eine andere Form der Sorge als ein junger Familienvater in der Nähe von Bautzen, der sich ein paar Schafe hinter dem Haus hält, um seine Familie mit Fleisch zu versorgen. Beide Beispiele verbindet, dass Menschen und Tiere nicht unbedingt in einer Familie, aber in einem ›Haushalt‹ verbunden sind. Die Kulturanthropologinnen Michaela Fenske und Marlis Heyer schreiben hierzu:

> »Wer zum Haushalt gehört, wird beschützt. Das macht auch deshalb tiefen Sinn, weil der Haushalt seit der europäischen Vormoderne eine wesentliche Grundlage erfolgreichen menschlichen Wirtschaftens ist. Das bedeutet freilich nicht, dass die betreffenden Tiere [...] nicht gegessen werden dürfen. [...] Allerdings werden bestimmte Maßstäbe hinsichtlich erlaubter Nutzung angelegt, die den umsorgenden Menschen angemessen erscheinen. Diese historisch gewachsene, oftmals ambivalente Logik bestimmt ländliche Multispezies-Arbeitsweisen und Wirtschaftsgemeinschaften.«[14]

14 Fenske, Michaela/Heyer, Marlis: »Wer zum Haushalt gehört. Ethiken des Zusammenlebens in der Diskussion«, in: Tierethik 11.19 (2019), S. 12-33, hier S. 20-21.

Dieser gemeinsame Haushalt von Weidetierhalterin und Tier im Spannungsfeld zwischen Fürsorge und Dominanz/Nutzung ist es, der durch tägliche Arbeit immer wieder aufrechterhalten werden muss und dessen Existenz auf dem Spiel steht. Diese Koexistenz ist charakterisiert durch eine »geteilte Vulnerabilität«[15] – sowohl Tierhalterin als auch Tier sind und werden verletzlich in ihrer geteilten Lebensform. Sie hängen voneinander ab, insbesondere bei der Schäferei, denn Schafe haben eine eigene Vulnerabilität, die sie von anderen Weidetieren wie Kühen oder Pferden unterscheidet. In den Worten eines Schäfers: »Schafe sind nah am Tod gebaut«; »ständig sterben die an irgendwas« und deshalb »macht man sich häufig Vorwürfe«. Das Sorgen-um-und-für ist somit eine Daueraufgabe.

In diese Gefühlswelt treten nun die Wölfe. Ganz konkret kann das folgendermaßen aussehen:

> »[Schäfer:] Das erste Mal war 2010 im Februar [...]. Da lag so hoch der Schnee, da konnte man auf die Netze gar kein Strom draufkriegen. Aber da war der Herdenschutzhund drin und der Herdenschutzhund hat die Herde im Prinzip in die andere Koppel reingedrückt, aber trotzdem haben sie [die Wölfe] welche gegriffen [...] Ja, da kommt man früh raus und sieht die Schafe in einer anderen Herde drinstecken und da war der Wolf aber noch da und hat gefressen [...].
>
> [Interviewer:] Haben sie den verscheucht?
>
> [Schäfer:] Ja, wir haben den verscheucht, haben wir [...]
>
> [Interviewer:] Wie haben sie das gemacht?
>
> [Schäfer:] Huhu geschrien (lacht). Das ist so, anders geht's ja nicht, hast ja keine andere Möglichkeit.
>
> [Interviewer:] Wie ist das, wenn man dann so ein gerissenes Tier sieht?

15 Fenske, Michaela: »Menschen, Wölfe und andere Lebewesen. Perspektiven einer Multispecies Ethnography«, in: Lara Selin Ertener/Bernd Schmelz (Hg.), Von Wölfen und Menschen, Hamburg: Museum am Rothenbaum 2019, S. 33-40, hier S.37; vgl. auch Arnold, Irina: »Von traumatisierten Schafen und verwundbaren Lebenswelten: Stimmen von Weidetierhalter*innen aus Niedersachsen«, in: Lara Selin Ertener/Bernd Schmelz (Hg.), Von Wölfen und Menschen, Hamburg: Museum am Rothenbaum 2019, S. 41-50.

[SCHÄFER:] Es kommt immer darauf an, wie viele gerissen sind. Wenn jetzt bloß eins gerissen ist, man sieht's ja nicht von Weitem. Da sieht man jetzt eins liegen, da geht man hin und guckt, vielleicht ist es ja tot, und dann sieht man das ja erst, ob es ein Riss ist, oder sieht, dass der Zaun umgefallen ist, oder, oder ... Also ich bin nicht schockiert, wenn ich jetzt ein totes Schaf gerissen sehe. Schlimmer wär es, wenn da 30 oder 40 daliegen. Das wär schlimm. Das hab ich aber gottseidank noch nicht erlebt, will ich auch nicht, das ist scheiße, ganz großer Mist.«[16]

S. ist seit fast vierzig Jahren Berufsschäfer und arbeitet seit über zehn Jahren in einem großen Betrieb in der Lausitz, mitten im Kerngebiet des Knappenrode-Seenland-Wolfsrudels. Seine Herde Coburger Fuchsschafe wird rein zur Landschaftspflege genutzt und wurde im Verlauf der letzten zehn Jahre schon drei- oder viermal von Wölfen angegriffen, wobei jeweils ein oder zwei Schafe getötet wurden. Wenn man bedenkt, dass S. mehrmals im Monat regelmäßig Wölfe an seiner Herde vorbeiziehen sieht, so ist seine Haltung erstaunlich gelassen und pragmatisch. Die Verluste halten sich sehr in Grenzen und sein Herdenschutz mit Elektrozäunen funktionierte von Anfang an gut.

Wenn Wölfe zum ersten Mal in einer Region auftauchen und auf ungeschützte Schafe treffen, kann es allerdings auch ganz anders kommen, wie dieser Schäfer aus dem zwischen Bayern und Hessen gelegenen Odenwald erzählt:

»Ich hatte einen schwierigen Tag für mich im Jahr 2017. Es war im November. Diesen Tag werde ich nie vergessen. Ich hatte 300 Mutterschafe, insgesamt 600 Mutterschafe, und in Hessen war ich mit 300 Mutterschafen und die Leute haben mich morgens um 7 Uhr angerufen und gesagt, die Schafe sind weg. Also, ich bin hingefahren, weil ich aus Bayern komme, das sind 15 Kilometer. Auf der Weide, wo sie waren, war ich fassungslos, acht Tiere waren tot, vom Wolf gebissen. Und da habe ich dann angefangen, meine Tiere zu suchen. Sie waren über den ganzen Platz verstreut. Und das Seltsame war, dass ich direkt neben dem Kindergarten im Dorf war, also dafür kann man nicht mehr verantwortlich sein, das kann schief gehen. Also, dann habe ich meine Tiere wieder gesucht. Dann habe ich die Polizei angerufen. Und die Polizei kam und hat das Landratsamt angerufen. Dann kam der Wolfsbeauftragte. Und dann hat er gesagt, dass es ein streunender Hund war. [...] Dann haben sie

16 Interview, Schäfer, aus Sachsen, 16.03.2022.

DNA-Proben genommen und nach 14 Tagen habe ich die Ergebnisse bekommen. Nicht von den Behörden, und das ist so ein trauriges Bild, nicht von den Behörden, sondern aus der Presse habe ich erfahren, dass es ein Wolf war. Das ist einfach unmöglich. Nicht mal ein Anruf, wie kann ich Ihnen helfen [...]. Ich hatte acht tote Schafe, zwei Tage später hatte ich noch zwei tote und sechs schwer verletzte, ich brauchte einen Tierarzt, ich musste Geld in die Hand nehmen, und dann zu Weihnachten hatte ich die Verlammungen [Totgeburten]. 130 Verlammungen! Eigentlich bin ich tot, kaputt. Und ich habe null bekommen vom Land Hessen. Kein Anruf, gar nichts [...].«[17]

Wölfe versetzten diesen Schäfer in einen **Schockzustand. Ungewissheit** über den Verbleib seiner Schafe gepaart mit extremer **Sorge**, ob es ihnen denn gut gehe oder sie verletzt, gar tot seien, charakterisieren den unmittelbaren Moment nach diesem Angriff. Seine Gefühlslage verschlechtert sich allerdings noch mehr durch die mangelnde Unterstützung des Wolfsmanagements. Seiner Ansicht nach wird sein Leid nicht gesehen, nicht anerkannt, kein Hilfsangebot gemacht. Er **fühlt sich alleine, im Stich gelassen** angesichts der Tragödie, die er erfahren hat.

An diesem Beispiel wird auch ersichtlich, dass die affektive Wirkung eines Wolfsangriffs nicht auf den Moment begrenzt ist, sondern sich zeitlich ausdehnt. In diesem Fall kamen die Wölfe nicht nur einmal, sie kamen zwei Tage später wieder. Verletzte Tiere mussten behandelt werden, die Schafe waren tagelang verängstigt, dann die Totgeburten, der zunehmende finanzielle Verlust und die Frage, was das Morgen bringt. Bei vielen Schäfern in neuen Wolfsregionen macht sich daher schnell ein **diffuses Angstgefühl** breit. Aufgrund der Ungewissheit, wann, wo, wie Wölfe wieder angreifen könnten, herrscht eine **bange Vorerwartung**:

»[Interviewer:] Weißt du, wie weit der nächste Wolf von dir entfernt ist?

[Schäfer:] Das kann man nie genau sagen. Sie könnten heute Abend hier sein, vielleicht sind sie jetzt schon da. Es ist auch möglich, dass wir das ganze Jahr über keinen sehen werden.«[18]

Das Bangen wird so zum ständigen Begleiter und verändert das Schäfersein:

---

17 Interview, Schäfer, aus Bayern, 15.01.2020.

18 Interview, Schäfer 1, aus Hessen, 15.01.2020.

> »[Schäfer:] Wir haben hier [in der Region] schon Angriffe gehabt. Ja, dann hat man natürlich kein gutes Gefühl mehr, auch wenn man morgens hingeht [...]. Wenn man mit dem Bauchgefühl hingeht, hoffentlich ist alles gut gegangen, hoffentlich war er [der Wolf] nicht da. Es ist ja nicht so, dass er nur einmal kommen kann. Die Angst bleibt.«[19]

Vor diesem Hintergrund erscheint es manchmal unverständlich, wieso der Herdenschutz vielerorts – so auch in meinen Forschungsregionen in der Lausitz und im Westerwald – nur zögerlich angenommen und von nicht Wenigen ganz abgelehnt wird. Gerade bei Halterinnen von Mutterkuhherden, Pferdebesitzern sowie Nebenerwerbs- und Hobby-Schafhaltern scheint der **Ärger** über die Rückkehr der Wölfe (die sie nie gewollt haben!) zu **Trotz** zu führen, der sich sowohl auf die Wölfe bezieht als auch und vor allem auf das Wolfsmanagement und die Wolfsbefürworter: Wenn ihr die Wölfe wollt, sollte nicht ich die Mehrarbeit haben, sondern ihr! Im Unterschied zu anderen Ländern gehört der Schutz vor Raubtieren in Deutschland anscheinend nicht mehr selbstverständlich zum Hüteverhältnis zwischen Mensch und Nutztier. »Wer schützt meine Tiere?«, war auf Plakaten bei der Demonstration in Wiesbaden zu lesen. Manch Weidetierhalter sieht beim Thema Wolf andere in der (Sorge-)Pflicht.

Ein weiterer Grund für die potenzielle Ablehnung von Herdenschutzmaßnahmen ist der Druck innerhalb der Weidetierhalter-Community. Im Westerwald wurde mir beispielsweise von verschiedenen Forschungsteilnehmenden bestätigt, dass Herdenschutz zu betreiben in der Community als Akzeptanz der Wölfe und des Wolfsmanagements gesehen wird. Tierhalter, die Herdenschutz betreiben, werden als »Nestbeschmutzer« beschimpft und sind Anfeindungen ausgesetzt. Die Rückkehr der Wölfe hat Weidetierhalter enger zusammenrücken lassen, das verlangt Einigkeit innerhalb der Gruppe – und auch zwischen den einzelnen Gruppen verschiedener Weidetierhalter. Allerdings zeigt das Thema Herdenschutz, dass es mit der Einigkeit hapert.

So kann man zwar bei den Schäfern und Schäferinnen keine zwei gegengesetzten Lager ausmachen, doch gibt es zumindest unterschiedliche Sentiments gegenüber dem Wolf, die sich vor allem auf Verbandsebene widerspiegeln. Exemplarisch zeigt sich das an zwei Positionspapieren zum Thema Wolf. Auf der einen Seite steht das wolfskritische Aktionsbündnis

---

19 Interview, Schäfer, aus Hessen, 15.01.2020.

Forum Natur, in dem sich die Vereinigung Deutscher Landesschafzuchtverbände (VDL), der deutsche (DJV) und internationale Jagdverband (CIC), die Deutsche Reiterliche Vereinigung (FN), der Bauernverband (DBV) und die Arbeitsgemeinschaft der Waldeigentümer (AGDW) zusammengeschlossen haben. In dessen Positionspapier wird für die Herabsetzung des Schutzstatus des Wolfs plädiert, werden Bejagung, einfachere Entnahmen und die Einführung eines sogenannten Akzeptanzbestandes gefordert, außerdem wird das wissenschaftliche Monitoring infrage gestellt. Schafhalterinnen, die man in dieses Bündnis einordnen würde, gehören zu den erbittertsten Wolfsgegnerinnen. Die Wut und der Ärger über den Wolf und das ihn unterstützende Wolfsmanagement sind bei ihnen am größten.

Auf der anderen, gemäßigten Seite steht der Bundesverband der Berufsschäfer zusammen mit BUND, NABU, Deutschem Tierschutzbund und dem International Fund for Animal Welfare (IFAW). In seinen »Eckpunkten für ein konfliktarmes Miteinander« wird der Schutzstatus des Wolfs anerkannt, keine Bejagung gefordert, sondern bessere Prävention vor Wolfsübergriffen, Förderung des Herdenschutzes, Schadensausgleich und mehr Beteiligung an Wolfsmanagementprozessen. Wer jedoch bei den Schäferinnen, die sich hier verorten würden, wolfsfreundliche Gefühle vermutet, wird sie nicht wirklich finden. Denn selbst die Gemäßigten können auf Wölfe gerne verzichten, bringen ihnen keinerlei Zuneigung entgegen, sind nicht fasziniert von ihnen. Sie haben ein Existenzrecht, doch sollten sie ihren Platz in der von Menschen geschaffenen Ordnung kennen, wie in diesem Zitat deutlich wird:

> »Wir Schäfer haben viel mehr Probleme, als wir brauchen können. Der Rückgang der Schafzahlen und der Betriebe ist erschreckend. Nun kommt der Wolf noch dazu. Dabei steht der Wolf ja nur für eine Reihe von Tieren, die uns zusätzlich zu schaffen machen […]. All das brauchen wir wahrlich nicht! […] Wölfe haben in unseren Siedlungen und auf unseren Weiden nichts zu suchen. Wir brauchen eine klare Grenzziehung. […] Ein gedeihliches Miteinander geht nur, wenn jeder weiß, wo er hingehört!«[20]

Allgemein lässt sich zudem feststellen, dass die Sentiments der Schafhalter gegenüber Wölfen sich noch lange nicht gefestigt haben, sondern sich den Entwicklungen dynamisch anpassen. So scheint es in jüngster Zeit auch zu Verän-

20 Günther Czerkus: »Der Wolf und die Lämmlein«, Die Schäfer. Bundesverband Berufsschäfer e.V., 21.09.2015. https://www.berufsschaefer.de/news/40/10/152/der-wolf-und-die-laemmlein (Zugriff: 20.06.2022).

derungen beim Bundesverband der Berufsschäfer zu kommen. Der ehemalige Vorsitzende aus dem Verband hat sich kürzlich zurückgezogen, da sich dieser immer mehr den wolfskritischen Forderungen des Aktionsbündnisses anglich, anstatt in Sachen Herdenschutz mehr Initiative zu ergreifen. **Frustriert** vom Verband, nahm er die Angelegenheit selbst in die Hand und gründete eine informelle Gruppe »Kollegen helfen Kollegen beim Herdenschutz« in der Region des Leuscheider Rudels, um mit einer buntgemischten Gruppe, bestehend aus Weidetierhaltern, Wolfsfreundinnen und anderen, praktische und schnelle Unterstützung beim Herdenschutz zu bieten.

Dies bringt uns zurück zur Frage, wieso der Herdenschutz bei vielen Schafhaltern immer noch auf Ablehnung stößt. Der Initiator der kollegialen Hilfe sieht bei den Schafhaltern die Gefühle der **Ohnmacht, Resignation und Hoffnungslosigkeit** weit verbreitet. Mir war das zuerst bei dem Schäferehepaar in Rosenthal aufgefallen, die ich nach einem Riss aufgesucht hatte (siehe Kapitel 4). Zur Erinnerung: Trotz mehrerer Übergriffe innerhalb weniger Monate war die Schafweide auch beim dritten Mal nicht komplett eingezäunt, die Bachseite offen, weshalb der Schäfer für seine Verluste nicht entschädigt werden konnte. Darauf angesprochen, antwortete er mir nur mit Verweis auf die Schafherde seines Nachbarn in Sichtweite, wo auch ein kompletter Herdenschutz den Angriff der Wölf nicht hatte verhindern können. Letzten Endes scheint die Lage für Schafhalter wie ihn aussichtslos, der Herdenschutz zweck- und nutzlos. Die »Erklärung Rosenthaler Schäfer« drückt es so aus:

> »Wir haben den Herdenschutz verbessert, so gut wir konnten, mancher Hinweis und manche Forderung der Herdenschutzberater war dabei ganz einfach nicht praktikabel. Sie nicht zu befolgen, wurde als Böswilligkeit ausgelegt. Dabei ist aus allen Wolfsländern in der EU bekannt, dass Wölfe jeden in der praktischen Tierhaltung verwendeten Zaun überwinden, solange von diesem Hindernis keine direkte Gefahr für sie ausgeht. Das hindert das sächsische Wolfsmanagement nicht daran, jetzt einen Feldversuch anzubieten, ob es nicht vielleicht doch noch eine Möglichkeit gibt. Wo soll das bitte hinführen? Der ultimativ wolfssichere Zaun steht im Wildgehege Moritzburg.«[21]

21 »Weidetierrisse und kein Ende – Erklärung der Rosenthaler Schäfer«, Wolfszone, http://www.wolfszone.de/01home/000main/texte/rosenthaler%20Sch%C3%A4fer.html (Zugriff: 20.06.2022); Ähnlich auch der neueste Offene Brief sächsischer Weidetierhalter (mit Landesbauernverband, Landesjagdverband, FN etc.) an den Ministerpräsidenten vom Mai 2022. Der im Zitat genannte ultimative wolfssichere Zaun be-

In diesem Zusammenhang wird auch gerne vom »sinnlosen Wettrüsten« gegen Wölfe gesprochen. Doch woher kommen diese fatalistischen Sentiments? Zum einen sind sie eine Begleiterscheinung des legal gefestigten Schutzstatus des Wolfs und seiner damit einhergehenden Unantastbarkeit für die Schafhalter (lediglich das Huhu-Rufen bleibt als Mittel zur Gegenwehr, wie der oben zitierte Lausitzer Schäfer berichtete). Sie selbst haben keine Handlungsoption im direkten Umgang mit dem Wolf. In der Selbstwahrnehmung sind ihnen die Hände gebunden, sind sie zum passiven Zuschauen verdammt. Dass ihnen mit dem Herdenschutz durchaus eine zumindest indirekte Handlungsoption zur Verfügung stehen würde, wird nicht als solche gesehen.

Dafür sorgen zum anderen auch die eigenen Kollegen und Kolleginnen. Während das Wolfsmanagement Werbung für den Herdenschutz macht und somit eine praktische Lösung des ›Wolfsproblems‹ in Aussicht zu stellen sucht, kommen demoralisierende Sentiments vor allem aus den eigenen Reihen. Man versichert einander immer wieder, wie schlimm und aussichtslos die Lage sei, bestätigt sich die Befürchtungen gegenseitig und ist zumindest geeint im geteilten Leid. All dies geschieht normalerweise eher beiläufig, doch manchmal werden diese Sentiments auch bewusst geschürt, um für bestimmte politische Lösungen zu mobilisieren, wie ich im nächsten Kapitel noch ausführlich zeigen werde. Wer resigniert und sich für handlungsunfähig hält, so das Kalkül, sucht umso leichter die Pflicht zur Handlung bei anderen. Die Forderung nach Gesetzesänderungen tritt quasi an die Stelle der eigenen Verpflichtung zum Herdenschutz. Während um politische Lösungen gerungen und der Herdenschutz nicht flächendeckend umgesetzt wird, nutzen Wölfe die Gelegenheit, um weiter Schafe zu reißen. Damit steigern sich wiederum die Gefühle der Handlungsohnmacht und Resignation bei den örtlichen Weidetierhaltern und erzeugen so viel Druck, dass Herdenschutz unumgänglich scheint. So könnte man zumindest die aktuelle Situation (Juni 2022) im Westerwald beschreiben, wo der Rüde GW1896m seit über einem Jahr regelmäßig Schafe in ungeschützten Herden reißt (mehr zu diesem Wolf im nächsten Kapitel).

Das Thema Herdenschutz hat sich somit zum Kristallisationspunkt für die Konflikte zwischen Weidetierhaltern und Wölfen, Weidetierhaltern und Wolfsmanagement und unter Weidetierhaltern selbst entwickelt. Komplettiert wird das Bild, wenn man am Beispiel Herdenschutz auch das span-

---

zieht sich auf den Umstand, dass Wolfszäune in Gehegen zur Sicherheit der Besucher über 2 Meter hoch sind und bei weitem die Mindesthöhen von Zäunen zum Herdenschutz übertreffen.

nungsgeladene Verhältnis zwischen Weidetierhaltern und Wolfsfreunden thematisiert. Einerseits bieten Wolfsfreunde, beispielsweise der Verein WikiWolves, Unterstützung beim Zaunbau oder auch Nachtwachen bei der Herde an. Doch ist auch hier bei vielen Weidetierhaltern eine Zusammenarbeit undenkbar, gelten Wolfsfreunde doch als ›romantisch verklärt‹ in ihrem ›verniedlichenden‹, ›naturentfremdeten‹ Wolfsbild, als ›Wolfskuschler‹ eben. Ihre Hilfe anzunehmen, würde bedeuten, die Präsenz der Wölfe als gegeben anzunehmen. Erschwert wird die Beziehung zu diesen unterstützenden Wolfsfreunden noch durch andere Wolfsfreunde, vor allem von Wolfsschutz Deutschland, die bundesweit sogenannte Zaunkontrollen bei Weidetierhaltern durchführen, um den ›korrekten‹ Zustand von wolfsabweisenden Zäunen zu überprüfen und öffentlich zu machen.

Ich hatte im letzten Kapitel bereits Aktionen von Wolfsschutz Deutschland in Rosenthal aus der Sicht eines Rosenthalers beschrieben. Auch im Westerwald ist der Verein aktiv und kontrolliert Zäune.[22] Der **Ärger** durch die Konfrontation mit Weidetierhaltern und -halterinnen ist vorprogrammiert und wird auf Facebook oder gleich vor Ort ausdiskutiert. Das Verhältnis von Weidetierhaltern zu Wolfsfreunden nimmt schließlich geradezu düstere Züge an, wenn Weidetierhalter von Bedrohungen berichten. Ein Ziegenhalter aus Buchholz (im Gebiet des Leuscheider Rudels) beispielsweise wurde am späten Abend an seiner Weide von zwei unbekannten Personen angesprochen und gewarnt, er solle beim Thema Wolf »die Füße stillhalten«, danach verschwanden die beiden wieder.[23] Der Ziegenhalter war Mitinitiator einer regionalen WhatsApp-Gruppe zum Thema Wolf, die Informationen über Wölfe an Tierhalter weitergibt, und sein Name war in diesem Zusammenhang bekannt. Seit diesem Zwischenfall sind er und seine Frau **beunruhigt** und fragen sich, was sie sonst noch an Bedrohungen erwartet. Aus der Sicht der meisten Weidetierhalter sind all dies Beispiele für das Verhalten *der* Wolfsbefürworter insgesamt. Man unterscheidet normalerweise nicht zwischen WikiWolves, Wolfsschutz Deutschland, den anonymen Personen, die Bedrohungen aussprechen, und anderen Wolfsbefürwortern. Was hängen bleibt, sind vor allem

22 »Große Exklusivreportage NRW: Wölfe im Fadenkreuz zwisschen Rotkäppchenhysterie, Anfütterung, Fake-News und geplanter Wolfsverordnung«, Wolfsschutz-Deutschland, 23.12.2021, https://wolfsschutz-deutschland.de/2021/12/23/grosse-exklusivreportage-nrw-woelfe-im-fadenkreuz-zwischen-rotkaeppchenhysterie-anfuetterung-fake-news-und-geplanter-wolfsverordnung/ (Zugriff: 20.06.2022).

23 Interview, Ziegenhalter, Ehepaar, aus Rheinland-Pfalz, 05.07.2021.

die negativen Erfahrungen, die damit für die Sicht auf die Wolfsfreunde und -freundinnen bestimmend werden. Natürlich gibt es auch einige Positivbeispiele erfolgreicher Kooperation (wie etwa in der oben erwähnten Vereinigung des Verbandes der Berufsschäfer mit Naturschutzorganisationen oder den vielen Aktionen von WikiWolves, NABU oder der GzSdW), doch auch hier müssen etablierte Feindbilder oft erst überwunden werden.

»Sie haben keinen Respekt!«: Jäger, Wölfe und andere wilde Tiere

Abbildung 24: Am Ende einer Drückjagd auf dem Truppenübungsplatz Oberlausitz, dem ältesten Wolfsterritorium Deutschlands.

Quelle: Autor

»Die Jäger, ich sage mal, vor allem die alten Jäger, die den Wolf immer noch als Pest sehen. [...] Da wird nicht drüber geredet, man merkt es aber an den Mienen, wenn dann was berichtet wird, was mit dem Wolf erlebt wurde, einmal die Tonlage, wie das geschildert wird, und auch die Reaktionen der Jäger, da merkt man schon, die sind eindeutig dagegen. Ich sage mal, auf der Ebene der Jagdverbände und so, wo auch mehr Diplomatie vorherrscht, da hört man dann andere Töne, wobei ich auch glaube, es ist im Grunde genommen schon eine ganz kritische Haltung. Ich würde auch gerne mal einen Wolf schießen. Ich bin Jäger und es ist jagdbares Wild, normalerweise.«[24]

Wie fühlt es sich an, Jäger, Jägerin zu sein – in dieser Zeit, in dieser Gesellschaft, mit Wölfen? Bevor ich auf diese Frage eingehe, kurz einige Informationen zur Jägerschaft. In Deutschland gibt es eine seit Jahren stetig steigende Anzahl von Jägern und Jägerinnen, 2020/21 waren es 403.420 Jagdscheininhaber, 93 Prozent von ihnen männlich, im Durchschnittsalter von 57 Jahren, aus verschiedensten sozialen Milieus.[25] Wichtig für das Thema Jäger und Wölfe ist, dass die Jägerschaft insgesamt (wenn auch sehr ungleich) gespalten ist – sowohl in ihrem Verständnis der Jagd als auch in ihrem Verhältnis zum Wolf: Auf der einen Seite stehen die ›traditionellen‹ Jäger, organisiert in den Landesverbänden des Deutschen Jagdverbands (DJV), auf der anderen Seite stehen die ›ökologischen‹ Jäger, organisiert in den Landesverbänden des Ökologischen Jagdverbands (ÖJV), hinzukommt eine Anzahl von nichtorganisierten Jägern, die ich hier die Pragmatiker nennen möchte. Ich werde mich in meinen Ausführungen vor allem auf die ›traditionellen‹ Jäger beziehen, da sie nicht nur zahlenmäßig die absolute Mehrheit stellen, sondern auch in ihrem Verhältnis zum Wolf am ›erklärungswürdigsten‹ sind.[26] Der DJV hat über 250.000 Mitglieder und in manchen Bundesländern (Bayern, Rheinland-Pfalz, Niedersachsen) sind mehr als 80 Prozent der Jäger im DJV organisiert.

Der ÖJV kommt zwar insgesamt nur auf ca. 1.900 Mitglieder[27] (vor allem aus den Reihen der Forstbetriebe und Privatwaldbesitzer), doch sind sie institutionell (in Forstämtern, Bundes- und Landesbehörden) gut verankert, sodass ökologische Jagdmethoden in staatlichen Einflusssphären dominieren. Der ÖJV entstand in den 1980er-Jahren in Abspaltung vom DJV und unter heftiger – auch gesellschaftlicher – Kritik an der ›traditionellen Jagd‹.[28] Die ›öko-

---

24 Interview, Jäger, südliches Brandenburg, 12.10.2019.

25 Zahlen und Fakten zu Jägern. Deutscher Jagdverband (DJV), https://www.jagdverband.de/zahlen-fakten/zahlen-zu-jagd-und-jaegern (Zugriff: 20.06.2022).

26 Eine frühe quantitative Studie zur Einstellung zum Wolf in der sächsischen Jägerschaft, vgl. Gärtner, Sigmund/Hauptmann, Michaela: »Das sächsische Wolfsvorkommen im Spiegelbild der Jägerschaft vor Ort – Ergebnisse einer anonymen Umfrage«, in: Beiträge zur Jagd- und Wildforschung 30 (2005), S. 223-230.

27 Unsere Mitglieder. Deutscher Naturschutzring (DNR), https://www.dnr.de/mitglieder/organisationen/oekologischer-jagdverband-ev-oejv (Zugriff: 20.06.2022).

28 Vgl. Bode, Wilhelm/Emmert, Elisabeth: Jagdwende: Vom Edelhobby zum ökologischen Handwerk München: Beck 1998.

logische Jagd‹ steht für eine wissenschaftlich fundierte Jagd als Wildtiermanagement, sie folgt Erkenntnissen der Wildbiologie im Hinblick auf ein Ökosystemmanagement. Der Wolf wird in ihrer Perspektive – wie andere Prädatoren auch – als ein wichtiger Teil funktionierender Ökosysteme gesehen und seine Rückkehr nach Deutschland entsprechend begrüßt.[29] Dies zeigt sich beispielsweise in den guten Verbindungen des ÖJV zu anderen Natur- und Artenschutzorganisationen, etwa in der Plattform Weidetierhaltung und Wolf.[30]

Wenn es um Konflikte mit dem und über den Wolf geht, sind also in der Regel nicht die ökologischen Jäger gemeint, sondern die traditionellen Jäger. Um deren Verhältnis zum Wolf zu verstehen, ist es hilfreich, sich das Verhältnis der Jäger generell zu Wildtieren kurz zu vergegenwärtigen.[31] Für Jäger gibt es eine Kategorie von Tieren, die im Zentrum ihres Interesses steht: das Wild, also die jagdbaren Arten wildlebender Tiere. Zu diesem Wild haben sie ein besonderes Verhältnis, das durch die sogenannte Hege charakterisiert ist. Ähnlich dem Hüte-Verhältnis der Schäfer, ist auch hier die Sorge maßgeblich. Obwohl den Jägern das ›herrenlose‹ Wild nicht gehört, haben sie ein sogenanntes Aneignungsrecht, sofern das Wild sich in ihrem Revier befindet, und damit einen gewissen Herrschaftsanspruch über die Tiere. Ihr Verhältnis zum Wild ist also ein ambivalentes, charakterisiert durch (Für-)Sorge und Verantwortung für dessen Wohlergehen einerseits und den Herrschaftsanspruch mit dem Recht, dem Wild ›nachzustellen‹, d.h. es zu jagen und zu töten, andererseits. Trotz dieser Ambivalenz ist ihr Verhältnis zum Wild recht positiv geprägt: Jäger identifizieren sich mit ihrem Revier und den Tieren darin, sind am Wohlergehen der Population/des Wildbestandes allgemein interessiert und wollen es fördern (damit einzelne Tiere getötet werden können, ohne die Jagd als Ganzes und den Bestand zu gefährden), sie sind fasziniert vom Tierverhalten und erfreuen sich an Beobachtungen (dem »Anblick«), verbessern den Lebensraum ihres Wildes mit künstlich angelegten Suhlen oder durch Anlegen von Wildäckern und sie schützen ihr Wild vor (menschlichen) Wilderern und (tierischem) Raubwild.

---

29 Exemplarisch zu sehen auch in Beiträgen zum Magazin des Ökologischen Jagdverbandes, z.B. Öko-Jagd 2/2021, S. 5-19.

30 »Wölfe und Weidetierhaltung – wie geht es weiter?«, Pressemitteilung, 16.09.2021, in: Ökojagd 4/2021, S. 45.

31 Für weitere Ausführungen, vgl. Gieser, Thorsten: »Hunting wild animals in Germany: conflicts between wildlife management and ›traditional‹ practices of Hege«, in: Michaela Fenske/Bernhard Tschofen (Hg.), Managing the Return of the Wild: Human Encounters with Wolves in Europe. London: Routledge 2020, S. 164-179.

Letzteres bezeichnet die Kategorie von Tieren, die eine Bedrohung ›ihres‹ Wildes darstellen, die Beutegreifer – von Greifvögeln bis hin zu Mardern, Dachsen, Füchsen und eben Wölfen. Für Raubwild gibt es nun keine Hegeverpflichtung und damit entfällt auch die Ambivalenz des Jäger-Tier-Verhältnisses: Es reduziert sich auf die Raubwildbejagung, d.h. auf das Töten eines primär als Schädling (oder »Pest«, wie im Eingangszitat) begriffenen Tieres. Und der Wolf ist Raubwild par excellence (dies umso mehr, als er nicht nur eine Gefahr für das Wild, sondern auch für die geliebten Jagdhunde ist und u.U. sogar für Menschen)! Damit ist erst einmal das Verhältnis zum Wolf in der Jagdpraxis und Jagdtradition eindeutig verortet und bestimmt. Es ist ein negatives Verhältnis, das irgendwo zwischen schlichter **Abneigung** und intensiver **Feindseligkeit** angesiedelt ist. Der richtige Umgang mit dem Wolf ist die Bejagung und Bestandsregulierung (auf ein Minimum), das angemessene Verhalten des Wolfs gegenüber Jägern (und Menschen allgemein) ist die Scheu (als Ausdruck von Respekt und Angst vor dem Spitzenprädator Mensch).

Ob DJV in Deutschland[32], European Federation for Hunting and Conservation (FACE) auf europäischer Ebene[33] oder International Council for Game and Wildlife Conservation (CIC) auf internationaler Ebene[34], überall wird von Jagdverbänden aktive Lobbyarbeit betrieben, um den Wolf (wieder) als jagdbares Wild zu klassifizieren, seinen Schutzstatus abzuschaffen und die reguläre Bejagung zu beginnen. Im »Wildtiermanagement Wolf«-Plan des Aktionsbündnisses Forum Natur (unter Federführung des DJV) werden die einzelnen Schritte klar benannt:

1. Novellierung des Bundesnaturschutzgesetzes mit der Möglichkeit, die Schutzjagd als regelmäßige Ausnahme des §45 anzuwenden.
2. Aufnahme des Wolfs in das Landesjagdrecht mit gleichzeitiger ganzjähriger Schonzeit.
3. Umwandlung der ganzjährigen Schonzeit in eine Jagdzeit.[35]

---

32 https://www.landesjagdverband.de/fileadmin/Medien/LJV/Dokumente/Raubwild/DJV-Positionspapier_Wolf_BJT__19_06_15_wolffinal.pdf (Zugriff: 01.09.2022).

33 https://www.face.eu/2019/10/green-light-for-hunting-as-a-management-tool-for-wolf/ (Zugriff: 01.09.2022).

34 Der CIC gehört – wie der DJV – zu den Mitinitiatoren des nachfolgenden Wolfsmanagementplans des Aktionsbündnisses Forum Natur.

35 https://www.pferd-aktuell.de/shop/wildtiermanagement-wolf-handlungsvorschlag.html (Zugriff: 01.09.2022).

Um dieses Ziel zu erreichen, greifen die Jagdverbände, im Verbund mit den Jagdmedien, massiv das Wolfsmanagement und die Wissenschaft an, stellen deren Glaubwürdigkeit infrage und sähen Misstrauen: »DJV kritisiert intransparente, veraltete Wolfszahlen«; »DJV fordert aktives Wolfsmanagement«; »BfN legt Studie zu möglichen Wolfsterritorien vor. DJV warnt vor Missbrauch der wissenschaftlichen Daten«.[36] In meinen mehr als sechs Jahren Feldforschungserfahrung mit Jägern in Deutschland (zuerst über das Verhältnis zwischen Jägern und Tieren allgemein, dann zu Wölfen, aktuell zu Wildschweinen/Schwarzwild) begegneten mir diese Argumente regelmäßig auch in informellen Gesprächen bei und nach Gesellschaftsjagden und in Interviews mit Jägern. Die Meinungsbildung zum Thema Wolf innerhalb der Jägerschaft orientiert sich im Allgemeinen auffällig entlang den Darstellungen des DJV und der Jagdmedien.

Interessanter wird es, wenn wir die Ebene des öffentlichen Diskurses verlassen und uns dem direkten Verhältnis der Jäger zu Wölfen widmen. Beginnen wir mit einer Drückjagd auf dem Truppenübungsplatz Oberlausitz – wo sich vor über 20 Jahren die erste Fähe niedergelassen hat und seit dieser Zeit im Wolfsterritorium gejagt wird. Der Jagdleiter kommt bei seiner Begrüßung der Jagdgäste (aus ganz Deutschland) auch auf den Wolf zu sprechen:

> »Ich muss Sie darauf hinweisen, dass bei der Jagd Wölfe anwesend sein können. In der Regel ist es dem Wolf eher unangenehm, dass Sie da sind, als umgekehrt. Alle Wölfe reagieren unterschiedlich: Manche Wölfe verlassen die Jagd, wenn es turbulent wird, andere bleiben einfach da. Auf jeden Fall sollten die Treiber auf sich aufmerksam machen und deshalb lassen wir die Hunde etwas später los.

---

36 Schlagzeilen auf der Seite des DJV vom 02.12.2019 (https://www.jagdverband.de/djv-kritisiert-intransparente-veraltete-wolfszahlen), 30.10.2020 (https://www.jagdverband.de/djv-fordert-aktives-wolfsmanagement) und 06.05.2020 (https://www.jagdverband.de/bfn-legt-studie-zu-moeglichen-wolfsterritorien-vor). Zugriff: 20.06.2022; zur jagdlichen Medienberichterstattung, z.B. »10 Irrglauben zum Wolf – Oft behauptet, aber gar nicht wahr«, in: Jäger 12/2017, S. 29-31, »Wölfe in Deutschland – Obergrenze für Isegrim?«, in: Wild und Hund 3/2017, S. 14-21, »Bilanz für einen Rückkehrer – Heimkehrer Wolf in Deutschland«, in: Pirsch 1/2016, S. 24-32, »Wolfspolitik – Eiertanz um Isegrim«, in: Wild und Hund 15/2020, S. 60-65; Wolfsspecial in Jäger 7/2022 unter dem Titel: »Wolfsjagd! – Jetzt wird's ernst« und »Raubwildplage – Tipps und Tricks zum Wolfsmanagement«, S. 24-39; Wild und Hund 11/2022 titelt »Wölfe in Deutschland – Feuer frei auf Isegrim?«, S. 56.

> Wenn Sie Ihren Hund an der Leine haben und ein Wolf sich für Ihren Hund interessiert, was passieren kann, vertreiben Sie ihn mit lautem Klatschen, Brüllen, was auch immer. [...] Und wenn Sie sich immer noch unsicher sind, sperren Sie Ihren Hund besser ins Auto. Wenn Ihr Hund den Stand nicht verlassen will, lassen Sie ihn bei sich. Hunde wissen, was sie tun, und können in der Regel die Gefahr einschätzen. Wenn Sie das Gefühl haben, dass Ihr Hund sich für Wölfe interessiert, setzen Sie ihn wieder ins Auto. Wenn Ihr Hund Sie auf Wölfe hinweist, belohnen Sie ihn nicht dafür. Er sollte keine positive Assoziation mit Wölfen haben. Die Nachsuchenführer sollten ihre Hunde lange an der Leine halten und sie erst unmittelbar vor dem Wild loslassen. Wenn die Wölfe bereits auf der Beute sind, dann haben sie gewonnen und wir lassen sie gewähren. Ich gehe aber davon aus, dass die meisten von Ihnen heute keine Wölfe sehen werden [...].«[37]

Wie sich herausstellte, hatten ziemlich viele Jäger an diesem Tag tatsächlich Wölfe während der Jagd gesehen. Beim »Schüsseltreiben«, dem gemeinsamen Essen nach der Jagd, standen die Jäger und Jägerinnen überall in kleinen Gruppen und unterhielten sich über die Jagd und das, was sie gesehen hatten. Es ist bei diesen Gelegenheiten üblich, über den »Anblick« zu sprechen, den man hatte. Beobachtungen von Wölfen gesellten sich zu Beobachtungen von Rothirschen, Rehen und Wildschweinen und für die meisten Jäger schien das nicht so außergewöhnlich oder beunruhigend zu sein. Eine junge Jägerin mit einem kleinen Jagdhund hatte allerdings eine etwas beunruhigende Begegnung mit Wölfen gehabt. Sie war auf einem Hochsitz postiert, ihr Hund wartete unten auf dem Boden. Irgendwann während der Jagd kam ein ganzes Rudel Wölfe und ließ sich etwa 30 Meter entfernt von ihr nieder, beobachtete sie und blieb fast eine halbe Stunde lang. Nach ein paar Minuten fand sie das so beunruhigend, dass sie hinunterkletterte und ihren Hund mit auf den Hochsitz nahm. Am nächsten Tag nahm sie ihn von Anfang an mit auf den Sitz.

Dieses Beispiel zeigt, dass Jäger und Jägerinnen sich in einer besonderen Situation befinden, die sie von anderen unterscheidet und die teilweise ihre besondere Haltung zu Wölfen erklärt. Sie sind diejenigen, für die eine echte Begegnung mit Wölfen am wahrscheinlichsten ist. Sie suchen die gleichen Orte wie Wölfe auf, wenn sie zur Jagd gehen. Sie sind dort zur gleichen Zeit wie Wölfe, also in der Abenddämmerung, in der Nacht und in der Morgendämmerung. Sie gehen der gleichen Tätigkeit, der Jagd, nach und sie jagen die

---

37 Mitschrift der Rede, Feldnotizen, 13.12.2020.

gleichen Tiere – Rothirsche, Rehe und Wildschweine. Begegnungen sind unter diesen Umständen vorprogrammiert und können aus Sicht der Jäger mehr oder weniger beunruhigende Formen annehmen: Sichtungen auf Distanz, Begegnungen direkt am Ansitz, Begegnungen mit Jagdhund und Begegnungen am geschossenen Tier (auch bei der »Nachsuche« mit Hund auf angeschossenes Wild). In dem obigen Beispiel beschrieb ich, wie die meisten Jäger Sichtungen (auf Distanz) ganz unaufgeregt hingenommen haben. Doch immer wieder gibt es auch Begegnungen, die dann doch für Aufregung sorgen – selbst wenn eigentlich nie etwas passiert ist (aber, wer weiß was passieren könnte). So auch in der folgenden Erzählung eines Jägers bei einer Drückjagd auf dem Truppenübungsplatz ein Jahr zuvor:

> »Ich habe dem Herrn X [vom Bundesforst] ein Foto gezeigt von einem Wolf von der letzten Drückjagd im November 2018. Den habe ich aus zwei Meter Entfernung fotografiert. Der kam schnurstracks auf mich zu. Der hat mich auf 50 Meter gesehen. Das war eindeutig, wir haben uns in die Augen geguckt. Der kam bis auf zwei Meter an mich ran [...] auf dem Drückjagdbock [...] und hat da vor dem Drückjagdbock markiert und dann hat er sich umgedreht, hat mir den Rücken zugedreht, der hat mich keines Blickes mehr gewürdigt, und ich konnte die noch zehn Minuten sehen, wie der sich davon gemacht hat, in aller Seelenruhe. Das sind die einzigen Tiere im Wald, die sich so verhalten, tut mir leid [...].«[38]

Es fällt auf, wenn man Erfahrungsberichte von Wolfsbegegnungen von Jägern hört, dass im Zentrum ihrer Erzählung oft das (für sie) außergewöhnliche Verhalten steht. Wölfe verhalten sich nicht so wie anderes Wild, nicht so, wie man es von Tieren kennt: »Man muss schon differenzieren: Es gibt Raubtiere und Schweine oder anderes Wild, die keine Raubtiere sind. Und ein Raubtier ist halt unberechenbar, hat einen freien Willen und ist intelligent.«[39]

Wölfe scheinen einen eigenen Willen zu haben und folgen anscheinend nicht einfach instinktgetriebenen Verhaltensautomatismen. Sie sind nicht einmal scheu, so wie man es von einem wilden Tier erwarten würde, d.h. sie flüchten nicht sofort, wenn sie einen Menschen wahrnehmen Das finden Jäger im höchsten Maße beunruhigend. In diesem Zusammenhang erwähnen sie meist, Wölfe würden sich ›respektlos‹ verhalten, indem sie keine Scheu zeigten. In dem Beispiel der Begegnung auf dem Drückjagdbock kommt der

38 Interview, Oberbürgermeister von Bautzen/Jäger, aus Sachsen, 16.12.2019.

39 Interview, Jäger, südliches Brandenburg, 12.10.2019.

Wolf direkt auf den Jäger zu, obwohl er ihn gesehen hat (anstatt Hals über Kopf zu flüchten), markiert dann noch sein Revier am Jagdstand (wie um zu provozieren) und kehrt ihm den Rücken zu (du kannst mir ja eh nichts!), ohne den Jäger noch eines Blickes zu ›würdigen‹. Der Wolf wird demnach von Jägern als ein Tier wahrgenommen, das die überlegene Herrschaftsstellung der Jäger in ›ihrem‹ Revier nicht anerkennt und sich einfach darüber hinwegsetzt. Es scheint eine Art Affront zu sein.

Und dieser Affront ist umso beunruhigender, als Jäger dem Wolf mehr zutrauen als andere, mit denen ich im Verlauf meiner Forschung gesprochen habe. Niemand sonst hält Wölfe für so gefährlich, selbst für Menschen. Diese angebliche Gefahr von Wölfen für Menschen wird natürlich oft auch als Argument im politischen Kampf um die Einführung der Bejagung benutzt und muss deshalb kritisch hinterfragt werden. Doch scheint es mir plausibel anzunehmen, dass Jäger hier kein Argument rein für politische Ziele vorschieben: In ihren Augen sind Wölfe wirklich gefährlich. Bei manchen führt das schlicht zu vermehrter Vorsicht und Wachsamkeit:

> »[Jäger:] Grundsätzlich ist es so: Ich will mit dem Wolf nichts zu tun haben. Ich bin hier groß geworden in einer Kulturlandschaft, wo man am Ende der Nahrungskette ist. Und als ich das erste Mal in Afrika gewesen bin und ich die Präsenz von Großprädatoren spürte, dachte ich mir, oh, das Gefühl kanntest du noch nicht. Und das habe ich jetzt hier vor der Haustüre und ich muss sagen, ich habe ein Jahr gebraucht, bis ich mich dran gewöhnt habe. Mittlerweile ist es Routine, dass ich die Wälder abgucke, die Felder, die Waldränder, wenn ich mit dem Hund draußen spazieren gehe.
>
> [Interviewer:] Du fühlst dich also auch selbst bedroht?
>
> [Jäger:] Ja, ich fühle mich nicht wohl mit dem Wolf. Ich habe zwei Terrier. Der Watson ist ein gemütlicher, kleiner Terrier, neun Jahre alt. Ich habe auch das Gegenteil, einen Border Terrier, zwei Jahre alt, der Idefix, der würde sich eben auch mit großen Hunden anlegen, […] da weiß ich, der würde sich auch mit Wölfen anlegen […].Wenn ich jetzt alleine im Revier unterwegs bin und ich hab meinen Idefix dabei und es kommt ein Wolf und greift uns an oder er steht knurrend vor mir. Was mache ich dann? Ich kann ja nichts tun. Wenn ich den auf den Arm nehme, springt der [Wolf] mir vielleicht an den Arm dran, ich weiß es ja nicht. Es gibt ja auch schon Jagdhunde, die vom Wolf gerissen worden sind in Deutschland.

> [Interviewer:] Einen, oder?
>
> [Jäger:] Nach offiziellen Zahlen! (lacht). Wir haben hier oben im Westerwald, wenn du mal hier hochfährst, Rettersen die Ecke, im Leuscheid, wieviel Fichtenwälder, die mittlerweile abgerodet sind. Wenn ich hier in der hiesigen Jägerschaft frage, wer kommt denn auf die Drückjagd bei uns, [...] kriege ich keinen Hundeführer dazu, seine Hunde da rumspringen zu lassen [...], ich kriege keine Treiber mehr, die kommen nur noch mit Kurzwaffen. [...] Ja, wirklich [...].«[40]

Auch wenn es bisher keinen einzigen dokumentierten Angriff von Wölfen auf einen Menschen in Deutschland gegeben hat und nur ein Jagdhund in einer nichtjagdlichen Situation von Wölfen getötet wurde, so schüren vor allem die Jagdmedien auch hier Misstrauen gegenüber diesen Zahlen und bringen regelmäßig Berichte von angeblichen Angriffen auf Jäger und Jagdhunde.[41] Eine gewisse Atmosphäre der Angst gegenüber Wölfen ist daher in der Jägerschaft weit verbreitet (vor allem in Nicht-Wolfsregionen) – wobei sich nicht jeder davon anstecken lässt und mancher das für übertrieben hält.

Abgesehen von Begegnungen mit Wölfen treibt die Jägerschaft auch die bloße Anwesenheit von Wölfen im Revier um und die Frage, welche Auswirkungen das auf ›ihr‹ Wild, ›ihr‹ Revier und die Jagd als Ganzes hat. Das Wild würde sich anders verhalten, sei unberechenbar geworden und die Jagd deshalb schwieriger. Rehe seien heimlicher geworden, würden sich kaum noch zeigen, und der Bestand sei sehr gesunken. Rothirsche und Wildschweine täten sich zu riesigen »Angstrudeln« bzw. »Angstrotten« zusammen, um sich vor dem Wolf zu schützen, und verursachten so massive Schäden im Wald und auf Feldern. Einzelne Tiere hier herauszuschießen sei schwierig und so gingen die Streckenzahlen nach unten und Abschusspläne könnten nicht erfüllt werden. Dies sind einige der gängigsten **Sorgen** von Jägern mit Revieren im Wolfsgebiet.[42] Diese Umstände würden wiederum die Jagdreviere unattraktiv machen: Jäger fragen sich, wieso sie für solche Reviere mehrere Tausend Euro Pacht pro Jahr zahlen sollen. Eigentümer, die Reviere verpachten wollen,

---

40 Interview, Jäger, aus Rheinland-Pfalz, 05.07.2021.

41 Z.B. »Lebensgefahr? – Jagdhunde im Wolfsrevier«, in: Wild und Hund 11/2015, S. 30-35.

42 Z.B. Interview, Jäger, aus Rheinland-Pfalz, 27.04.2020 oder Interview, drei Jäger, aus Brandenburg, 29.07.2021., vgl. »Folgen für die Jagd – Wenn er da ist«, in: Wild und Hund 12/2016, S. 16-22.

finden keine Jagdpächter. So auch der Oberbürgermeister von Bautzen (selbst Jäger), der Probleme mit der Verpachtung seines Stadtwaldes hatte:

> »Wir sind dabei, unseren Stadtwald neu zu verpachten. Das sind 1500 Hektar Wald und Berg. Bis vor ein paar Jahren war es eines der wildreichsten Gebiete in Ostsachsen und ich habe am Wochenende jemandem, einem Wolfsbefürworter, erzählt, dass wir bei der Drückjagd im November den ersten Rehbock in diesem Jahr erlegt haben, was für diese Gegend extrem ungewöhnlich war. [...] Vor drei Jahren war das noch so, da konnte man abends rausgehen und wusste, dass man in zwei Stunden wieder zu Hause ist, weil man drei oder vier Rehe hatte, von denen man sich das richtige zum Schießen ausgesucht hatte. Jetzt, wie gesagt, haben wir im gesamten Jagdjahr den ersten Rehbock im November bei der Drückjagd erlegt. Das ist äußerst ungewöhnlich. Vorher gab es insgesamt nur sehr wenige Rehe, also viel weniger als in den letzten Jahren. Und das gleich am Ende der Pachtperiode. Bis heute haben wir auf die Ausschreibung hin keinen einzigen Antrag erhalten. Das ist auch sehr ungewöhnlich, weil das eigentlich ein sehr schönes Gebiet ist, also auch landschaftlich sehr reizvoll [...].«[43]

Insgesamt sieht der Oberbürgermeister im Wolf letzten Endes eine Bedrohung für die Jagd an sich und die Jagdtradition:

> »Natürlich ist es auf der einen Seite schön zu sehen, dass die Wölfe überleben könnten, wenn wir sie nicht jagen würden. Aber das hat einen spürbaren Einfluss auf die Jagdtradition. Das finde ich relativ bedenklich. Die Jagd ist [...] eine Tradition, die so alt ist wie die Menschheit selbst. Sie unterliegt natürlich in der Kulturlandschaft sehr starken Restriktionen und ist in Deutschland extrem streng geregelt. Das ist alles gerechtfertigt. Aber wir haben heute Jagdgebiete, in denen die Jagd im Prinzip fast aussichtslos ist, in denen es keine Chance gibt, mit irgendeiner Regelmäßigkeit etwas zu schießen [...]. Alles in allem nehmen die Jäger wahr, dass die Jagd wegen der Wölfe schwieriger geworden ist, und das ärgert sie natürlich, wenn sie sich anhören müssen, dass das gar nicht stimmt, macht nicht so ein Theater, teilt etwas mit den Wölfen [...] ihr könnt alles machen. Ich bin auch nicht dafür, die Wölfe auszurotten, aber ich habe das Gefühl, dass wir eine so dichte Population haben, dass es nicht schaden kann, wenn sie jetzt nach dem Jagd-

43 Interview, Oberbürgermeister von Bautzen/Jäger, aus Sachsen, 16.12.2019.

> recht behandelt werden, dass sie zu bestimmten Zeiten geschossen werden können.«[44]

Der Konflikt mit dem Wolf scheint sich also in einen größeren Konflikt einzureihen, der die Jägerschaft schon seit Jahrzehnten beschäftigt. Man fühlt sich beständigen Angriffen der Gesellschaft insgesamt, des Staates und insbesondere vonseiten des Naturschutzes ausgesetzt.[45] Jäger und Jägerinnen scheinen sich in einem permanenten Rechtfertigungsdruck zu befinden. Nicht nur werden seit den 1970er-Jahren grundlegende Jagdtraditionen wie die Trophäenjagd oder die Hege kritisiert.[46] In den letzten beiden Jahrzehnten steht gesellschaftlich auch die Jagd an sich zur Disposition. Ethiken des Tierschutzes werden verstärkt diskutiert und sind keine Minderheitsposition mehr, sondern haben Eingang in die Mehrheitsgesellschaft gefunden. Man könnte mit Michaela Fenske und Marlis Heyer sagen, dass wir gerade zu Beginn des 21. Jahrhunderts unser Verhältnis zu Tieren sichtbar und spürbar neu definieren.[47] Nicht nur das Essen von tierischen Produkten ist nicht mehr selbstverständlich, auch das Töten von Tieren und damit die Jagd ist es nicht mehr. Auch wenn die Anzahl der Jäger in Deutschland stetig steigt, sehen sich viele Jäger gesellschaftlich am Pranger stehend und nicht geachtet. Selbst der Grauhund (Wolf) wird dem Grünrock (Jäger) anscheinend vorgezogen, wie es ein Kommentator in der *Deutschen Jagdzeitung* ausdrückt:

> »Nein, es geht nicht darum den Teufel an die Wand zu malen. Und es wird von Regierungsseiten wohl auch kein großangelegtes ›Entsorgen‹ der deutschen Jägerschaft angestrebt. Aber: Die im Artikel genannten Vorkommnisse sind weder Einzelfälle noch nachvollziehbar. Komisch. Und wir erinnern uns an Wölfe mit italienischem oder französischem ›Pass‹, die erstmals in NRW oder Brandenburg in Erscheinung traten. Nach tausenden von Kilometern Wanderung über Autobahnen und an Großstädten vorbei. Sie kamen wie aus dem Nichts. Auch das ist komisch. Und dann sind da noch die Grünen. In immer mehr Landesregierungen reißen sie sich das Thema Jagd

---

44 Interview, Oberbürgermeister von Bautzen/Jäger, aus Sachsen, 16.12.2019.

45 Vgl. das Titelthema Jagdgegner der Zeitschrift Jäger 4/2017, auf dem Cover angekündigt als: »Jagen in postfaktischen Zeiten – Ende der Idylle; Drohkulissen: Wer unsere Gegner sind; Wahlchancen: Wo die Grünen wegmüssen; Kampagnen: Wie wir uns endlich wehren«.

46 W. Bode/E. Emmert: Jagdwende.

47 M. Fenske/M. Heyer: Wer zum Haushalt gehört.

> unter den Nagel. Schustern dann neue Gesetze zusammen, die das Weidwerk kastrieren. Dafür wird Isegrim eine zeitgemäße Willkommenskultur spendiert. Echt komisch.«[48]

Zum **Ärger** über »die Grünen« gesellt sich dann auch noch der **Neid** auf den Wolf. In der Perspektive der Jäger ist der Wolf ›heiliggesprochen‹, ist unantastbar und darf sich ausbreiten, wie er will. Der Wolf werde sichtlich höher geschätzt als das eigentliche Wild der Jäger – selbst, wenn er beispielsweise das vor über 100 Jahren von Jägern ausgewilderte Mufflon-Schaf in den Königshainer Bergen zwischen Bautzen und Görlitz ausrottet.[49] Zudem dürfe der Wolf sich ungehindert ausbreiten, wohingegen das geliebte Rotwild nur in wenigen ausgewiesenen Rotwildgebieten ausbreiten könne.[50] Der Wolf werde bevorzugt behandelt, zum Nachteil des heimischen Wildes und damit auch der Jägerschaft selbst.

Es gibt also viele Gründe, wieso man sich als Jäger über Wölfe aufregen und sich gegen sie engagieren könnte. Doch manchen Jägern (vor allem in Nicht-Wolfsgebieten) ist das alles zu viel, sie wollen deshalb erst gar nichts mit dem Wolf zu tun haben. Sie wollen sich am liebsten raushalten und einfach weiterhin nur jagen gehen. Grund dafür ist, dass man sich allgemein potenziell bedroht fühlt, wenn man sich in Sachen Wolf in irgendeiner Form engagiert. Wolfsfreunde würden dann im eigenen Revier auftauchen und herumschnüffeln, würden Hochsitze ansägen und mit Klagen drohen.[51] Ähnlich wie bei den Schäfern gibt es in der Jägerschaft ein unterschwelliges **diffuses Angstgefühl**, zur Zielscheibe dieser Wolfsfreundinnen zu werden. Fast jeder Jäger hat von diesen Geschichten gehört, in denen die Angst auch ganz konkrete Ursachen hatte. Ein Jäger aus dem Gebiet des Leuscheider Rudels beispielsweise erzählte mir zuerst von der diffusen Atmosphäre der Angst im Hinblick auf die Wolfsfreunde:

> »Was mache ich, wenn der Wolf kommt? Ich laufe wirklich nur noch – ich hab dem X ein Foto geschickt – da liegt meine kleine PKK [Pistole], die habe ich dabei, die passt in die Jackentasche. Und wenn ich nur einen Warnschuss in

48 Hans Jörg Nagel: »Komisch. Grauhund statt Grünrock?«, DJZ online vom 14.01.2016. https://djz.de/komisch-grauhund-statt-gruenrock-3777/ (Zugriff: 20.06.2022).

49 Interview, Oberbürgermeister von Bautzen/Jäger, aus Sachsen, 16.12.2019; »Muffelwild – Verschwinden vorprogrammiert«, in: Wild und Hund 5/2022, S. 14-20.

50 Interview, Kreisjagdmeister, aus Rheinland-Pfalz, 18.02.2020.

51 Interview, zwei Jäger, aus Rheinland-Pfalz, 02.03.2020.

den Boden abgebe. [...] Aber meine Schwierigkeit ist ja auch, da ist kein sachlicher Umgang. Du kannst hundertprozentig davon ausgehen, selbst wenn ich jetzt mit meinem Hund im Wald unterwegs bin [...] und der Wolf greift meinen Hund an oder droht anzugreifen und ich meine mich verteidigen zu müssen und schieße den Wolf, dann kann ich davon hundertprozentig ausgehen, dass ich auf jeden Fall angezeigt werde, weil mir irgendjemand unterstellt, auch wenn ich es nicht wollte, ich wollte den mit Absicht, vorsätzlich töten, weil mir der ein Dorn im Auge ist. Das ist so sicher wie das Amen in der Kirche, dass das passieren würde, weil es keinen sachlichen Umgang mehr gibt. Ich als Jäger muss jetzt immer befürchten, wenn ich irgendwas mit dem Wolf zu tun hab, dass mir immer die Klage ins Haus steht und dann hab ich [...] einen Prozess. Das brauch ich nicht. Es ist ja kein sachlicher Umgang mehr.«[52]

Dann gibt es jedoch auch noch diese konkreten, nichthypothetischen Ereignisse, die die Atmosphäre der Angst befeuern:

»Und dann bin ich zwei Wochen später nachts auf dem Hochsitz gesessen, um Sauen zu bejagen, das war glaube ich 23 Uhr, und dann sah ich, kurz nachdem ich mich da hingesetzt hatte, sah ich Leute mit der Taschenlampe über die Felder laufen und in die Hochsitze reinleuchten und in den nächsten Hochsitz und den nächsten. Dann standen die vor meinem Hochsitz und haben gesagt, Bist du X? Und da hab ich gesagt, Ja [...] wer will das wissen? Ich dachte, es wäre jemand aus der Bevölkerung, weil ich eigentlich einen guten Draht zur Bevölkerung dort hab, und dann hab ich die Antwort gekriegt: ›Pass auf, was du mit dem Wolf machst. Wir haben dich im Auge!‹, und dann sind die wieder weg. Und das brauch ich nicht, das brauch ich nicht. Mir haben sie schon zwei Mal die Reifen platt gestochen und das Auto zerkratzt und die Hochsitze angesägt. [...] Ich geh nicht mit Gewalt oder Bedrohung vor, das widerspricht meiner Natur, bei mir ist das immer [...] auf sachlicher Basis kann man miteinander reden und wenn man anderer Meinung ist, dann ist das so. Aber das war wirklich grenzüberschreitend in einer Art [...], das hab ich auch meiner Frau nicht erzählt, die würde mich nie wieder raus lassen, weil sie Angst um mich hätte.«[53]

52 Interview, Jäger, aus Rheinland-Pfalz, 05.07.2021.

53 Interview, Jäger, aus Rheinland-Pfalz, 05.07.2021.

Fassen wir das bisher Gesagte über die Gefühlswelt der Jäger und Jägerinnen in Bezug auf den Wolf zusammen: Sie ist typischerweise geprägt von einer gewissen Angst vor (potenziellen oder tatsächlichen) Bedrohungen durch Wolfsfreunde; Neid auf den Wolf als Tier, das behandelt wird, als würde es über dem eigenen Wild stehen; einem generellen Gefühl des Angeklagt- und Angegriffenwerdens vonseiten der Naturschützerinnen und der Gesellschaft als Ganzes, inklusive des Gefühls, sich permanent als Jäger rechtfertigen zu müssen; Sorgen um den Verlust der Jagdtradition und der Jagd an sich; Sorgen über die Auswirkungen der Wolfspräsenz im eigenen Revier und auf ›ihr‹ Wild angesichts der Hege-Beziehung; Abneigung bis Feindseligkeit gegenüber dem Wolf als Raubwild; und Angst vor dem Wolf als potenzielle Gefahr für das eigene Leben während der Jagdausübung.

Vor diesem Hintergrund versteht man nun besser, wieso es innerhalb der Jägerschaft auch einen Möglichkeitsraum für starke **Aggressionsgefühle,** für **Hass** auf Wölfe gibt. Dieser Hass speist sich aus der gesamten hier skizzierten Gefühlswelt. Er beinhaltet natürlich Sentiments gegenüber dem Wolf, aber auch Sentiments gegen andere soziale Akteure und speist sich schließlich aus dem generellen Ethos des Jägerseins heutzutage. In diesem Hass vermischen sich die Elemente der Gefühlswelt, verstärken sich gegenseitig und schaffen die Grundlage für einen letzten Möglichkeitsraum: die illegale Tötung von Wölfen.

> »Knallhart zu sagen: Wir machen das so. Punkt. Früher hätte es gar keine Wölfe gegeben; bei den alten Forstbeamten hätte es geheißen: ›Meine Herren, dieses Gebiet ist wolfsfrei. Ich will nichts mehr davon hören‹. Da hätte man das stillschweigend geklärt […]. Deswegen ist das so symptomatisch für so eine Passivität […]. Man muss doch nur fragen, warum die Wölfe in der Vergangenheit ausgerottet wurden. Wenn man das dann weiß, weiß man auch, dass es heute wieder so sein muss. Da braucht man sich nicht im Detail verheddern […]. Da muss man nur mit gesundem Menschenverstand argumentieren. Und dann holen die auch noch Wölfe rein. Und das lassen sich die Jäger auch noch gefallen […].«[54]

Hier haben wir den verletzten Stolz, den verlorenen Herrschaftsanspruch, das Erduldenmüssen, die Gefährlichkeit der Wölfe, die Weisheit der alten Jäger und das klare, kompromisslose Handeln, das die Lösung bieten würde. Radikaler formuliert seinen Hass der Jäger und Anwalt für Jagdrecht Dr. Heiko

54 Interview, Jäger, aus Hessen, 02.11.2019.

Granzin, der unter anderem in Artikeln der *Deutschen Jagdzeitung* Jäger über die Grenzen der Legalität eines Wolfsabschusses aufklärt und seine juristische Unterstützung denen anbietet, die sie dann doch mal brauchen (wie der niederländische Jäger, der bei einer Drückjagd in Brandenburg einen Wolf erschoss und vor Gericht von Rechtsanwalt Granzin vertreten wurde):

> »›Meinetwegen soll der Grauhund zur Hölle fahren!‹ Darf ich das sagen? Ja, darf ich! Mein Beruf nimmt mir nicht das Recht auf freie Meinungsäußerung, und es ist vollkommen egal, ob mir PETA oder völlig verwirrte Wolfsschmuser die Pest an den Hals wünschen. Als Jäger, Hundeführer, Hobby-Tierhalter und Nicht-Verbandsfunktionär muss ich nicht ›mit den Wölfen heulen‹ und geheuchelte Durchhalteparolen im Sinne von ›Die Kreisjägerschaft XY begrüßt die Wiederkehr des Wolfes‹ nachbrabbeln. Nein – immer, wenn ich irgendwo lese, dass einer der Grauen auf der Autobahn zu Brei gefahren wurde, huscht ein Lächeln über mein Gesicht. Doch der Straßenverkehr allein wird die fortschreitende Bestandsexplosion dieses jagdlichen Mitessers nicht aufhalten. Warum also nicht einfach zur Büchse greifen? Ganz einfach: Weil es (noch) nicht legal ist. Ganz verboten ist es allerdings auch nicht [...].«[55]

Wenn zu diesem Hass dann noch die rechte Gelegenheit kommt und die Mittel vorhanden sind, ist es nicht mehr weit zur illegalen Tötung eines Wolfs, wie mir ein Jäger aus der Lausitz nach dem Interview erklärte (als das Aufnahmegerät ausgeschaltet war).[56] Es passiert beim Nachtansitz auf Wildschweine, wenn man sowieso stundenlang im Dunkeln sitzt. Plötzlich taucht da statt einer Sau ein junger Wolf auf (es sind immer die Welpen oder Jährlinge, die Erwachsenen sind nicht so blöd). Dann nutzt man eben die Gelegenheit und schießt den. Schließlich ist man ja bestens mit Nachtsichttechnik ausgestattet – auch der illegalen, die man von niederländischen Jagdgästen bekommen hat. Nein, er hat keine Probleme mit seinem Wildbestand, der ist super. Und nein, er hat keine Probleme mit Wölfen, sagt er und grinst.

Raus aus der Passivität, raus aus dem Erdulden von allem, was die Grünen, PETA etc. einem vorsetzen, nicht mehr still alles runterschlucken, sondern selbst wieder aktiv werden, selbst die Probleme lösen, im eigenen Revier seinen Herrschaftsanspruch geltend machen, den Wolf zum jagdbaren Wild

55 »Notwehr gegen Wolf: Wenn Isegrimm die Zähne fletscht«, in: DJZ 1/2019, S. 8-9.

56 Interview, Jäger, aus Sachsen, 09.03.2022.

machen, wie es doch immer schon war, und den Wolf töten, wie es Jäger immer schon getan haben. Schließlich ist er gefährlich und eine Bedrohung für das Wild, das man schützt. Die ›Normalität‹ wieder herstellen.

Es sind die möglichen Extreme der Gefühlswelt, die ich hier abschließend beleuchten wollte. Deren Ansätze halte ich aufgrund von sechs Jahren Forschung mit Jägern für weit verbreitet, das Extrem nicht. Ich hoffe gezeigt zu haben, dass eine Reihe von Faktoren dazu beitragen kann, die affektive Dynamik hin zu gesteigerten Aggressionsgefühlen eskalieren zu lassen. Dieselben Faktoren können sie innerhalb einer anderen Dynamik auch beschwichtigen und abklingen lassen.

»Sie berühren etwas tief in mir«: Wolfsfreunde und Wölfe

Abbildung 25: Warten auf Wölfe in der Oberlausitz.

Quelle: Autor

An einem Aussichtspunkt in der Nähe von Hoyerswerda, Lausitz. Ich bin im ›Mekka‹ der Wolfsfreunde in Deutschland, im Territorium des Knappenrode-Seenland-Rudels, wo wahrscheinlich mehr Wölfe gesichtet wurden als an jeden anderen Ort in Deutschland – ich vermute sogar, mehr als an jedem anderen Ort in Europa. Hier finden sich zu jeder Jahreszeit, doch vor allem in den Sommermonaten, nachdem die Welpen den Bau verlassen haben und mit den Älteren unterwegs sind, Wolfsfreunde und -freundinnen jeglicher Couleur ein. Mit bloßen Augen, mit Ferngläsern, Spektiven oder Kameras halten sie in den Stunden der Morgen- oder Abenddämmerung Ausschau nach Wölfen. Manchmal sind es nur ein paar wenige, die sich einfinden, manchmal auch bis zu 20, die in einer dichten Reihe ganz vorne stehen, ihre Ausrüstung und Campingstühle aufgebaut, mit Essen und Trinken versorgt, im Winter gut eingepackt und vor der Kälte einigermaßen geschützt, im Sommer mit Autan eingesprüht, um sich der Mücken zu erwehren. Dort stehen oder sitzen sie stundenlang, meist schweigend, oft ohne einen Wolf zu sehen. Einige freuen sich dennoch über die Sichtung eines Rehs, eines Wildschweins, der Kraniche, eines Ziegenmelkers oder eines Fischadlers. Die Einheimischen hier kennen sich meistens schon und grüßen sich mit der Frage: Und, schon was gesehen? Waren sie schon da? Unter ihnen enthusiastische Wolfsfans, die hier einen Großteil ihrer Freizeit zu verbringen scheinen; Naturbegeisterte, die erst spät zum Wolf gefunden haben, oder auch nur Menschen aus dem Nachbardorf, die kurz mit dem Rad vorbeifahren, um zu gucken, ob sie dann doch noch einen Wolf erblicken können; oder der Koch aus Hoyerswerda, der seine Mittagspause hier verbringt, in der Hoffnung, etwas zu sehen; oder der Schichtarbeiter, den es nach getaner Arbeit hierherzieht. Zu ihnen gesellen sich Wolfsfreunde, die aus ganz Deutschland anreisen. Manche kommen für einen Wochenendtrip aus Berlin in die Lausitz, andere bleiben gleich ein oder zwei Wochen. Wiederum andere haben ein touristisches Wolfsseminar gebucht oder ein paar Tage mit einem der lokalen Naturführer. Meist ist es ruhig hier, oder man hört leises Geflüster von denen, die neben einem stehen. Doch wenn plötzlich ein »DA!« ertönt, Kameras hektisch geschwenkt werden, gefolgt von fast schon verzweifelten Rufen von »WO? WO? ICH SEH NIX!«, dann kommt Leben in die Runde und Freude bricht aus! (es sei denn, es war dann doch nur ein Hase oder ein Reh, das man auf Entfernung mit einem Wolf verwechselt hat).[57]

Wie man anhand dieser kurzen Vignette sieht, gibt es – ähnlich wie bei den Schäfern und Jägern – verschiedene Arten von Wolfsfreunden. Diese unterscheiden sich zwar nicht unbedingt grundlegend, aber in manchen Dingen

---

57 Rekonstruktion eines ›typischen Tages‹ am Aussichtspunkt auf der Grundlage von Feldnotizen aus drei Jahren.

dann doch so sehr, dass ich, wo nötig, die Unterschiede explizit erwähnen werde. Sie werden vor allem auf der Organisationsebene sichtbar, auf der man in Bezug auf den Wolf Tierschutz-, Artenschutz- und Naturschutzorganisationen findet. Tierschützerinnen (exemplarisch hierfür: Wolfsschutz Deutschland e.V.) sorgen sich um und für jeden einzelnen Wolf. Da für sie der Wolf als Individuum wichtig ist, nimmt auch ihre Beziehung zu Wölfen oft einen tiefen, persönlichen und intensiv-affektiven Charakter an, der bei den anderen beiden Organisationsarten weniger ausgeprägt ist. Im Fokus der Artenschützerinnen (z.B. die Gesellschaft zum Schutz der Wölfe e.V. – GzSdW) steht der Wolf als Art. Für die Art zu sorgen, kann dann gegebenenfalls auch bedeuten, einzelne Wölfe für die Erhaltung der Art zu ›opfern‹ (was wiederum für Tierschützer undenkbar ist). Naturschützer (z.B. NABU) schließlich haben größere ökologische Zusammenhänge im Fokus, in denen eine einzelne Art ihre Bedeutung erst im Beziehungsgeflecht zu anderen Arten und ihrer übergeordneten Bedeutung für ein Habitat oder Ökosystem erhält.

Arten- und Naturschutz gehen meist Hand in Hand (lediglich mit unterschiedlicher Schwerpunktsetzung) und grenzen sich im Eigenverständnis vor allem gegen den Tierschutz ab, der in ihren Augen zu ›radikal‹ scheint. Umgekehrt scheint den Tierschützern oft der Arten- und Naturschutz nicht weit genug zu gehen. In Sachen Wolf ist festzustellen, dass die Arten- und Naturschutzorganisationen gut vernetzt sind – auch mit entsprechenden Organisationen von Tierhalterinnen oder Jägern, wie ich weiter oben schon gezeigt habe. Tierschützer sind in dieser Hinsicht eher isoliert und werden in der öffentlichen Debatte marginalisiert (sie sind aber mit anderen Tierschützern vernetzt, z.B. mit PETA oder Anti-Jagd-Organisationen). Während meiner Feldforschung fiel auf, dass Wolfs-Tierschützer die einzige Gruppe darstellten, mit denen niemand zu tun haben wollte. Ich hatte schon die Bedrohungsszenarien erwähnt, die ihnen seitens der Schäfer und der Jäger angelastet werden. In diesem Abschnitt werde ich versuchen, die Gefühlslage der Tierschützer selbst mit zu berücksichtigen.

Wichtig festzuhalten ist auch, dass die Wolfsfreunde von allen drei Akteursgruppen die heterogenste Gruppe darstellen. Sie ist keine *community of practice*[58] wie die Schäfer oder Jäger, die trotz teilweise diverser sozialer Herkünfte durch eine geteilte Praxis (des Jagens, der Schäferei) gemeinsame Nor-

58 Zum Begriff der community of practice, vgl. Lave, Jean/Wenger, Etienne: Situated Learning. Legitimate Peripheral Participation, Cambridge: Cambridge University Press 1991.

men, Werte und Gefühlswelten entwickeln. Wolfsfreunde teilen primär die Beziehung zum Wolf – auch wenn es ein loses Bündel von Praktiken gibt, die viele teilen und die Gelegenheiten zum Miteinander bieten, wie z.B. Wolfsreisen, Besuche von Wolfsgehegen, Lesen von Wolfsbüchern, an Vortragsveranstaltungen oder ›Wolfsseminaren‹ teilnehmen, etc.

Wie fühlt es sich also an, ein Wolfsfreund, eine Wolfsfreundin zu sein – in dieser Zeit, in dieser Gesellschaft, mit Wölfen? Um die Gefühlswelt der Wolfsfreunde darzustellen, werde ich mich vor allem auf die Sentiments und Gefühle dreier Personen beziehen, da in ihren Erzählungen nicht nur ihre interessante persönliche Beziehung zum Wolf gut zum Ausdruck kommt, sondern eben auch ›typische‹ Elemente, die für Wolfsfreunde allgemein charakteristisch sind. Dabei handelt es sich um Jörg, Besitzer einer Hundeschule, früher Hundeausbilder in der Bundeswehr, und seit vielen Jahren aktiv im Natur- und Artenschutz. Er ist unter anderem Mitglied in der Senckenberg-Gesellschaft und der GzSdW.[59] Willi ist NABU-Wolfsbotschafter und war einige Jahre als Großkarnivorenbeauftragter in Rheinland-Pfalz ehrenamtlich im Wolfsmonitoring tätig. Er war Intensivkrankenpfleger und arbeitet immer noch im Pflegesektor. Außerdem ist er begeisterter Outdoor-Sportler.[60] Und schließlich Nicole, die sich ehrenamtlich im Vorstand der GzSdW engagiert. Sie reitet seit ihrer frühesten Jugend und hat bei Geländeritten in ganz Europa die Natur lieben gelernt. Ihr Engagement für die Wölfe ist für sie ein Ausgleich zu ihrer Tätigkeit als Bilanzbuchhalterin.[61]

Wenn man sich in die Gefühlswelt der Wolfsfreunde und -freundinnen hineinversetzen will, fängt man am besten mit dem Grundlegenden an: der Naturverbundenheit. Wolfsfreundliche Menschen sind in den seltensten Fällen nur von Wölfen **fasziniert**. Meist ist es eine Vielzahl an Tieren, für die sie sich **begeistern** können, sowohl wilde Tiere als auch domestizierte Tiere (hier vor allem die *companion animals*, Hunde und Pferde).[62] Zudem **lieben sie meist die Natur** generell, finden **Freude im Naturerleben:**

> »Ich bin einer, der sich sein Leben lang mit der Natur beschäftigt hat. Ich habe schon als Kind die Natur als angenehm empfunden. Aber zum Wolf

---

59 Für alle Zitate nachfolgend: Interview, 06.07.2020.

60 Für alle Zitate nachfolgend: Interview, 08.11.2019.

61 Für alle Zitate nachfolgend: Interview, 08.07.2020.

62 Wölfe haben für sie entsprechend ein »nonhuman charisma«, vgl. Lorimer, Jamie: »Nonhuman charisma«, in: Environment and Planning D: Society and Space 25 (2007), S. 911-932, https://doi.org/10.1068/d71j

bin ich eigentlich über den Hund gekommen. [...] Es kam daher, dass ich meinen Hund besser verstehen wollte. Der Wolf ist ja ein Wildtier und der Hund ein domestiziertes Haustier. Und da ich mich für den Hund interessiert habe, sein ganzes Verhalten, bin ich zu den Wurzeln, und die Wurzeln sind nun mal der Wolf.« (Jörg)

»Das Thema Wolf hat mich schon immer begleitet, schon in meiner Jugendzeit. Das waren immer schon Tiere, die mich irgendwie total fasziniert haben. Weil das so soziale Tiere sind. Ich komme aus einem sozialen Umfeld, auch beruflich [...]. Ich habe irgendwie gedacht, das kann doch nicht wahr sein – 2012 kam ja ein Wolf in den Westerwald und wurde erschossen –, dass so ein Tier es schafft, von Italien bis hierhin zu kommen und dann wird er direkt abgeballert. Das war für mich ein Anlass, etwas zu tun in dieser Richtung.« (Willi)

»Die Frage ist schwierig zu beantworten, weil es schon immer so war, dass ich den Wolf toll fand. Da muss ich natürlich sehr weit zurückgehen. Auch der Punkt ist, dass ich immer schon, solange ich zurückdenken kann, als kleines Mädchen fand ich schon Wölfe toll. Als wir in den Zoo gegangen sind, kann ich mich gut erinnern, dass meine Eltern mich nicht vom Wolfsgehege weg gekriegt haben. [...] Ich nehme einfach an, eines meiner Lieblingstiere waren Hunde, die ich so aus meinem persönlichen Umfeld kannte, ich hatte zwar selbst keine, aber in der Verwandtschaft gab es Hunde, in der Nachbarschaft gab es Hunde, und ich hab schon als siebenjähriges Mädchen die Hunde von den Nachbarn genommen und bin mit denen spazieren gegangen. Und ich glaube, der Wolf war so [...], der hatte was von Freiheit. Das war so der große Bruder aus der Wildnis, von meinem Lieblingstier Hund.« (Nicole)

Bei allen dreien sieht man, dass die Ursprünge der Beziehung zum Wolf weit in die Kindheit zurückgehen. Es ist selten, dass jemand erst als Erwachsener zu dieser Beziehung findet. Für manche fängt es direkt mit dem Wolf an, für andere mit dem Hund, für wiederum andere mit einer generellen Liebe zur Natur. Ungeachtet des Anfangs kommen diese drei Elements doch meist in Verbindung vor (so verwundert es nicht, dass auch Willi einen Hund hat). Die Rolle von Hunden in diesem Zusammenhang ist immens. Die beiden Vertreter der Art *Canis lupus* schaffen durch ihre enge (biologisch-genetische) Verwandtschaft ein **Gefühl vermeintlicher Vertrautheit und Nähe** für beide, vermittelt über den Hund.

Die affektive Bindung zum Wolf kann sich auch noch steigern, wenn zu Erfahrungen von Vertrautheit und Nähe auch noch eine Art von Identifikation mit Wölfen hinzukommt. Willi spielte in seiner Aussage schon darauf an, wenn er das soziale, sprich: fürsorgliche Verhalten der Wölfe mit seinem eigenem vergleicht. Für Nicole spielt das auch eine Rolle:

> »Und gleichzeitig sehe ich viele Parallelen, auch in der Familie, die haben ihr Revier, wir haben unsere Wohnung. Die gehen jagen, wir haben unseren Job. Die haben ihre Kinder, wir haben unsere Kinder. Die Kinder verlassen irgendwann, wenn sie geschlechtsreif sind, die Familie, machen was Eigenes und gründen auch eine Familie. Ich finde, dass da viele Parallelen sind.«

Es ist also nicht nur die Ähnlichkeit zwischen Hund und Wolf, die einen Zugang zu einer affektiven Beziehung zu Wölfen bietet; Wolfsfreunde sehen auch Ähnlichkeiten zwischen Mensch und Wolf in der Lebensweise und im sozialen Miteinander. Beide Formen der Ähnlichkeit sind jedoch keine Ähnlichkeiten unter Gleichen: Der Hund ist der ›kleine Bruder‹ des Wolfs und auch der Wolfsfreund schaut in gewisser Weise auf zum Wolf. Zu dieser Bewunderung äußerte sich Nicole expliziter:

> »Und ich glaube, das ist auch das, das ist wirklich so eine ganz emotionale Ebene, die ich da habe, wo ich wirklich merke, dass ich da auch so ein bisschen zum Überreagieren neige. Das ist so ein Ideal, was man da so hineininterpretiert. So ein Symbol für Wildnis, ein Symbol für Freiheit, und gleichzeitig sehe ich, die leben trotzdem in einer Familie. Das macht glaube ich für mich die Faszination aus. Diese Stärke und die Kraft und diese Freiheit, im Einvernehmen mit der Natur zu leben, was wir als Menschen nicht mehr hinkriegen, und der Wolf macht das ganz selbstverständlich, wie viele andere Tiere natürlich auch.«

Dieses Zitat verweist darauf, dass wir die Charakterisierung der Wolfsfreundinnen als naturverbunden entscheidend ergänzen müssen (und das unterscheidet sie deutlich von den sich ebenfalls als naturverbunden sehenden Schäfern und Jägerinnen!). **Wolfsfreunde empfinden sich als naturverbunden und gleichzeitig als naturentfremdet.**[63] Genauer gesagt, empfinden sie

63 Entfremdung verstehe ich mit Hartmut Rosa als »spezifische Form der Weltbeziehung, in der Subjekt und Welt einander indifferent oder feindlich (repulsiv) und mithin in-

sich selbst – auf einer persönlich-individuellen Ebene – als naturverbunden, jedoch geprägt durch eine als naturentfremdet empfundene Gesellschaft (Schäfer und Jäger unterscheiden in dieser Hinsicht eher naturverbundene Landbevölkerung und naturentfremdete Städter[64]). Ihre Naturverbundenheit ist demnach ›gestört‹, wie Jörg am Beispiel der Hundeerziehung erklärt:

> »Wir Menschen in der Konsumgesellschaft sind meiner Meinung nach nicht in der Lage, einen Hund einigermaßen artgerecht zu erziehen. Die wenigsten können das in unserer Wegwerfgesellschaft. [...] Wenn etwas nicht funktioniert, wird es ja meistens gleich weggeschmissen, und der Hund kommt ins Tierheim oder wird geprügelt oder sonst was.«

Auch Willi geht von einem gestörten Naturverhältnisses in unserer Gesellschaft aus – ein Ausdruck dessen war für ihn der illegale Abschuss des Wolfs Pier-Luigi 2012 im Westerwald (siehe sein erstes Zitat oben) –, gegen das er sich engagieren wollte. Mit dem Tierbild in der Gesellschaft stimme ebenfalls etwas nicht, wie Jörg schon als Kind erfahren musste:

> »Als ich mich dann mit dem Wolf beschäftigt habe, hat sich das bestätigt, was ich als Kind schon immer erahnt habe. Ich musste als Kind schon gegen das Wissen der Erwachsenen angehen. Die haben gesagt, als ich noch klein war, Tiere sind dumm und die haben keine Gefühle. Man hat also früher nur die Tiere von außen betrachtet und hat ihr Innenleben nicht gesehen [...].«

Die affektive Bindung von Wolfsfreunden zu Wölfen hängt daher auch entscheidend davon ab, dass man Wölfen selbst ein ›Innenleben‹, eine Gefühlswelt zugesteht, zu der man eine Verbindung aufbauen kann, sodass man sich gegenseitig berühren und berührt werden kann. Allerdings fällt es selbst Wolfsfreunden schwer, sich öffentlich zu Wölfen als Subjekten zu bekennen. Die ganze Wolfsdebatte ist sehr geprägt von einem sachlich-objektifizierenden Wolfsbild, das es schwer macht, Wölfe als Subjekte zu behandeln. Zu schnell würde das als ›unsachlich‹ empfunden werden, und so kommt dieser Aspekt meist eher im Privaten zur Sprache (oder er wird von Tierschützerinnen ausgesprochen, für die die Anerkennung der Subjektivität von Tieren zentral ist).

---

nerlich unverbunden gegenüberstehen« (Rosa, Hartmut: Resonanz. Eine Soziologie der Weltbeziehung. Frankfurt a. M.: Suhrkamp 2016, S. 316.)

64 Interessanterweise sieht sich selbst der Jäger aus der Großstadt typischerweise als Teil dieser naturverbundenen Landbevölkerung qua seiner Identität als Jäger!

Das Paradox von gleichzeitiger Naturverbundenheit und Naturentfremdung führt schließlich dazu, dass sie eine **Sehnsucht nach einem natürlicheren Leben** haben. Man könnte auch sagen, nach einem ›wilderen‹ Leben, nach einer Verbindung zu einer als Wildnis verstandenen Natur – im Gegensatz zu Schäfern und Jägern, für die eine von Menschen geordnete und kontrollierte Natur, verstanden als Kulturlandschaft, zentral ist. Steht für Schäfer und Jäger immer noch der Mensch im Zentrum ihres Naturverständnisses, so ist für Wolfsfreunde der Mensch nur Teil eines positiv empfundenen, ihm übergeordneten Ganzen. Mit dem Soziologen Hartmut Rosa ließe sich zudem sagen, dass Wolfsfreunde die **ökologische Grundangst der Moderne** intensiv spüren, nämlich dass die Natur als Resonanzraum (für eine affektive Beziehung) verstummen könnte, verbunden mit der gleichzeitigen **Hoffnung**, dass wilde Tiere – und insbesondere Wölfe als Inbild der Wildnis par excellence – sie wieder zum Erklingen bringen können.[65]

Die Rückkehr der ersten Wölfe nach Deutschland vor über 20 Jahren ist für Wolfsfreundinnen daher ein affektiv aufgeladenes Ereignis gewesen, dass sowohl diese Grundangst beschwichtigte als auch ihre Hoffnung auf die Möglichkeit zu einem Leben in Resonanz mit einer wilderen, hierzulande bisher unbekannten Natur stärkte. Nicole erinnerte sich an diese Zeit:

> »Ich kann mich noch ganz genau erinnern, als in den Tagesthemen die Bilder von dem [Biologen und Dokumentarfilmer] Sebastian Koerner von den Welpen auf dem Truppenübungsplatz in Sachsen liefen. Da war ich zu Hause gesessen und war emotional zutiefst ergriffen, weil ich es überhaupt nicht fassen konnte, dass diese Tiere bei uns wieder heimisch werden. Das hat mich so berührt wie glaube ich kaum was in meinem Leben, weil ich nie gedacht hätte, dass das passieren kann [...] in Sibirien oder Kanada, ja [...] das hat mich emotional so mitgenommen, im positiven Sinne [...].«

Noch in den 1990er-Jahren hätte sich das kein Wolfsfreund vorstellen können. Die Sehnsucht nach Wölfen war zu dieser Zeit noch umso größer, da auch der geografische Abstand weiter war: Wölfe gab es in Sibirien, Kanada oder an den Rändern Europas. Eine NABU-Wolfsbotschafterin aus dem Westerwald wollte beispielsweise als Kind nach Kanada auswandern (und wollte schon die kanadische Botschaft kontaktieren), um den Wölfen nahe zu sein.[66] Viele Wolfsfreunde unternahmen daher kostspielige Reisen nach Schweden, in die Slowa-

65 H. Rosa: Resonanz, S. 453-472.

66 Interview, NABU-Wolfsbotschafterin, aus Rheinland-Pfalz, 09.07.2020.

kei, nach Russland, um das zu erleben, was hier in Deutschland nicht möglich war. Jörg ist auch einer von denen, die im fernen Ausland ihre erste Wolfsbegegnung hatten – obwohl in seinem Fall nicht während einer Wolfsreise, sondern während seiner Arbeit als Bundeswehrsoldat:

> »In Kanada, das war nicht ein Wolf, sondern mehrere. Das war in Labrador. Da hatten die USA ein strategisches Bomberkommando stationiert und als ich da war, da lag so ein halber Meter, [ein] Meter Schnee. Wir haben da Fallschirmspringen geübt mit den Amerikanern. Da sind wir dann gesprungen, sind etwas abgetrieben worden vom Wind, zwei, drei Kilometer entfernt runtergekommen und haben uns dann durchgeschlagen zurück nach X. Und da sind vier, fünf Wölfe gewesen, das waren Timberwölfe, die waren alle schwarz. [...] Die haben uns sogar noch ein bisschen verfolgt, aber immer in weitem Abstand, und dann sind wir weitergegangen. Ich sag mal, so eine halbe, dreiviertel Stunde sind die in unserer Nähe gewesen.«

Die Rückkehr der Wölfe nach Deutschland hat also nicht nur die Natur hier verändert, die Kulturlandschaft ein Stück ›verwildert‹. Sie bietet vor allem den Wolfsfreunden eine bis dahin undenkbare Möglichkeit: in der Nähe der Wölfe zu leben und den Wölfen ›in echt‹ begegnen zu können, also ihre unmittelbare Nähe ›am eigenen Leib‹ spüren und erfahren zu können.

> »Das ist das absolute Highlight, das eigentlich alle anstreben. [...] Logischerweise kennt man ja nur Leute, die entweder schon mal einen Wolf gesehen haben oder nicht. Und die, die schon einen gesehen haben, die sprechen da alle Jahre und ewige Zeiten später immer noch mit höchster Begeisterung von. Und die, die noch keinen gesehen haben, sprechen alle davon, dass das mal das Tollste wäre, was sie sich vorstellen können. Das hat einen ganz, ganz hohen Stellenwert. [...] Wobei [...] ich dir nicht sagen kann, was das mit der Motivation macht, weil man ja sagt, man schützt, was man kennt. Und bei mir ist das so, dass sich dadurch nichts geändert hat, weil ich vorher schon engagiert geschützt habe, [...] für mich ist das jetzt ein Goldschatz, den ich habe, da brauch ich nicht noch mehr. [...] Dieses fiebrige Hinarbeiten, dieses unbedingt Habenwollen, das ist weg, weil ich habs ja [...]. Ich hab die ganzen Reisen immer im Vorfeld mit diesem gemacht, hoffentlich klappt das.« (Nicole)

Willi ist der Einzige unter den dreien, der noch keinen Wolf in freier Wildbahn gesehen hat. Er war zwar auch in der Lausitz im Rahmen seines Trainings für das Wolfsmonitoring, doch außer Spuren im Sand und Wolfslosung hat er dort nichts gesehen. Er ging auch auf Wolfsreisen in die Slowakei und nach Russland, um Wölfe zu sehen, doch auch dort hatte er keinen Erfolg. Umso wichtiger für ihn war die Begegnung mit einem Gehegewolf im Rahmen eines Wolfsseminars im Wolf Center in Dörverden, wo er einen Wolf sogar berühren konnte. Auch wenn er sich gar nicht als ›Wolfskuschler‹ sieht, konnte er sich am Ende eines Vortrages, den er im Westerwald hielt, nicht verkneifen, auf der letzten Folie seiner Präsentation ein Foto zu zeigen, auf dem er einem Polarwolf den Bauch krault. Wie für Nicole, war diese Begegnung auch für ihn eine Art ›Goldschatz‹. Es scheint also in der unmittelbaren Begegnung mit Wölfen etwas zu geben, das Wolfsfreunde so tief affektiv berührt wie nichts anderes, und zwar unabhängig davon, ob die Begegnung nur als Sehnsucht im Leben eines Wolfsfreunds wirkt oder als tatsächlich gemachte Erfahrung in der Erinnerung ein ganzes Leben lang nachklingt. Wir sollten uns diese Erfahrung daher genauer anschauen. Zuerst bei Nicole:

> »Ja, beim [Naturführer] letztes Jahr [...], ich habs jahrelang mal an anderer Stelle versucht. Ich war einmal in der Slowakei, dann war ich in Nordspanien, jeweils in Wolfsgebieten, wir machen da alle zwei, drei Jahre so Reisen, die die Mitglieder so organisieren und ins Wolfsgebiet gehen, und da war ich von Anfang an dabei. Im tiefsten Ostpolen, im Białowieża-Nationalpark haben wir's versucht, hat aber nicht funktioniert [...]. Ich muss allerdings dazu sagen, dass ich es bei Stephan zuvor auch schon zweimal versucht hatte [...] und dann hat das letzte Jahr zum ersten Mal geklappt. Da muss ich auch ganz klar sagen, dieses Erlebnis ist für mich so emotionsgeladen, dass ich dir da jetzt nicht in Ruhe davon erzählen könnte. Aber es war einfach unfassbar [...], absolut unfassbar für mich. Auch da wirklich zu stehen und durch ein Fernglas zu gucken [...], und das war auch 'ne relativ lange Sichtung. Ich hab mir immer gewünscht, wenn ich mal einen Wolf sehe, dann möge das bitte nicht ein Husch-und-Weg! Und neben mir sagt einer, das war übrigens ein Wolf. Das war ein Albtraum. Eigentlich gesehen, aber nicht wirklich wahrgenommen. Bitte nicht so, will ich nicht haben, hätte ich ganz fürchterlich gefunden. Aber dieser Wunsch ist von irgendwas erhört worden. Wir haben insgesamt so fünf oder sechs Minuten [...], an der nahsten Stelle waren das so vier, fünfhundert Meter. Das ist schon nah.«

Kurze Zeit später im Interview fand die Wolfsfreundin dann doch die richtigen Worte, um das ›Unfassbare‹ zu fassen:

»Das war wirklich sehr fiebrig, das war totales Sehnen und Habenwollen und Erlebenwollen, mit unglaublichem Drang dahinter [...]. Ich muss ganz klar sagen, es hat in meinem ganzen Leben noch nichts gegeben, was mich emotional so tief in meinem tiefsten Innern berührt hat wie diese Wolfssichtung, mit Abstand nicht [...], da wird ein Teil unserer Seele berührt, der extrem urtümlich ist, und das setzt glaube ich dann so eine besondere Emotion frei [...]. Da wird einfach ein Teil angesprochen von unserem Inneren, der in unserer modernen Welt stark verkümmert ist, und finde einfach, dass der so Woa! macht, wenn der so angesprochen wird, weil der das so gar nicht kennt, dass er angesprochen wird, [...] das ist was, was tief in uns verwurzelt ist und unser eigentliches Menschsein, nicht dieses Funktionale, das wir in der modernen Welt haben, wir waren früher ja auch Jäger und Sammler und Teil des Waldes und der Wildnis und der Natur, in der wir leben, und ich denke, dieses Emotionale ist dieser Moment, wo wir für einen Bruchteil unseres Lebens oder eines Moments wieder in eine Einheit kommen mit einer Sache, wo wir früher Eins mit waren, heute aber in der modernen Welt nicht mehr sind [...], das ist einmal ne Euphorie [...].«

Jörg fiel es ähnlich schwer wie Nicole, Worte für diese tief bewegende Erfahrung zu finden, und hielt sich erst einmal kurz mit seiner Beschreibung seiner ersten Wolfsbegegnung in Deutschland, in der Lausitz:

»Das war auf einem Truppenübungsplatz, da bin ich ganz alleine des Weges gegangen, da steht da plötzlich ein Wolf und guckt mich an, ganz einfach, und kurze Zeit später ist er verschwunden.«

Ich fragte ihn daraufhin, ob seine Begegnungen in Kanada und in der Lausitz eine besondere Bedeutung für ihn gehabt hätten:

»[JÖRG:] Ja, selbstverständlich. Wer die Natur liebt und die Tiere in Freiheit, dann löst das immer was aus. Ich sag mal, sehr angenehme Gefühle. Ich will nicht sagen, dass es ein Gefühl der Liebe war, aber es war zumindest ein Gefühl der Freude. Keine euphorische Freude, eine stille Freude, eine Bestätigung. Es war angenehm, löst natürlich auch weiterhin Neugierde aus.

[INTERVIEWER:] Was meinen Sie mit Bestätigung?

[JÖRG:] Also Bestätigung, dass man gesagt hat, dass Tiere in Freiheit, in der Wildnis viel ruhiger, angenehmer, zufriedener leben als Tiere in einer künstlichen Welt, wie es in unserer Gesellschaft ist. Die brauchen keine

> goldenen Wasserhähne, die brauchen nur Ruhe. Wenn es nicht gerade um das Fressen und Gefressenwerden geht, herrscht in der Natur Ruhe und Zufriedenheit, und ich sage jetzt sogar mal Achtung, Respekt und Liebe, das in unserer künstlichen Welt nicht mehr so vorhanden ist oder eigentlich sehr wenig. [...] Es bedeutet für mich immer wieder neue Spannung, was Neues erfahren, aber es ist immer unterschiedlich, was man erfährt. Immer eine gewisse Vorfreude und eine gewisse Spannung. Ich bin ein Mensch, der sehr optimistisch gestimmt ist, sich viel freut und viel lacht, und wenn ich raus gehe ins Gelände und von dieser beschleunigten Gesellschaft und dieser Hektik wegkomme und mich in der Natur befinde und dann was Angenehmes erlebe [...] das ist immer schön, das ist spannend und man will immer mehr davon erleben.«

Eine Begegnung mit Wölfen bietet für Wolfsfreunde also, wie sich hier eindrücklich zeigt, einen spontanen Möglichkeitsraum für **Resonanzerfahrungen**, also »*das (momentane) Aufscheinen, das Aufleuchten einer Verbindung zu einer Quelle starker Wertungen in einer überwiegend schweigenden und oft auch repulsiven Welt*«.[67] Diese Resonanzerfahrung ist geprägt von komplexen Gefühlen (**angenehm, Spannung, Neugier, Vorfreude, stille Freude, Euphorie, Woa!**), die zutiefst affektiv berühren und mehr noch: Sie durchdringen die tief sitzende Unzufriedenheit mit Aspekten der modernen Welt (das Funktionale, goldene Wasserhähne, Hektik, keine Achtung, keinen Respekt und keine Liebe) und das Gefühl der Entfremdung und lassen stattdessen ein Gefühl der Verbundenheit lebendig werden. Anders ausgedrückt: In der Resonanz mit dem wilden Tier Wolf kann der Wolfsfreund quasi sich selbst in seinem Tier-Sein spüren – sozusagen als Widerhall vom Wolf als nichtmenschlichem Tier zum Menschen als menschlichem Tier.

Wer einfach nur Wolfsfreund im Privaten ist, für den ist seine wolfsbezogene Gefühlswelt hier vielleicht schon genügend beschrieben. Doch selbst bei diesem Personenkreis kommt es eventuell manchmal zu dem unguten Gefühl, dass die Rückkehr der Wölfe bedroht ist und dass es Wolfskritikerinnen gibt, die deren Tod wünschen. Ist man ein engagierter Wolfsfreund, der sich aktiv in der Öffentlichkeit für Wölfe einsetzt, dann kommt man erst recht nicht umhin, abschließend noch auf eine andere Dimension der Gefühlswelt einzugehen, derjenigen, die sich aus dem sozialen Konflikt mit anderen Akteursgruppen speist. Die zuvor erwähnten, von Schäfern und Jägern geschilderten Be-

67 H. Rosa: Resonanz, S. 317 (Herv. i.O.).

drohungsszenarien sind nämlich nicht einseitig. Auch manche Wolfsfreunde sehen sich Anfeindungen ausgesetzt. Ehrenamtler wie Willi, die sich für Wölfe engagieren und öffentlich auftreten, werden oft von Tierhalterinnen und Jägern verbal angegangen. Seiner Meinung nach wirkt sich das auch auf die Öffentlichkeitsarbeit von NABU-Wolfsbotschaftern aus. Gerade dort, wo die Gefühle hochkochen, sei ihre Arbeit besonders wichtig, doch findet sich oft niemand, der sich »in die Höhle des Löwen« traut und sich das antun möchte. Eine Wolfsbotschafterin aus Nordrhein-Westfalen erhielt nach einer Veranstaltung beispielsweise einen Telefonanruf eines Jägers, der sie beschimpfte. Auch die Wolfsbiologinnen des LUPUS-Instituts wurden schon mehrmals beschimpft und bedroht.[68] Jäger verklagten sie unter anderem wegen des Einsatzes von sogenannten Soft-Catch-Fallen zur Besenderung von Wölfen im Rahmen des staatlichen Besenderungsprogramms.[69] Einem Großkarnivorenbeauftragten im Westerwald wurde mit Klage gedroht, weil er zu Monitoringzwecken Wildkameras aufhängte. Und der Vorsitzenden von Wolfsschutz Deutschland wurden nach eigenen Angaben die Reifen zerstochen und die Stoßstange ihres Autos beschädigt, als sie sich im Territorium des Leuscheider Rudels zur Zaunkontrolle bei den örtlichen Weidetierhaltern aufhielt.[70]

Gerade bei Wolfs-Tierschützern wähnt man sich fast schon in einer Art ›Kriegszustand‹ mit den wolfskritischen Personen, wie man in verschiedenen Facebook-Gruppen regelmäßig beobachten kann. Da für Tierschützer jeder einzelne Wolf zählt, zählt auch jede einzelne Tierhalterin, jeder Jäger oder sonstige Wolfskritiker. Der Konflikt wird zwangsweise persönlich und damit intensiver: Es wird den Wölfen eine tief empfundene Liebe dargebracht und wenn jemand gegen diese geliebten Tiere vorgeht, provoziert er oder sie eine entsprechend **starke Empörung, Wut oder gar Hass**. Dies gilt insbesondere für den Extremfall der illegalen Tötung von Wölfen, wie man diesem auf der Webseite von Wolfsschutz Deutschland veröffentlichten Kommentar zu einem Abschuss entnehmen kann:

> »Dass ich einmal hassen könnte, hatte ich immer für unmöglich gehalten. Das hat sich aber nun geändert, denn mittlerweile HASSE ich die Mörder der

68 Interview, Biologin, aus Sachsen, 03.08.2020.

69 »Kein Vorsatz beim Einsatz von Fallen«, Jäger 3/2016.

70 »RLP – Leuscheider Rudel: Angriff auf Vorstand von Wolfsschutz-Deutschland e. V. bei Recherche«, Wolfsschutz Deutschland, 30.04.2022, https://wolfsschutz-deutschland.de/2022/04/30/rlp-leuscheider-rudel-angriff-auf-vorstand-von-wolfsschutz-deutschland-e-v-bei-recherche/ (Zugriff: 20.06.2022).

> Wölfe aufs tiefste. In den neuen Bundesländern scheint es nur noch darum zu gehen sich durchzusetzen, egal mit welchen Mitteln, sie schrecken vor Morden, Lügen und Verbreitung falscher Meldungen nicht zurück. Der Wolf ist ein soziales, wunderbares Tier und hat dem Menschen einiges voraus. Ich treffe lieber einen Wolf als einen Menschen, besonders die Art, die gemeine, niederträchtige Mörder sind, und davon gibt es wohl viel zu viele im Osten!!!! Diese Mörder MÜSSEN gefasst werden und hart, sehr hart bestraft werden, eben Mörder!!!!«[71]

Für Tierschützerinnen gibt es auch keinen großen Unterschied zwischen illegalen Tötungen und der legalen Entnahme eines Wolfs. Beides endet schließlich mit dem in ihren Augen ungerechtfertigten Tod eines geliebten Tieres. Entsprechend wird auch gegen legale Entnahmen geklagt. Der Hass, der den Verantwortlichen in diesen Fällen entgegenschlägt, hat beispielsweise auch in Niedersachsen dafür gesorgt, dass Entnahmen nur bedingt vor Vollzug öffentlich gemacht werden, was dem Umweltministerium den Vorwurf der »Geheimniskrämerei« eingebracht hat.[72] Dies wiederum befeuert den Konflikt zwischen dem offiziellen Wolfsmanagement und Tierschützern im Speziellen sowie den Wolfsfreundinnen allgemein.

Trotz dieser spannungsgeladenen Konflikte mit dem Wolfsmanagement einerseits und den Weidetierhalterinnen und Jägern andererseits ist die Rückkehr der Wölfe für Wolfsfreunde primär ein Grund zur Freude. Doch in den letzten Jahren dürfte ihre Stimmung etwas **bedrückter und besorgter** geworden sein, denn die wolfskritischen Gruppen werden immer lauter und es scheint, als fänden sie mehr und mehr Gehör in der Politik. *Kippt die gesellschaftliche Stimmung etwa zu Ungunsten der Wölfe und Wolfsfreunde? Eines wird klar: Auch mit Gefühlen wird Politik gemacht, auch Gefühle können zum Objekt werden und damit Teil eines Managementregimes*. Dies ist das Thema des letzten Kapitels.

---

71 Kommentar von Marga, 01.08.2018, 8:34 Uhr, https://wolfsschutz-deutschland.de/2018/07/11/grausame-toetung-einer-jungwoelfin-10-000-euro-belohnung-fuer-die-ergreifung-des-taeters-ausgesetzt/ (Zugriff: 20.06.2022).

72 »Auskunftsklage zu Wolfs-Entnahmen – Doods: ›Von Geheimniskrämerei kann keine Rede sein‹«, Niedersächsisches Ministerum für Energie, Bauen und Klimaschutz, Presseinformation 149/2021, https://www.umwelt.niedersachsen.de/startseite/aktuelles/pressemitteilungen/auskunftsklage-zu-wolfs-entnahmen-doods-von-geheimniskramerei-kann-keine-rede-sein-206506.html (Zugriff: 20.06.2022).

6. Wolfsmanagement als Affektmanagement

Wolfsmanagement im Spannungsfeld affektiver Dynamiken

Im letzten Kapitel habe ich für verschiedene Akteurinnen das subjektive Erleben von wolfsbezogenen Gefühlen skizziert und in größere intersubjektive Gefühlsstrukturen der respektiven sozialen Bewegung bzw. der *community of practice* eingeordnet. Damit konnte ich zeigen, wie Haltungen und Meinungen zum Wolf affektiv gefärbt sind und die Konflikte mit Wölfen wie auch Konflikte um Wölfe einer affektiven Dynamik unterliegen.

In diesem Kapitel geht es darum zu klären, inwiefern diese zuvor skizzierten Affekte nicht nur strukturell durch Ethos und Sentiments geprägt, sondern auf eine ganz andere Art auch ›gemacht‹ sind. Denn Affekte werden nicht nur subjektiv erlebt als etwas Gegebenes mit einer Eigendynamik, sondern können auch zum (zu beherrschenden) Objekt werden, d.h. zu etwas, das ›bearbeitbar‹ ist, modulierbar, lenkbar, transformierbar, regierbar. In anderen Worten, die affektive Dynamik wird zu etwas, in das durch Managementmaßnahmen interveniert werden kann. Dementsprechend soll es an dieser Stelle darum gehen, das Wolfsmanagement und dessen Praktiken als eine Art von Affektmanagement zu beschreiben und zu begreifen.

Doch zuvor möchte ich noch kurz auf einige allgemeinere Aspekte des Konzepts Wolfsmanagement eingehen, die auch für das Verständnis eines Affektmanagements vonnöten sind. Wolfsmanagement ist zunächst einmal eine Form des Wildtiermanagements, also des Bestrebens »einen zielorientierten Ausgleich zwischen den Bedürfnissen der Wildtiere und den Anforderungen von Menschen herbeizuführen, im Kontext der Ökosysteme und auf wissenschaftlicher Grundlage«.[1] Der erste Teil dieser Definition bezieht sich auf

1 Heurich, Marco: »Was ist Wildtiermangagement?«, in: M. Heurich (Hg.), Wolf, Luchs und Bär in der Kulturlandschaft, S. 96-98, hier S.96.

die politische Dimension im Wolfsmanagement, der zweite Teil betont das zugrunde liegende Wissensregime im Wolfsmanagement. Zusammengenommen könnte man von der politischen Ökologie des Wolfsmanagements sprechen.

Das Wolfsmanagement ist dabei politisch nicht nur im engeren Sinne (also als Teil eines institutionalisierten Politikfeldes, betrieben von professionellen Politik-Akteuren), sondern vor allem in einem erweiterten Sinn Teil der Sphäre des Politischen, »where human individuals and collectives determine – either jointly or adversely – what their finite earthly existence will ultimately look like: the how of their living together and relating to one another«.[2] Das Wolfsmanagement ist hierbei allerdings auch ein Spezialfall, da nicht nur die menschliche Existenz verhandelt wird, sondern eine mehr-als-menschliche Ko-Existenz zwischen Menschen und Tieren. In diesen Aushandlungsprozessen manifestieren sich Machtbeziehungen (sowohl zwischen menschlichen Akteuren als auch zwischen diesen Akteuren und Wölfen) und Normvorstellungen. In den Worten von Jonas Bens und anderen: »The political usually entails negotiating, debating, or at least positioning oneself with regard to ›right‹ and ›wrong‹ or ›good‹ and ›bad‹ in a given context.«[3] Entsprechend gibt es im Wolfsmanagement (bzw. in der Gesellschaft als Ganzes) viel Aushandlungs- und Interpretationsspielraum darüber, wie das Zusammenleben/Nebeneinanderleben von Wolf und Mensch aussehen und funktionieren soll. Inwiefern dabei die ›wissenschaftliche Grundlage‹ bestimmend ist, muss geklärt werden.

In bisherigen Arbeiten zum Wolfsmanagement in Ländern wie der Schweiz, Norwegen oder Schweden wird das ›offizielle‹ (staatlich-institutionalisierte) Wolfsmanagement meist mit Foucault als Disziplinierungs- und Überwachungsregime verstanden. Anhand der Praxis des Wolfsmonitoring wird exemplarisch gezeigt, wie durch wissenschaftliche Datenerhebung, durch Methoden der Klassifikation, Einordnung und Kategorisierung Wölfe sichtbar und über die Produktion von Wissen kontrollierbar und damit regierbar gemacht werden.[4] In dieses fast allumfassend erscheinende Machtgefüge

2 Slaby, Jan/Bens, Jonas: »Political Affect«, in: J. Slaby/C. v. Scheve (Hg.), Affective Societies, S. 349.

3 Bens, Jonas et al.: The Politics of Affective Societies – An Interdisciplinary Essay. Bielefeld: transcript 2019, S. 19, https://doi.org/10.14361/9783839447628

4 Frank, Elisa/Heinzer, Nikolaus: »Wölfische Unterwanderungen von Natur und Kultur: Ordnungen und Räume neu verhandelt«, in: Stefan Groth/Linda Mülli (Hg.), Ordnungen in Alltag und Gesellschaft. Empirisch-kulturwissenschaftliche Perspektiven, Würz-

eines Wissensregimes sind Wölfe verwickelt, sie sind fast schon ›gefangen‹, müssen Lücken finden und entziehen sich hier und da, manchmal gar wie »Phantome« (versinnbildlicht durch unscharfe Bilder von Fotofallen auf denen schemenhafte Wölfe zu sehen sind.[5]

Es stellt sich allerdings die Frage, ob diese Totalität des Machtgefüges, wie sie von den Autoren und Autorinnen beschrieben wird, gleichermaßen für alle Wolfsmanagementregime in den verschiedenen Ländern gilt oder ob diese sich primär ähnlich scheinen, weil die Autoren und Autorinnen alle mit der Foucault'schen Machttheorie arbeiten. Letzteres scheint gar nicht so abwegig, wenn man sich vergegenwärtigt, dass das sehr rigorose und ressourcenaufwendige Wolfsmanagement in Schweden oder Norwegen nur schwer vergleichbar ist mit dem Wolfsmanagement in der Schweiz oder gar in Deutschland. Zumindest für Deutschland lässt sich sagen, dass das erfolgreiche Regieren, Kontrollieren und Disziplinieren von Wölfen durch das Wolfsmanagement eher der Theorie des Diskurses als der Praxis entspricht. Wenngleich es natürlich (bundes-)länderspezifische Unterschiede gibt, findet man viele Gemeinsamkeiten, die sich nicht mit einem ausgeprägten Machtanspruch von staatlicher Seite vereinbaren lassen: wenig Personal, zentralisierte (statt mehrere lokale) Verwaltung, Auslagerung der Arbeit an Ehrenamtliche, ein passives Monitoringregime, kaum besenderte Wölfe, kaum Nahrungsanalysen bei Wolfslosungen, kaum wissenschaftliche Wolfsforschung usw. Teilweise liegt das auch an der Ressourcenverteilung, denn Maßnahmen für Wölfe stellen nur einen Posten unter einer Vielzahl von Naturschutzmaßnah-

---

burg: Königshausen und Neumann 2019, S. 93-124, hier S.104; Tschofen, Bernhard/ Heinzer, Nikolaus/Frank,Elisa: Wolfsmanagement als kultureller Prozess Working Paper zum Symposium »WOLFSMANAGEMENT: WISSEN_SCHAF(F)T_PRAXIS«. SNF-Projekt »Wölfe: Wissen und Praxis«, ISEK – Institut für Sozialanthropologie und Empirische Kulturwissenschaft, Universität Zürich 2016, S. 24-25; Mitchell, Andrew: Tracing wolves. Materiality, Effect and Difference. Dissertation, Stockholm 2018; Stokland, Håkon: »Conserving Wolves by Transforming Them? The Transformative Effects of Technologies of Government in Biodiversity Conservation«, in: Society and Animals 29 (2020), S. 1-21.

5 Heinzer, Nikolaus: Mensch-Umwelt-Relationen in Bewegung. Eine Ethnografie des Wolfsmanagements in der Schweiz, Dissertation, Zürich 2020.

men dar, wie kürzlich beispielsweise der Ökologe Nicolas Schoof und seine Kollegen argumentiert haben.[6]

Ein Referent des rheinland-pfälzischen Umweltministeriums schilderte die Lage in einer öffentlichen Veranstaltung folgendermaßen:

> »In Bezug auf Szenarien kann ich ihnen sagen, dass wir natürlich – und das wissen sie auch – von der Einwanderung des Wolfs nach Deutschland und Rheinland-Pfalz überrascht worden sind. Fakt ist auch, dass wir im Grunde genommen – und da spreche ich auch für die anderen Bundesländer – dass wir im Grunde genommen bei den Ländern 95 Prozent der Zeit – denn sie müssen ja bedenken, die Wölfe haben nicht alle Sender – 95 Prozent der Zeit gar nicht wissen, was die Wölfe so alles tun. Das heißt, sie bewegen sich in unserer Landschaft, sie bewegen sich in den Wäldern, sie sind auch zu 95 Prozent der Zeit unauffällig. Wir sehen sie nicht. Auch wenn ein Wolf mal ab und zu angefahren wird, von einer Wildkamera festgestellt wird, das sind die einzigen Punkte, wo wir sie feststellen. Insofern können wir nicht sagen, das und das ist das Szenario, wie sie sich entwickeln. Retrospektiv ist das einfach darzustellen, wenn man die Daten rekapituliert, die man hat. Aber viele der Vorkommen der Wölfe sind plötzlich. Zum Beispiel war hier vor ein paar Wochen der eine Alpenwolf, der im Nationalpark aufgetreten ist, der seitdem auch wieder verschwunden ist. Wir wissen nicht, wo das Tier ist, ob es nach Belgien abgewandert ist, [...] und Wolf Billy ist glaube ich in Frankreich überfahren oder angeschossen worden, [...] das erfährt man immer viel verzögerter. Insofern sind solche Szenarien [...], die würden beinhalten, dass man einen konkreten Überblick die ganze Zeit über hat und den hat man ganz ehrlich gesagt nicht.[7]

Möchte man Mensch-Wolf-Konflikte in Deutschland besser verstehen, müssen wir also die bisherigen macht- und wissensfokussierten Perspektiven erst einmal auf den Kopf stellen: Mögen auch die Methoden des Registrierens und Klassifizierens eine Fülle von Wissen und somit Regierbarkeit suggerieren, so müssen wir anerkennen, wie lückenhaft und unvollständig dieses Wissen

---

6 Schoof, Nicolas et al.: »Der Wolf in Deutschland. Herausforderungen für weidebasierte Tierhaltungen und den praktischen Naturschutz«, in: Naturschutz und Landschaftsplanung 53.1 (2021), S. 10-19, https://doi.org/10.1399/NuL.2021.01.01

7 Artenschutzreferent des rheinland-pfälzischen Umweltministeriums in der Fragerunde einer öffentlichen Informationsveranstaltung zum Thema Wolf in Neitersen, 22.06.2021.

ist. Das Wolfsmanagementregime ist mit der Herausforderung konfrontiert, überwiegend auf der Basis von Nichtwissen und knappen Ressourcen Regierbarkeit herzustellen, also im betriebswirtschaftlichen Sinne des Managements effizient zu verwalten. In Bezug auf Wölfe bedeutet das: Ihre Situation ist nicht so, dass sie sich den Zugriffen des Managements nur schwerlich entziehen können. Vielmehr gilt: Das Management kann nur schwerlich überhaupt auf Wölfe zugreifen. Jeder Zugriff ist primär eine Herausforderung für die Machtausübenden, nicht für die (›widerstandsleistenden‹) Wölfe!

Wenn wir bei einem Foucault'schen Machtbegriff in Bezug auf das Wolfsmanagement bleiben wollen, benötigen wir eine andere Lesart, die die Diskontinuitäten, die Zerbrechlichkeit, die Ungereimtheiten von politischen Prozessen sowie die Notwendigkeit zur ständigen Erneuerung und Bestätigung bzw. Verstetigung von Machtaushandlungen in den Vordergrund stellt. Diese ›wacklige‹ Ordnung des Diskurses bzw. die Ordnungsbemühungen des Diskurses werden ersichtlich, wenn wir uns, unter Betonung ihrer Körperlichkeit und Affektivität, der Praxis zuwenden. In anderen Worten: wenn wir das Wolfsmanagement als Affektmanagement begreifen.

Eine solche Herangehensweise ist nicht nur theoretisch naheliegend, sondern trägt auch zum Verstehen eines zentralen Problems des Wolfsmanagements bei. Denn affektive Dynamiken haben ein Eigenleben und können den Zielen des Managements entgegenwirken. Dieses Destabilisierungspotenzial von Affekten ist den staatlichen Akteuren durchaus bekannt und als Problem schon frühzeitig erkannt worden. In einem Skript des Bundesamtes für Naturschutz (BfN) von 2007 wird beispielsweise die Akzeptanz von Wölfen in der Gesellschaft folgendermaßen zusammengefasst:

> »Die überwiegende Mehrheit der Bevölkerung ist Wölfen gegenüber positiv eingestellt.
> Das Thema Wölfe in Deutschland ist von eher geringem gesellschaftlichem Interesse, der Wissensstand ist niedrig und das Interesse an weiteren Informationen zum Wolf ist nicht übermäßig groß.
> Die überwiegend positive Meinung der Befragten ist nicht sehr gefestigt und es besteht *die Gefahr, dass die Stimmung mit dem Auftreten von größeren Problemen ins Negative kippt.*«[8]

---

8 Reinhardt, Ilka/Kluth, Gesa: Leben mit Wölfen – Leitfaden für den Umgang mit einer konfliktträchtigen Tierart in Deutschland (= BfN-Skript 201), Bonn: Bundesamt für Naturschutz 2007.

Wir stellen also fest, dass das Wolfsmanagement stets mit einer dynamischen Affektlage konfrontiert ist, die das Potenzial hat, den Wolfs-Artenschutz zu gefährden und daher in irgendeiner Form gemanagt werden müsste. Es braucht also eine Art von *affective governance*[9].

Affektmanagement als *affective governance* bedeutet hier erst einmal der Versuch, durch eine Bändigung ›negativer‹ und die Förderung ›positiver‹ affektiver Prozesse Regierbarkeit herzustellen. Dabei geht das Wolfsmanagement immersiv-ausbreitend vor, d.h. es versucht sein Machtfeld durch eine Vervielfältigung seiner Kontrollmechanismen über mehrere Ebenen großflächig zu etablieren und dadurch möglichst viele der relevanten Akteurinnen einzubinden oder deren Macht durch Ausschluss zu minimieren. In vielen Bundesländern wird beispielsweise eine Mitsprache an der Entwicklung des Wolfsmanagement an sogenannten Runden Tischen ermöglicht, zu denen normalerweise Jagdverbände, Verbände der Weidetierhalter und Naturschutzverbände eingeladen werden. Radikale Stimmen wird man hier allerdings selten finden. Indem man Tierschutzorganisationen wie Wolfsschutz Deutschland vom Runden Tisch ausschließt, hat man schon normierend in die Bandbreite akzeptierter Affektintensitäten eingegriffen. Nur gemäßigte, d.h. durch Vernunft regulierte und gebändigte Affekte, sollen zum rationalen Management beitragen und gelten als zielführend. Dadurch hofft man auch einem extremen Antagonismus zwischen den beteiligten Parteien, der in heftigen Affektausbrüchen münden könnte, entgegenwirken zu können.

Solange es einen gesamtgesellschaftlichen Rückhalt für die Rückkehr der Wölfe und den Versuch einer Koexistenz gibt, gilt es dieses Interesse, diese Meinung, diese (prekäre und wandelbare) Stimmung zu stabilisieren und in dauerhafte Dispositionen, Haltungen und Sentiments zu überführen. In den Worten von Jan Slaby und Jonas Bens:

> »The wielding of power, either in order to govern or to resist, is fundamentally an affective process. Insofar as politics is about the creation, maintenance and use of power, political actors understand the relevance of the creation of relatively stable affective dynamics to further political projects, both as a target for destabilization when it comes to their political opponents, as well as a goal to achieve for themselves.«[10]

9 J. Slaby/J. Bens: Political Affect, S. 345.

10 J. Slaby/J. Bens: Political Affect, S. 345f.

Dies soll primär durch die Schaffung von institutionalisierten ›sachlichen‹ Rahmenbedingungen erfolgen, weniger durch gezielte Einzelinterventionen in Affekte. Dadurch soll der Artenschutz der Wölfe der Volatilität der Affekte einzelner Akteure oder Institutionen entzogen werden. Die wichtigste dieser Rahmenbedingungen ist die Verschachtelung diverser Naturschutzgesetze zum Wolf als geschützte Art, die von der globalen Ebene (Berner Konvention), über die EU-Ebene (Flora-Fauna-Habitat-[FFH]-Richtlinie) bis hin zur nationalen und Bundesländerebene (Bundes- und Landesnaturschutzgesetze) reicht. Gerade bei der Aushandlung bzw. Durchsetzung von Anträgen zur Entnahme einzelner Wölfe hat sich diese Verschachtelung von Gesetzesebenen immer wieder als erfolgreich erwiesen und meist zur Ablehnung der Anträge geführt. Allerdings zeigt das Beispiel des niedersächsischen Umweltministers Lies, dass Widerstand innerhalb dieses *affective governance*-Regimes dennoch möglich ist, wenn nur der politische Wille da ist. Der stabilen Gesetzesgrundlage steht eben auch eine noch nicht gefestigte Gesetzesauslegung zur Seite, die von willigen Akteuren kreativ bearbeitet werden kann.

Zum Affektmanagement gehören daher auch a) die bloße Möglichkeit, b) die Androhung oder c) die tatsächliche rechtliche Klage vor Gericht – vor allem von Naturschutzverbänden.[11] Gerade diese Klagemöglichkeiten verweisen zudem darauf, dass das Wolfsmanagement selbst Ausdruck eines gesellschaftlichen akzeptierten und normativ verstandenen Wertes des Artenschutzes ist, der eben auch gesellschaftlich immer wieder eingefordert werden darf und vom Wolfsmanagementregime gesellschaftlich durchgesetzt werden soll. Der Artenschutz kann hier verstanden werden als institutionalisierter Affekt, nämlich der Sorge – sowohl im Sinne eines Sorgenmachens als auch des Managements als eine Form der Fürsorge. Als affektgeleitete Institution ist das Wolfsmanagement in dieser Lesart dazu verpflichtet, die Sorge um den Erhalt der Art Wolf gesellschaftlich zu etablieren und zu festigen, d.h. zu ›vergemeinschaftlichen‹.[12]

11 Ich hatte in Kapitel 4 das Beispiel des Bautzener Landrates erwähnt, der wegen möglicher Klagen von Wolfsfreunden keine Entnahme eines Wolfes anordnen wollte.

12 »[A] certain striving for communalization« of political emotion« (T. Szanto/J. Slaby: Political Emotions, S.14).

Sachlichkeit als Leitprinzip

Den Artenschutz als affektiven Wert und das Wolfsmanagement als Affektmanagement zu verstehen, dürfte dem Wolfsmanagement allerdings schwerfallen. Denn Affekte haben hier wie in allen Verwaltungsprozessen nicht wirklich einen Platz, überhaupt werden sie im gesamten öffentlich-politischen Diskurs gerne ausgeblendet. Der Politikwissenschaftler Nicolas Demertzis konstatiert:

> »The marginalization of emotion in political analysis was to a large degree owed to: (a) the stripping of the dimension of passion from the political because it was associated with romantic and utopian conceptions unrelated to the modern public sphere as well as because of the more or less instrumental and neutral-procedural conception of politics, a popular view at the end of the 1960s as well as today [...]; (b) the supremacy of ›interest‹ as opposed to ›passion‹ as an explaining factor of political action [...]; (c) the dominance for many years of the rational choice paradigm across a very large number of political science departments in the United States and Europe, in the context of which emotions are either conceived as irrational elements or are taken as objective traits which do not affect the actor's, by definition, ›rational‹ thinking [...].«[13]

Das Unbehagen eines Wolfmanagementregimes, mit Affekten umgehen zu müssen, ist also strukturell und historisch verankert. Der dem Wolfsmanagement zugrunde liegende Wert des Natur- und Artenschutzes wird eben nicht wie zuvor angedeutet als affektiver Wert, sondern als vernunftbasiert verstanden und gilt als durch wissenschaftliche Forschungsergebnisse untermauert. Somit ist das Leitprinzip der ›Sachlichkeit‹ sowohl für das Wolfsmanagement als auch für den öffentlichen Diskurs um das Thema Wolf allgemein bindend. Sachlichkeit ist eine kulturelle Selbstverständlichkeit, ein Wert an sich, und wird generell von allen Parteien des Wolfskonflikts als gegeben angenommen, für sich selbst reklamiert und der jeweils anderen Partei in Abrede gestellt. Damit einher geht die Abwertung von Emotionalität in jeglicher Form: Sie kann schnell zur Maßregelung von Diskursteilnehmern benutzt werden, denen dann übertriebene Emotionalität unterstellt wird (wobei meist jegliche Abweichung von Sachlichkeit schon als übertrieben emotional gilt). Die

13 Demertzis, Nicolas (Hg.): Emotions in Politics. The Affect Dimension in Political Tension. Basingstoke: Palgrave Macmillan 2013, S. 1f.

Sachlichkeit rahmt und prägt somit den Diskurs, versucht das Unsachliche auszuschließen, Gefühlsäußerungen zu unterdrücken, Diskussionsbeiträge zur Sachlichkeit hinzulenken und Orientierung an Wissenschaftlichkeit durchzusetzen.

Gemäß dieser Denkart gelten Wolfskonflikte vor allem einerseits durch Emotionalität befeuert und andererseits durch einen Mangel an Sachwissen verursacht. Konfliktlösungsstrategien in der Öffentlichkeitsarbeit zum Beispiel fokussieren sich daher oft auf logisch-sachliche Vermittlung von ›Faktenwissen‹ (oft auch als ›Aufklärung‹ beschrieben). Doch das kommt bei Wolfskritikern nicht immer gut an. Das Beispiel einer öffentlichen Vortragsveranstaltung im Westerwald veranschaulicht das Problem.

Der Heimatverein Holzhausen – eine lokale Organisation, die es sich zum Ziel gesetzt hat, sowohl die örtliche Gemeinschaft als auch die lokale *Heimat* einschließlich des Naturschutzes zu fördern – hat einen Landsmann aus dem Westerwald gebeten, einen Vortrag über Wölfe zu halten. Der pensionierte Zoologe und Mitglied der Gesellschaft zum Schutz der Wölfe hat in einem örtlichen Wildpark mit verschiedenen Caniden gearbeitet und ist ein gefragter ›Wolfsexperte‹ – auch für das Wolfsmanagement. Er kennt auch regionale Wolfskritiker aus vielen öffentlichen Diskussionen, in denen er sich oft heftige emotionale Auseinandersetzungen liefert (allerdings auf vertrauter Vornamensbasis). Wolfsexperten wie er und die wolfskritischen und wolfsbefürwortenden Gruppen einer Region kennen sich in der Regel untereinander. Man trifft immer auf ›alte Bekannte‹, wenn man zu einer Wolfsveranstaltung geht. In seinen einführenden Worten gibt er die Richtung seines Vortrags an:

> »Mein Anliegen bei so einem Vortrag ist zu informieren Die meisten Diskussionen zwischen sogenannten Wolfsgegnern und sogenannten Wolfskuschlern [...] werden sehr emotional, sehr heftig geführt, aber oftmals ohne Kenntnis der Faktenlage. Und ich will einfach heute versuchen, ein paar Fakten zu vermitteln, damit man auch eine sachliche Diskussion führen kann.«

Im Verlauf des Abends liefert er dann eine Menge Fakten zur Biologie und Ökologie der Wölfe, zur Geschichte der Wölfe im Westerwald und zu Herdenschutz und dem Einfluss der Wölfe auf die Jagd. Gerade bei den beiden letzten Themen widmet er sich vermehrt den Argumenten der Wolfskritikerinnen und widerlegt eins nach dem anderen durch wissenschaftliche Fakten.

Rein sachlich scheint seine Argumentation nicht angreifbar und Kritik aus den Reihen der anwesenden Wolfsgegner ist nicht zu hören. Nur beim Thema Herdenschutz meldet sich dann doch eine besorgte Pferdehalterin zu Wort und fragt nach:

> »[PFERDEHALTERIN:] Ich bin Pferdehalterin [...] und wir sind so verzweifelt, weil wir sagen, wir würden gerne einzäunen, aber wir dürfen es nicht. Das Baugesetz verbietet uns den Schutz unserer Tiere und das kann's nicht sein. Ich halte Pferde aus der Schlachtung, aus schlechter Haltung, Beschlagnahmung, undundund ...
>
> [VORTRAGENDER:] Wieviele Pferde sind in Deutschland gerissen worden?
>
> [PFERDEHALTERIN:] Nein, um jedes einzelne ist es schlimm.
>
> [VORTRAGENDER:] Ja, sicher. Natürlich, aber einen Vollschutz gibt es nicht.
>
> [PFERDEHALTERIN:] Ja, aber es muss doch möglich sein, dass wir unsere Tiere schützen dürfen.
>
> [VORTRAGENDER:] Wieviel Pferde sind den gerissen worden in Deutschland?«[14]

Die Diskussion zieht sich noch über Minuten fort, bis sich die Pferdehalterin schließlich so empört, dass sie aufsteht, sich durch die enge Stuhlreihe kämpft und aufgeregt die Veranstaltung verlässt.

Eine solche Szene ist nicht außergewöhnlich. Ähnliches erlebte ich auf auch auf anderen Veranstaltungen im Verlauf meiner Feldforschung. Es zeigte sich immer wieder: Hier treffen Sachlichkeit und Emotionalität aufeinander und geraten in Konflikt, der zugunsten der Sachlichkeit zumindest kurzfristig und oberflächlich entschieden wird, jedoch ohne die affektiv Erregten überzeugen zu können. Im Gegenteil, Affekte scheinen durch Sachlichkeit selten beschwichtigt zu werden; oft werden sie gerade durch die Konfrontation mit einer affektverneinenden Sachlichkeit noch verstärkt. Im obigen Beispiel potenziert sich die Sorge der Pferdehalterin angesichts der Antworten des Wolfsexperten (der stetige Rekurs zur Rissstatistik) zur Empörung. In anderen Worten: Affekte lassen sich schwerlich wegdiskutieren – wenn man von wenigen (jedoch wichtigen) Ausnahmen absieht.

---

14 Öffentliche Informationsveranstaltung, Holzhausen, 05.03.2020, Protokoll des Verfassers.

Ich hatte bereits auf die Ergebnisse einer Akzeptanzstudie verwiesen, nach der die meisten Deutschen weder viel über Wölfe wissen noch sich sehr für sie interessieren. Leben diese Personen in Gebieten, wo Wölfe dann zum ersten Mal auftauchen, sind einige von ihnen auch affektiv betroffen: Sie fühlen sich leicht unsicher (aufgrund der potenziellen Gefahr und ihrer Unkenntnis über Wölfe) und machen sich leicht Sorgen (ob sie noch im Wald spazieren gehen, ihren Hund ausführen können etc.). Bei Informationsveranstaltungen trifft man regelmäßig auf solch besorgte Personen, die die Wolfsexperten um Rat fragen und durch sachliche, auf Wissenschaft basierende Antworten meist beruhigt werden können. Dieser Personenkreis ist für diese Art der Öffentlichkeitsarbeit zugänglich.

Sind jedoch intensivere Affekte im Spiel, der Grad der Betroffenheit stärker, scheint man mit bloßer Sachlichkeit nicht viel weiterzukommen. Da hilft es auch nicht, wenn das Wolfsmanagement über die rationale Argumentation hinaus über keine Strategie verfügt, um auf Affekte einzugehen und sie zu beeinflussen. Wolfsmanagement als Affektmanagement erschöpft sich eben doch meist im Versuch der De-emotionalisierung des Konflikts und wird eher beiläufig als explizit betrieben. Dies führt zu Inkonsistenzen in der Praxis, zu einer verengten Perspektive auf das, was Affektmanagement alles bedeuten könnte, und lässt daher viel Raum für *affective resistance*[15], d.h. affektive Dynamiken können sich leicht der *affective governance* entziehen und eigene Wege, mit eigenen Mitteln, gehen. Ein erweitertes Verständnis von Wolfsmanagement als Affektmanagement muss also vielschichtigen und richtungsambivalenten Dynamiken folgen. Es muss sowohl staatliche Akteure als auch eine Gesamtsituation (ein affektives Arrangement also) berücksichtigen, in der verschiedenste Akteure versuchen, Affekte, Gefühle, Atmosphären, Stimmungen zu regulieren und zu modulieren – und zwar im Kleinen wie im Großen, von Individuen, Gruppen und der Gesellschaft als Ganzes. Ich möchte dies im Folgenden anhand von Praktiken des Sorgen-und-Ängste-ernst-Nehmens, des Stimmungmachens und Dampfablassens noch genauer untersuchen.

»Wir nehmen Ihre Sorgen und Ängste ernst«

Wolfskonferenz in Hachenburg, Westerwald, August 2019. Nachdem im Westerwald Anfang 2019 die erste residente Fähe bestätigt wurde, gab es Ge-

---

15 J. Slaby/J. Bens: Political Affect, S. 345.

sprächsbedarf in der Region. Das Wolfsmanagement organisierte daraufhin eine Wolfskonferenz, um Experten und die lokale Bevölkerung zusammenzubringen und über den Wolf zu diskutieren. Im Workshop »Wolf und Gesellschaft« konnten Fragen an eine Wolfsbiologin gestellt werden. Die Referentin des Umweltministeriums, die den Workshop moderierte, leitete ihn folgendermaßen ein:

> »Es soll natürlich so sein, dass Sie uns ihre Sorgen, Ihre Ängste schildern können. [...] Ziel wäre für mich im Endeffekt, vielleicht so eine Art Eindruck von der Stimmung zu bekommen. Sie haben jetzt nun mal den Wolf sozusagen vor der Haustür, in Mainz ist das nicht so, und vielleicht verpassen wir da ein paar Dinge, die hier so ablaufen. Bitte seien Sie ehrlich, sagen Sie uns Ihre Bedenken und wir wollen eben schauen, dass wir das mit einbeziehen.«[16]

Es folgte eine lange Diskussion darüber, ob man weiterhin durch die Wälder wandern könne, ob man auf Rastplätzen nun noch vorsichtiger das Butterbrot entsorgen müsse, ob es für Hundehalter besondere Verhaltensregeln gebe, ob Kinder noch im Garten zelten könnten und so weiter.

Sorgen und Ängste ernst zu nehmen ist spätestens seit der sogenannten Flüchtlingskrise von 2015 zur Handlungsmaxime für viele Politiker und Politikerinnen wie für Verwaltungen geworden und findet mittlerweile in allen möglichen Politikfeldern Anwendung – auch, und insbesondere, in Sachen Wolf. Hinter dieser Maxime stand zu Beginn allerdings ein rhetorischer Trick rechtspopulistischer Parteien, negative, gesellschaftlich sanktionierte Affekte wie Hass umzudeuten zu gesellschaftlich anerkannten Affekten wie Angst und Sorge, wie Ulrich Bröckling feststellte:

> »Als Sprechakt zeitigt der Satz ›Ich habe Angst vor den Fremden‹ andere Effekte als die Aussage ›Ich hasse sie‹: Wer sich auf seine Angst beruft, beansprucht ernst genommen zu werden; aber kein noch so besorgter Politiker käme auf die Idee zu fordern, man müsse den Hass der Menschen ernst nehmen und deshalb die Asylgesetze verschärfen.«[17]

Im letzten Kapitel habe ich bereits erwähnt, dass (der Ausdruck von) Hass auf Wölfe bei Weidetierhalterinnen oder Jägern praktisch nicht vorkommt. Obwohl anzunehmen ist, dass er durchaus bei einigen Wolfsgegnern vorhanden ist, wird er nicht öffentlich geäußert, denn Hass findet gesellschaftlich

---

16 Wolfskonferenz, Hachenburg, 09.09.2019, Protokoll des Verfassers.

17 Bröckling, Ulrich: »Man will Angst haben«, in: Mittelweg 36 (2016), S. 3-7, hier S. 5.

keine Akzeptanz und keinen Rückhalt – im Gegensatz zur Angst. Im Verlauf meiner Forschung habe ich oft erlebt, wie selbst Wolfsfreunde, die sich aktiv für Wölfe engagieren, nicht wissen, wie sie Ängsten und Sorgen von Wolfsskeptikerinnen begegnen sollen. Ängste und Sorgen seien eben da, man könne sie nicht wegargumentieren. Damit werden sie zum ›Totschlagargument‹ und verschaffen den Besorgten einen strategischen Vorteil: »Wer die Angstkarte ausspielt, unterläuft jede Kritik. Man kann ihn nicht widerlegen, weil er auf die Authentizität seines Gefühls pocht. Auf jeden Einwand erwidert er: ›Aber ich *habe* doch meine Angst! Wer wollte sie mir bestreiten?‹ Der Affekt immunisiert gegen Fakten.«[18]

Was bei dieser Betrachtungsweise verloren geht, ist die Tatsache, dass man an Gefühlen auch selbst arbeiten und sie damit verändern, abbauen kann.[19] Sie sind keine unverrückbare Selbstverständlichkeit.

Die Wolfskonferenz in Hachenburg zeigt, dass das Wolfsmanagement ein ambivalentes Verhältnis zu den Sorgen und Ängsten der Bürger und Bürgerinnen hat. Zum einen bemüht man sich um die Anerkennung derselben. Zum anderen ist schon ersichtlich, dass zwischen berechtigten und unberechtigten Sorgen unterschieden wird – und zwar anhand des Merkmals ›faktenbasiert‹. Unberechtigte Sorgen beruhen auf falschen Informationen, auf ›Wolfsmythen‹ und ›Märchen‹, und können durch die Vermittlung von wissenschaftlichen Fakten abgebaut werden. Dies war der Tenor des gesamten Workshops »Wolf und Gesellschaft«. Berechtigte Sorgen (also diejenigen, die den Fakten standhalten) sollen hingegen durch Managementmaßnahmen reduziert werden, z.B. durch Herdenschutz oder finanzielle Entschädigungen.

Doch gibt es noch eine dritte Vorgehensweise, wie mit Sorgen umgegangen wird, vor allem dann, wenn eine genaue Bestimmung der Berechtigung schwierig ist, und das ist das eigentliche Sorgen-und-Ängste-ernst-Nehmen. Es besteht aus drei expliziten Phasen und einer impliziten. Zuerst bedeutet es eine Bereitschaft, sich von dem Besorgten affizieren zu lassen. Dies geschieht dadurch, dass man einen Raum zur Verfügung stellt, in dem Sorgen und Ängste zur Sprache kommen dürfen. Zweitens wird den Besorgten vermittelt,

18 U. Bröckling: Man will Angst haben, S. 4.

19 Brezger, Jan: »Muss man die Ängste und Sorgen der BürgerInnen ernst nehmen? Die aktuelle Asyl-Debatte und der Fall Bremgarten«, Theorieblog, 19.08.2013, https://www.theorieblog.de/index.php/2013/08/muss-man-die-aengste-und-sorgen-der-buergerinnen-ernst-nehmen-die-aktuelle-asyl-debatte-und-der-fall-bremgarten/ (Zugriff: 20.06.2022).

dass man ihnen zuhört. Drittens wird Verständnis geäußert, die Authentizität der Gefühle anerkannt. In der Logik der Besorgten müsste daraus ein vierter Schritt folgen, nämlich dass aus dieser Anerkennung eine Handlung wird, die sich der Sorgen und Ängste annimmt, sodass in der Folge alle Besorgten ihrer entledigt sind. Dass dieses ›Versprechen‹ implizit und potenziell in Aussicht gestellt wird, ohne dass es jedoch explizit eingefordert werden könnte, macht es so attraktiv für Politik und Wolfsmanagement. Man verspricht ja nicht wirklich etwas, indem man die Sorgen und Ängste ernst nimmt, und wenn das auf der Seite der Besorgten dennoch so (positiv) ankommt, dann ist das ein nützlicher Nebeneffekt zusätzlich zum Wohlwollen, das man ihnen gezeigt hat.

Dass das Sorgen-und-Ängste-ernst-Nehmen nun ein effektives Affektmanagement sein kann, wenn der vierte Schritt nicht erfolgt, muss bezweifelt werden. Jedoch möchte ich auch die These aufstellen, dass das Wolfsmanagement im Allgemeinen gar nicht erst versucht, auf alle Sorgen und Ängste zu reagieren. Im Gegenteil, eine gewisse Unterströmung von negativen Affekten wird als unvermeidbarer Teil jedes politischen Aushandlungsprozesses angenommen. Es sind die großen Ausreißer an affektiver Intensität, die es zu beschwichtigen gilt.

Einen bedeutenden Nebeneffekt hat die Methode aber auf jeden Fall: Allein der Fokus auf negative Affekte als etwas, dem Raum gegeben werden muss, dem zugehört und das anerkannt werden muss, bringt mit sich, dass viele öffentliche Debatten entsprechend negativ gerahmt sind. Der primäre Modus, in dem über Wölfe debattiert wird, ist der eines Problems und Auslösers negativer Gefühle. Selbst bei Vorträgen vonseiten des Wolfsmanagements oder von Natur- und Artenschutzorganisationen nimmt die Diskussion um Sorgen und Ängste einen beträchtlichen Raum ein – auch wenn es nur darum geht, diese ganz ›aufklärerisch‹ als unbegründet zu entlarven. Am Ende einer solchen Veranstaltung wurde dann trotzdem hauptsächlich über Sorgen und Ängste geredet. Sie ernst zu nehmen ist demnach ein zweischneidiges Schwert: Einerseits versucht das Wolfsmanagement auf diesem Weg, Affekte zu managen. Andererseits schaffen Wolfskritiker und -kritikerinnen es auf jeden Fall, die Koordinaten der Debatte zu ihren Gunsten abzustecken.[20]

So geschehen beispielsweise bei der Wolfsresolution der Verbandsgemeinde (VG) Asbach im Westerwald. Um die Geschichte der Rückkehr der Wölfe in den Westerwald kurz weiterzuspinnen: Es stellte sich heraus, dass der Rüde

20 Ebd.

des ehemaligen Neuwieder Rudels, GW1159m, tatsächlich ein neues Rudel mit der Fähe GW1415f im Gebiet des Leuscheider Waldes gegründet hatte. Doch kurz darauf verschwand er und wurde ersetzt durch den mittlerweile ›berüchtigten‹ Rüden GW1896m. Dieser war schon auf seiner Wanderung durch mehrere Bundesländer aufgefallen, da er regelmäßig Schafe riss. Als er sich schließlich im Frühjahr 2021 im Leuscheider Wald niederließ, begann eine Serie von Schafsrissen (alle bis auf einen auf ungeschützte Schafe), die bis heute (Juni 2022) anhält. Die schiere Anzahl und beständige Regelmäßigkeit dieser Risse, die sich fast im Wochentakt ereigneten, sorgen für eine dauerhafte Unruhe und Unzufriedenheit unter Weidetierhaltern.

In einer Online-Informationsveranstaltung der VG Asbach versuchte das offizielle Wolfsmanagement in Gestalt zweier Vertreter des neu gegründeten Koordinationszentrums Luchs und Wolf (KLUWO) fast vier Stunden lang alle Fragen der Asbacher Bevölkerung zu beantworten und ihr damit einige Sorgen zu nehmen. Doch die Wolfskritiker in der Region fühlten sich anscheinend nur ungenügend ernst genommen und machten weiter Druck, überschwemmten den Bürgermeister mit besorgten Briefen. Schließlich traf sich der Gemeinderat, um eine (Anti-)Wolfsresolution zu beschließen, die auch einstimmig verabschiedet wurde. In der Resolution heißt es:

> »In den letzten Wochen und Monaten haben sich die Wolfssichtungen sowie die Wolfsrisse im Gebiet der Verbandsgemeinde Asbach stark gehäuft. Diese Entwicklungen und Umstände sind an unserer Bevölkerung nicht spurlos vorüber gegangen. Landwirte, Jäger, Tierhalter, aber auch Spaziergänger und die sonstige Bevölkerung haben sich in einem sehr hohen Maß an uns als Verbandsgemeinde gewendet, um ihre berechtigten Ängste, Sorgen und Nöte sowie eine Vielzahl von Fragen rund um das Thema Wolf kund zu tun. Aus der Bevölkerung haben uns eine Vielzahl von Fotos sowie teilweise Videoaufnahmen erreicht, die den Wolf in der Verbandsgemeinde Asbach sowohl zur Tages-, als auch zur Nachtzeit deutlich zeigen. Die Verbandsgemeinde Asbach nimmt die Sorgen und Nöte aus der Bevölkerung sehr ernst und sieht sich in dieser Situation als Interessenvertreter der Landwirtschaft, der Tierhalter, der Spaziergänger sowie aller Menschen, die sich in Sorge beim Thema Wolf befinden.«[21]

---

21 Resolution der Verbandsgemeinde Asbach/Westerwald, https://www.vg-asbach.de/nachrichten/2022/03/vg-ratsitzung-03-03-2022/resolution-wolf-vg-asbach.pdf?cid=ldm (Zugriff: 10.08.2022).

Wie wir sehen können, ist das Sorgen-und-Ängste-ernst-Nehmen durchaus ein wichtiger Teil des Wolfsmanagements und wird von den Besorgten geradezu eingefordert. Fehlt der entscheidende vierte Schritt des Ernstnehmens jedoch, bildet sich affektiver Widerstand. Man versucht alternative Sorgende zu finden. Im Fall der Wolfsresolution waren das verständnisvolle Lokalpolitiker, die nicht zwischen berechtigten und unberechtigte Sorgen und Ängste unterscheiden wollten; ein ehemaliger Berufsschäfer organisierte eine heterogene Gruppe – Kollegen helfen Kollegen –, bestehend aus Tierhaltern, Vertreterinnen von Wolfsorganisationen (WikiWolves, NABU und GzSdW) und anderen, um Weidetierhalterinnen schnelle und unbürokratische Unterstützung für den Herdenschutz anzubieten; andere Tierhalter vernetzten sich in einer WhatsApp-Gruppe, um ›glaubwürdige‹ Informationen zum Thema Wolf auszutauschen, da man sich vom Wolfsmanagement nicht ernst genommen fühlte; eine alternative Rissgutachterin widmete sich den Sorgen der Tierhalter hinsichtlich zweifelhafter Ergebnisse der vom Ministerium veranlassten Genetikproben bei Rissen und bot ihre Dienste an.

Die Versuche, Affekte zu managen, gehen also kreuz und quer durch die Gesellschaft und senden ihrerseits affektive Impulse in das Wolfsmanagement. In einer verworrenen Situation wie dieser den Überblick zu behalten, scheint fast unmöglich, sie im Sinne eines Managements kontrollieren zu können noch unmöglicher. Ich möchte zum Schluss dieses Abschnittes jedoch noch ein Beispiel aus meiner Forschung in Sachsen vorstellen, das ein in meinen Augen gelungenes Affektmanagement zeigt. Genauer gesagt, handelt es sich dabei um ein Affekt*mikro*management.

Vor einigen Jahren geriet die Region um das Dorf Krauschwitz in der Lausitz wiederholt als Ort mehrerer Wolfsangriffe auf Hunde und andere Haustiere in die Schlagzeilen. Zwischen Weihnachten und Neujahr 2017/18 hatte ein Wolf zwei Hunde getötet, einer davon war in einem Hof angeleint gewesen, der andere frei in der Nähe des Hauses herumgelaufen. Der Wolf wurde daraufhin »entnommen« und die Obduktion ergab, dass er schwer krank war. Dann tötete ein anderer Wolf im August 2019 einen Hund 200 Meter entfernt von einem Bauernhaus. Einen Monat später sah eine Nachbarin von Frau S. am Nachmittag einen Wolf an ihrem Gartenzaun entlanglaufen.

Frau S. wohnte mit ihrem Mann und drei Hunden am Rande von Krauschwitz, im letzten Haus des Ortes, das an den Wald grenzt. Früher war sie jeden Tag mit ihren Hunden im Wald spazieren gegangen, aber das war jetzt nicht mehr so. Ihr Nachbar von gegenüber hatte einen Wolf gesehen und nur eine

Woche darauf hatte sie ein seltsames Erlebnis, das sie erschreckte. Ihr Mann war verreist und sie erwartete, dass eine Freundin sie am Abend besuchen würde. Als sie das Auto ihrer Freundin vor dem Haus hörte, war es bereits dunkel, und sie nahm eine Solar-Gartenfackel, um zum Gartentor hinauszugehen und sie zu begrüßen. Als sich beide Frauen am Tor trafen, hörten sie plötzlich ein bedrohliches »wolfsähnliches« Knurren hinter der Hecke und erschraken dadurch so sehr, dass sie schnell ins Haus rannten.

Am nächsten Tag wandte sich Frau S. an das LUPUS-Institut und bat um Hilfe und Rat. Jemand kam und installierte Fotofallen im Garten und draußen davor, um zu sehen, ob sich wirklich ein Wolf vor ihrem Haus herumtreibe. In den nächsten Wochen überprüfte eine LUPUS-Biologin mit ihr immer wieder die Fallen, aber es konnte kein Wolf fotografiert werden. In der Zwischenzeit hatte Frau S. weitere Solarlampen in ihrem Garten installiert, ging nicht mehr mit ihren Hunden in den Wald (andere Hundebesitzer hatten ihr bestätigt, dass sie manchmal einen Wolf auf ihrer Runde gesehen hatten) und nahm sogar ihren jüngsten wie ihren ältesten Hund an die Leine, wenn sie in ihrem Garten spielten.

Die Situation sei so unheimlich und beängstigend gewesen, erzählte sie mir, als ich sie zusammen mit einer LUPUS-Biologin besuchte. Sie habe immer noch keine Ahnung, was das gewesen sei. Ob es wirklich ein Wolf gewesen sei? Aber was hätte es sonst sein können? Sie habe sich das Geräusch nicht eingebildet. Immerhin habe es diese Angriffe auf Hunde schon früher in der Nähe gegeben und ihre Nachbarin habe einen Wolf gleich dort drüben gesehen. Ja, natürlich seien die Hundebesitzer in der Gegend besorgt. Aber auf der anderen Seite sei es auch ein bisschen aufregend, herauszufinden, ob ein Wolf in der Nähe sei. Eigentlich freue sie sich immer darauf, die Bilder der Fotofallen zu überprüfen. Sie habe auch schon Füchse in ihrem Garten und Wildschweine in den Hecken gesehen. Nein, sie würde sich nicht erschrecken, wenn wirklich ein Wolf in ihrem Garten fotografiert werden würde. Sie würde sich sogar freuen. Schließlich liebe sie Tiere.

Ob das bedrohliche Knurren an diesem Abend wirklich von einem Wolf stammte, ist unklar. Aber die LUPUS-Biologinnen mussten reagieren. Als offizieller Partner im sächsischen Wolfsmanagement müssen sie Meldungen wie der von Frau S. nachgehen und untersuchen. Zeigt ein Wolf bedrohliches Verhalten in unmittelbarer Nähe zu einem Menschen, würde dies möglicherweise als problematisches und gefährliches Verhalten gewertet und der Wolf damit zu einem Problemwolf, der eventuell tödlich entnommen werden muss. Da es keinerlei Anhaltspunkte für eine solche Interpretation gab, hätte der Fall danach recht schnell abgeschlossen werden können. Doch es gab mehr zu tun, als möglicherweise einen Problemwolf zu identifizieren.

Es fiel mir auf, dass die LUPUS-Biologinnen sehr viel Zeit damit verbrachten, sich um diesen Fall zu kümmern, der mir nicht besonders gravierend erschien. Sie verbrachten viele Stunden damit, zu Frau S. zu fahren, Fotofallen zu installieren, mit ihr zu sprechen. Was sie taten, könnte man als *Mikromanagement von Affekten* bezeichnen. Laut der Biologin, die ich begleitete, achten sie immer auf solche Fälle und zerstreuen Sorgen und Ängste der Einzelnen, wann immer sie können, indem sie zuhören, ins Gespräch kommen und vor allem handeln. Indem man die kleinen »Samen« der Ängste behandele, könne man verhindern, dass sie wüchsen und sich ausbreiteten.

Wolfsmanagementpraktiken sind also auf mehreren Ebenen zu finden: von der internationalen über die nationale bis zur staatlichen und lokalen Ebene. Wolfsmanagement ›vor Ort‹, mitten in der Lebenswelt der Menschen, scheint besonders anspruchsvoll zu sein, und doch ist es der Ort, an dem viele wolfsbezogene Affekte ihren Ursprung haben und anerkannt und ›gemanagt‹ werden müssen. Die Geschichte von Frau S. zeigt, wie ein kleiner Vorfall, eingebettet in eine Wolfsatmosphäre mehrerer vergangener Vorfälle, den Alltag von Menschen auf dem Lande beeinflussen kann: kleine Veränderungen in der Gartenbeleuchtung, Änderungen der Hundespazierwege, ein verunsicherndes Gefühl in ihrer vertrauten Lebenswelt. Doch es hätte schlimmer kommen können, wenn niemand eingegriffen und sie ernst genommen hätte. Nicht ernst genommen zu werden, niemanden zu sehen, der präventive Maßnahmen ergreift und ›sich kümmert‹, hätte leicht in Wut auf das Wolfsmanagement umschlagen können, in die Gründung wolfsskeptischer WhatsApp- oder Facebook-Gruppen, in die Unterzeichnung von Anti-Wolf-Petitionen und so weiter.

Doch solch kleinräumige Eingriffe eines Mikromanagements von Affekten sind eher selten. In Sachsen wurde das LUPUS-Institut damit beauftragt, sich mit solchen Fragen zu befassen, und ist mit entsprechenden personellen und finanziellen Ressourcen ausgestattet. In Rheinland-Pfalz (wie auch in anderen Bundesländern) verfügt das Wolfsmanagemenregime nicht über diese Ressourcen und sieht teilweise auch nicht die Notwendigkeit, die Auswirkungen im Kleinen zu steuern.[22] Bevor ich zu dem in Kapitel 3 beschriebenen öffentlichen Vortrag des bekannten Wolfsgegners im Hunsrück ging, hatte ich

22 In Rheinland-Pfalz hat sich mit der Gründung des Kompetenzzentrums Luchs und Wolf (KLUWO) 2021 einiges in dieser Hinsicht verändert. Zum ersten Mal gibt es nun Mitar-

einen Anruf von jemandem aus dem offiziellen Wolfsmanagement erhalten, der mich fragte, ob ich hingehen und ihnen berichten würde, wie es gelaufen ist. Sie selbst wollten, wie oben geschildert, keinen Vertreter dort hinschicken, weil ihnen die Situation »zu aufgeheizt« war und sie vermuteten, ihr Erscheinen werde kontraproduktiv wirken und nur mehr Öl ins Feuer gießen. Ob sie Einzelgespräche mit den Betroffenen führen und Hilfe anbieten würden, fragte ich. Nein, sie würden nur handeln, wenn sie gefragt würden – aus den gleichen Gründen.

Ob offiziell anerkannt und moduliert oder nicht, die affektiven Dimensionen des Wolfsmanagements wirken und haben entsprechend Auswirkungen. Wenn Rissgutachter in Sachsen in ihrem großen weißen, teuer aussehenden Dienstgeländewagen am Ort eines Schafsrisses auftauchen, hinterlassen sie einen Eindruck. Wenn ein Rissgutachter mit perfekter Genauigkeit die Zäune vermisst und feststellt, dass es an einer Stelle nur an ein oder zwei Zentimetern zur festgesetzten Höhe fehlt, die über eine Entschädigung entscheidet, dann hinterlässt sein Verhalten auch einen Eindruck. Wenn Jäger, wie oben geschildert, einen von einem Wolf getöteten Rehbock melden und wollen, dass der Großkarnivorenbeauftragte (GKB) den ganzen Kadaver entgegen des üblichen Reglements zur genetischen Analyse mitnimmt, und der GKB der Situation nachgebend den Kadaver vorübergehend im Wald deponiert, wo die Jäger ihn leider wieder finden, dann hat der GKB eine Geschichte geschaffen, die ihn auch jetzt noch, mehrere Jahre danach, verfolgt. Eine affektmodulierende Wirkung zeitigt umgekehrt auch das folgende Beispiel: Als ein Hobby-Naturfotograf im Westerwald etwas zu enthusiastisch begann, das neue Leuscheider-Wald-Rudel aufzuspüren und zu fotografieren, diskutierte das Wolfsmanagement, ob es eingreifen solle – zumal das Nachstellen von Wölfen gegen das Naturschutzrecht verstößt. Der Fotograf erhielt daraufhin einen Anruf von einem ihm bekannten örtlichen GKB, der ihn aufforderte, seine Begeisterung zu dämpfen und die Wölfe in Ruhe zu lassen.

Sowohl der Erfolg des Wolfsmanagements als auch die Akzeptanz der Wölfe stehen und fallen mit jeder dieser kleinen Managementsituationen. Die gesellschaftliche ›Gesamtstimmungslage‹ in Bezug auf das Thema Wolf speist sich im Kleinen wie im Großen maßgeblich aus den Erfolgen und Misserfolgen dieses affektiven Mikromanagements. Dabei scheint es zwangsläufig, dass ein Wolfsmanagementregime zumeist nicht die Kapazitäten für ein affektives

---

beiter, die sich in Vollzeit nur um das Themas Wolf kümmern und entsprechend handeln können.

Mikromanagement hat, mit der Folge, dass kleinere negative Ausschläge auf dem Stimmungsbarometer in Kauf genommen werden – wenn nur die Gesamtstimmungslage nicht kippt. Diese wiederum versucht man eher über spezielle Rahmenbedingungen (Präventionsmaßnahmen, Entschädigungen, gesetzliche Regelungen) in ruhigere Fahrwasser zu lenken, wo einzelne Affektausbrüche weniger Wellen schlagen. Ob sich eine solche Managementstrategie langfristig durchsetzen kann, scheint angesichts der Herausforderungen und Konflikte mit und um den Wolf zumindest zweifelhaft. Vor allem da die offizielle Strategie die Konflikte betont ›sachlich‹ und rational austragen möchte und damit die Macht der ihr inhärenten Affekte marginalisiert bis ignoriert. Der Umstand, dass Affekte sich zu größeren intersubjektiven Atmosphären und Stimmungen verbinden können, sollte jedoch als Warnung dienen: Affektive Dynamiken auf der Mikroebene des lokalen Einzelfalls können auf die Makroebene des gesamtgesellschaftlichen Wolfsmanagements einwirken. Darum geht es im nächsten Abschnitt.

»Man muss auch Stimmung machen«

> »15. Januar 2020, Wiesbaden/Hessen. Schäfer und andere Weidetierhalter aus Hessen und benachbarten Bundesländern kündigten für heute eine Demonstration für Weidetierhaltung und gegen Wölfe an. Etwa 200 Demonstranten zogen laut, mit Trillerpfeifen und Kuhglocken, vom Bahnhof in die Nähe des hessischen Landtags, wo eine Bühne aufgebaut war für die Abschlusskundgebung. Die Demonstranten hielten Schilder hoch auf denen zu lesen war:
>
> Wölfe! – gequälte Schafe – schlaflose Nächte – untragbare Kosten
>
> Steht eine Art über allen anderen?
>
> Wir lieben unsere Tiere!
>
> Wolf – wir brauchen dich hier nicht!
>
> Der Wolf kommt … wir gehen
>
> Wolf nein Danke – Wer schützt unsere Tiere?«

Neben der Bühne war ein Pferch aufgebaut, in dem sich Schafe befanden, und auf Schildern prangten Fotos von gerissenen Schafen, überschrieben mit: »Sind wir das nächste Wolfsfutter?« und »Wo ist meine Mama?«. Ein Tierhalter hatte seine Alpakas mitgebracht. Auf der Bühne gab es zunächst Grußworte und politische Forderungen verschiedener Tierhalterverbände, die von den Demonstrierenden mit Applaus und Jubel begrüßt wurden. Eine junge Schäferin las ein Wolfsgedicht vor:

> »Liebe Leute, wenn es nur der Hunger wär, dann nähme er sich eines her.
>
> Doch der Grauhund in der Nacht tötet völlig unbedacht.
>
> Dem ersten riss er gleich die Kehle auf, das zweite packt er dann am Hinterlauf.
>
> Alles ist voll Blut, die Lämmer weinen.
>
> Da killt er gleich noch fünf von den Kleinen.
>
> Spielt das Spiel, bis er kaum noch atmen kann
>
> und morgen sind die nächsten Zwanzig dran.
>
> Herdenschutz wird großgeschrieben, doch die Lösung ist ausgeblieben.
>
> Höhere Netze, feste Zäune, am besten ein Stall bei Nacht,
>
> Herdenschutzhunde oder warum der Schäfer nicht gleich selber wacht.
>
> Schmerzen in der Seele und der finanzielle Ruin
>
> Dort führt eure Idiotie bald hin.«

Einer der darauffolgenden Redner, ein Vertreter des Bauernverbandes, brachte es dann auf den Punkt, wieso sie alle hier waren und wozu eine solche Demonstration dient:

> »Wir sind heute hier, um in der Masse Stimmung zu machen. Und wo ich gefragt wurde, wo wir als Bauernverband gefragt wurden, deutlich gesagt, dass

> wir natürlich, auch als Bauernverband deutlich hinter den Schäfern stehen, hinter den Weidetierhaltern, denn heute, das haben wir als Bauernverband auch gelernt, zählt nicht nur ständig zu reden, sondern *man muss auch Stimmung machen* […].«

Was das genau zu bedeuten hatte, musste dann die hessische Umweltministerin erleben, die auf der Bühne die Landespolitik zum Thema Wolf erklärte und Fragen der Demonstrierenden beantwortete – meist unter anhaltenden Buhrufen, Trillerpfeifenlärm und Kuhglockengeläut.[23]

Dieses Beispiel zeigt, dass es bei einer Demonstration nie nur – im wortwörtlichen Sinne – darum geht, seine Meinung öffentlich kundzutun und so zu einem öffentlichen rationalen Diskurs beizutragen. Das Zitat des Bauernverbandsvertreters weist darauf hin, dass eine Demonstration auch eine affektive Praxis ist, die nicht durch Argumentation überzeugen will, sondern mit dem Stimmungmachen einen alternativen Weg sucht, um öffentliche Meinungsbildung zu beeinflussen und durch die affektive Dynamik der Stimmung politischen Handlungsdruck zu erzeugen.[24]

Doch was ist überhaupt eine Stimmung und wie werden Stimmungen ›gemacht‹? In Kapitel 4 stellte ich bereits (in Rekurs auf Gernot Böhme) den Begriff der Atmosphäre als ein intersubjektives, diffuses affektives Arrangement vor, welches das subjektive Erleben der von ihm Ergriffenen emotional auf eine je spezifische Weise einfärbt. In der Literatur werden die Begriffe der Atmosphäre und der Stimmung meist synonym gebraucht. Wenn hier von Stimmung die Rede ist, meine ich eine Sonderform der Atmosphäre, die überwiegend für und von Menschen gemacht und erlebt wird, einer Anstrengung bedarf und dadurch intensiver und verdichteter wirkt. Das Stimmungmachen bezieht sich dann auf die bewusste Produktion einer affektiven Intensität, bei der die Stimmung selbst zum zu bearbeitenden Objekt wird, die wiederum auch von den Produzenten subjektiv erlebt werden soll. Allerdings kann das Stimmungmachen auch performativen Charakter annehmen, wie im Fall der oben beschrie-

---

23 Feldnotizen und Fotodokumentation, 15.01.2020.

24 Parallelen gibt es hier zu Medienstrategien des Rechtspopulismus. Der Medienwissenschaftler Christian Helge Peters fasst diese zusammen mit: »Wozu Fakten, wenn es auch Affekte tun?«, Peters, Christian Helge: »Medienökologie II. Wozu Fakten, wenn es auch Affekte tun? Zur Medienökologie des Rechtspopulismus und seinen Strategien der Affizierung«, in: Behrendt, Gianna/Henkel, Anna (Hg.), 10 Minuten Soziologie: Fakten (= 10 Minuten Soziologie 2), Bielefeld: transcript 2018, S. 97-108, hier S. 97, https://doi.org/10.14361/9783839443620-008

benen Demonstration, darauf ausgerichtet, auf ein Publikum, eine Gruppe zu wirken, die affektiv in diese Stimmung eingebunden wird. Die Stimmung ist somit weit mehr als bloßer Gemütszustand oder Entertainment; ihre affektive Dynamik wird so weit gesteigert, dass sie spürbare Wirkung erzeugen soll: Die Ministerin soll vom geballten Zorn der Tierhalter erschüttert und in ihrer Haltung zum Wolf im Sinne dieses Zorns transformiert werden. Die affektive Haltung der Tierhalter soll auf die Ministerin abfärben. Letzten Endes soll die gespürte Stimmung auf sie einwirken, mithin einen Handlungsdruck erzeugen.

Wie man anhand dieses Beispiels sehen kann, hat das Stimmungmachen einen inhärent ambivalenten Charakter: Dadurch dass Stimmung produziert ist, stellt sich immer die Frage nach der Motivation, dem Zweck und damit der ›Echtheit‹ der Performance (ist das alles nur gespielt?). In der Demonstration kommen nämlich mindestens zwei Ebenen zusammen: Affekte, die bereits vor der Veranstaltung in jedem einzelnen Teilnehmer in unterschiedlicher Zusammensetzung und Gewichtung präsent waren (die Gefühle und Sentiments, das Ethos), und eine Bündelung, Selektion und Konzentration der Affekte zu einer gemeinschaftlich produzierten und gerichteten Stimmung. Die Stimmung ist somit nie eine einfache Entsprechung der individuellen Affekte, sondern eine dem spezifischen Moment angepasste flüchtige Transformation derselben, die zudem eine eigenwillige Dynamik aufweist.

Den Stimmungen im Wolfskonflikt begegnet man daher am besten mit Skepsis. Sie werden eben nicht nur subjektiv erlebt, sondern auch als politisches Mittel gebraucht. In Kapitel 3 kam das in der WhatsApp-Nachricht des Kreisjagdmeisters zum Ausdruck, der mit vermehrten Wolfsnachweisen die drohende Gefahr durch Wölfe belegen und dadurch Handlungsdruck erzeugen wollte. Wie in Kapitel 4 dargestellt, versuchten Wolfskritiker aus Rosenthal die Angst der Bevölkerung vor Wolfsangriffen in den Vordergrund zu rücken, um eine Entnahmegenehmigung zu erhalten. In diesem Kapitel haben wir gesehen, wie gegen Wölfe in der Verbandsgemeinde Asbach Stimmung gemacht wurde, die schließlich zu der Verabschiedung einer ›Wolfsresolution‹ geführt hat. Nur selten geben Akteure ihre Motivation preis, so wie es der Vertreter des Bauernverbandes bei der Demonstration in Wiesbaden tat. In all diesen Beispielen handelt es sich um vereinzelte, lokale Stimmungen. Doch Stimmungen können ansteckend wirken und beständiger werden. Wie die Formen der *affective governance* hat auch die *affective resistance* von wolfskritischen Gruppen das Ziel, beständige Affektveränderungen zu erzielen. Politischen Handlungsdruck zu schüren, um einzelne Entnahmegenehmigungen für die

Wölfin Marie in der Lausitz oder GW1896m im Westerwald zu bekommen, ist eine Sache. Dauerhafte Gesetzesveränderungen zu erreichen, wie z.B. die reguläre Bejagung von Wölfen und die Herabsetzung des Schutzstatus des Wolfs, ist hingegen eine andere. Hierfür müssten sich diese vereinzelten, lokalen Stimmungen verbinden und ausbreiten, um die gesamtgesellschaftliche Stimmungslage in Sachen Wolf zum Negativen hin zu kippen. Erschwerend hinzu kommt, dass eine Ausbreitung auf die Kraft des affektiven Impulses angewiesen ist. Soll eine stimmungsgetragene Wolfsresolution beispielsweise aus dem Gemeinderat auf einem Marsch durch die Instanzen bis nach Brüssel wirken, muss nicht nur die Resolution als Schriftstück, sondern auch ihre affektive Wirkung transportiert werden – ohne dass den Affekten die Luft ausgeht, sie an Druck verlieren.

Da Stimmungen jedoch eher flüchtiger Natur sind, ist es für Wolfskritiker schwer, sie zu verstetigen. Denn verstetigen bedeutete, sie immer wieder und wieder aufführen, sie ›machen‹ zu müssen und die eigenen Reihen dauerhaft motivieren zu können, dies ebenfalls zu tun. Dabei hilft der Umstand, dass das Stimmungmachen eben nicht nur nach außen, sondern auch auf die Produzenten selber wirkt. Das Stimmungmachen kann auch identitätsbildend und motivationsfördernd auf eine »Erregungsgemeinschaft«[25] wirken, individuelle und lokale Affekte können verstärkt und moduliert werden. Ein Affektmanagement in diesem Sinne muss also nicht notwendigerweise an die Gegenseite gerichtet sein: Auch die Affekte der eigenen Seite können ›gemanagt‹ werden, um Affekte zu fördern, die dem eigenen Anliegen nutzen. Dies geschieht bei wolfbefürwortenden wie bei wolfsgegnerischen Gruppen.

Ein Beispiel hierfür ist eine Informationsveranstaltung in Niedert im Hunsrück, die ich bereits in Kapitel 3 kurz erwähnte. Nach vermeintlichen Wolfssichtungen und einem vermeintlichen Kalbsriss organisierten lokale Tierhalter eine Wolfsinformationsveranstaltung von Tierhaltern für Tierhalter der Region. Als Redner und Wolfsexperte war ein bekannter Schäfer und Wolfskritiker aus Nordrhein-Westfalen eingeladen worden. Vor etwa 100 Teilnehmern (fast alles Bauern aus der Region und ein paar Jäger) hielt er seinen über zwei Stunden dauernden Vortrag in einer Scheune auf dem Hof eines lokalen Tierhalters.

Er begann den Vortrag, indem er auf die Biologie der Wölfe einging. Mit einer Schulterhöhe von 120 Zentimeter seien Wölfe riesige Tiere, mit langen Beinen, die sie zu exzellenten Läufern machten, mit Spitzengeschwindigkeiten

25 U. Bröckling: Man will Angst haben, S. 5.

von bis zu 65 Stundenkilometer und der Fähigkeit, 4 Meter hochzuspringen, sie seien aber auch ausgezeichnete Schwimmer. Sie könnten bis zu 2,8 Kilometer weit gegen den Wind riechen, bis zu 15 Kilometer weit im freien Gelände hören, hätten ein hervorragendes Nachtsichtvermögen und ein weites Sichtfeld. Dieses Tier übertreffe alle anderen Raubtiere. Es könne alles, schließt der Referent seine Einführung ab.

Als Raubtiere seien Wölfe sogar noch gefährlicher, da sie typischerweise nicht alleine, sondern in Rudeln jagen. Und obwohl der Mensch keine typische Beute für sie sei, könne er durchaus Beute werden – wie man in anderen Teilen der Welt nachweislich sehen könne. Sie würden sogar Ablenkungsstrategien nutzen und einige Rudel in Ostdeutschland hätten sich darauf spezialisiert, von Jägern erlegtes Wild aufzuspüren und es vor den Menschen zu beanspruchen – was zu kritischen Situationen bei der Jagd führe.

Diese Raubtiere würden sich rasant ausbreiten, seien wohl kaum eine bedrohte Art (weltweit gäbe es 400.000 Wölfe!). Mit einer Reihe von Berechnungen zeigte er, dass Deutschland in naher Zukunft von Wolfsrudeln überschwemmt sein würde. »Wenn Sie dann mit Ihrem Hund spazieren gehen wollen, ist das nicht schön.« An einer späteren Stelle seines Vortrags kam er auf das Thema der Vermehrung der Wolfspopulationen zurück. Er zitierte mehrere ökologische Studien, die potenzielle Wolfslebensräume in Deutschland modellieren. Er zeigte, dass der Hunsrück als idealer Lebensraum gelte und dass 1400 Rudel in Deutschland leben könnten.[26] Er bekräftigte nochmals: »Sie werden nicht mehr draußen spazieren gehen!«

Anschließend entlarvte er mehrere »Mythen«, die von Wolfsmanagement und Naturschützern über den ökologischen Wert der Wölfe und ihre vermeintlich positive Rolle bei der Erhaltung von Ökosystemen verbreitet würden. Stattdessen betonte er, dass Wölfe vor allem Weidetiere erbeuteten, wie Studien in Italien, in den Alpen und in Frankreich zeigen würden (2019 wurden dort 15.000 Weidetiere getötet!).

Ein weiteres Problem seien Wolfshybriden. Dabei seien weniger die Hybriden selbst ein Problem (sowohl Wölfe als auch Wolfshybriden seien für Haustiere gefährlich), sondern dass das Wolfsmanagement leugne, dass es in Deutschland welche gibt. Das Monopol für die genetische Identifizierung von Hybriden liege beim Senckenberg-Institut, alternative Untersuchungen

26 Er bezieht sich hier auf folgende Studie: Kramer-Schadt, Stephanie et al. Habitatmodellierung und Abschätzung der potenziellen Anzahl von Wolfsterritorien in Deutschland, Bundesamt für Naturschutz (=BfN-Skripten 556) 2020.

durch Labore wie das private ForGen Institut in Hamburg seien offiziell nicht anerkannt. Das Wolfsmanagement versuche auf diese Weise, konkurrierende Aussagen und Feststellungen über Hybriden zu verhindern, um die alleinige Entscheidungsbefugnis darüber zu behalten, ob ein Wolf ein bestimmtes Tier getötet hat oder ein Hybride.

Dies passe in den größeren Rahmen dessen, worum es beim Wolfsmanagement wirklich gehe. Nämlich nicht um das Management von Wölfen (sie dürfen tun, was sie wollen), sondern um das Management von Menschen: »Wir sind es, die sie managen wollen!«. Sie benutzten »Framing«, um ihre Lügen zu erzählen, ohne dass es jemand merkt (»Ich hasse das!«). Sie benutzten das Wort »Wolfsmanagement«, obwohl wir es seien, die gemanagt werden sollen. Sie benutzten das Wort »Wolfsberater«, obwohl sie offensichtlich nicht wirklich die Wölfe beraten. Die Gutachter von Wolfsabschüssen seien nicht wirklich Gutachter im rechtlichen Sinne. Schließlich würden sie über »den günstigen Erhaltungszustand« lügen: »Erst wenn jedes Dorf seinen eigenen Wolf hat, ist der günstige Erhaltungszustand erreicht«.

Sein letzter Punkt war eine Kritik der Herdenschutzmaßnahmen. »Ich zeige Ihnen die einzige Maßnahme, die wirklich hilft.« Und hinter ihm auf der Leinwand erschien ein Bild von einem Schaf mit Helm und einer großen Waffe in den Hufen. Zäune? Wölfe könnten springen. Man müsste sie immer höher machen, aber das helfe nicht wirklich. Lamas oder Esel? Sie würden bald aufgefressen werden. Hunde? Nun, in Frankreich gebe es mehr als 7000 Schutzhunde und es funktioniere trotzdem nicht. Aber was denn dann funktioniere, fragte jemand aus dem Publikum. Wieder verwies er auf Frankreich und dessen Prinzip der »Reziprozität«. Wölfe müssten lernen, dass es für sie gefährlich ist, Weidetiere anzugreifen. Schäfer hätten dort das Recht, zu schießen.

Das Wolfsmanagement müsse sich also drastisch ändern. Es müssten nationale Managementpläne erstellt werden, international koordinierte Überwachungsregelungen und vieles mehr. Und wenn sich nichts ändert?

> »Andernfalls wird es einen Aufruhr geben. Ich denke in militärischen Begriffen. Man muss eine Faust machen. [...] Man muss zeigen, was wir können und was unsere Macht ist. [...] Ich würde es etwas geschickter ausdrücken. Ich würde sagen: Die Landbevölkerung muss die Lösung ihrer Probleme wieder selbst in die Hand nehmen. Wenn dann jemand sagt: ›Wie meinen Sie das?‹ Dann sage ich: ›Sie wissen, was ich meine.‹ Der Staat hat ein Gewaltmonopol. Wenn sie uns nicht helfen, wenn sie unser Eigentum nicht schützen, wozu sie von der Verfassung her verpflichtet sind, dann müssen sie daran erinnert

werden. […] Vielleicht gehen wir auf solche Zeiten zu. […] Ich weiß nicht, was dann passieren würde […].«[27]

Wenn wir uns den Inhalt dieses Vortrags ansehen, erkennen wir die gleichen typischen Themen, die in den meisten Vorträgen über Wölfe auftauchen, unabhängig davon, wer den Vortrag eigentlich hält: Wolfsbiologie und -ökologie, Fortpflanzung, Lebensräume und Territorien, Nahrung, Probleme von Wolfshybriden, Wolfsmanagement und Schutz von Tieren. Ein Blick auf die Rhetorik dieses Vortrags zeigt jedoch, dass diese Themen so präsentiert sind, dass sie die Zuhörenden durch eine Reihe von affektiven Impulsen zu einer bestimmten Lösung führen. Da keine anderen ›Wolfsexperten‹ im Publikum waren, konnte niemand die Interpretation der Fakten wirklich infrage stellen oder widerlegen. Wurde das Publikum durch die Argumentation des Redners logisch überzeugt? Schwer zu sagen. Allerdings sollten wir seinen Vortrag nicht nur in Bezug auf den Inhalt, sondern auch auf rhetorische Affekte hin interpretieren. Die Geschichte, die an diesem Abend erzählt wurde, könnte so aussehen:

Der Wolf ist ein gefährliches Super-Raubtier, das gefürchtet werden sollte. Dieses Super-Raubtier wird bald überall und in großer Zahl auch in Ihrer Region leben. Sie werden draußen nicht mehr sicher sein und auch Ihre Tiere sind in Gefahr. Wenn Sie glauben, offizielle Institutionen würden Ihnen helfen, sind Sie auf dem Holzweg. Man kann ihnen nicht trauen, sie erzählen Lügen und haben kein Interesse daran, Ihnen zu helfen. Stattdessen betrachten sie Sie als das Problem, das sie verwalten wollen. Sie schützen Sie nicht und Sie können auch Ihre Tiere nicht schützen, mit welchen Mitteln auch immer. Nichts funktioniert, nichts hilft. Es ist alles hoffnungslos. Es gibt nur eine Lösung, die bleibt. Nur ein Ausweg …

Der Vortrag schafft somit eine Stimmung der Gefahr und Angst, zerstört das Vertrauen in Institutionen, erzeugt ein Gefühl der Hoffnungs- und Ausweglosigkeit und zeigt schließlich nur einen einzigen Weg zur Hoffnung und Lösung des Konfliktes auf. Das Publikum war bereit zuzuhören und sich von dem, was der Wolfsexperte sagte, affizieren zu lassen. Es vertraute ihm. Er wurde von den Veranstaltern als »einer von uns« vorgestellt. Er ist ein Weidetierhalter und Landwirt, aber einer mit einem Hochschulabschluss, also ein Kollege und ein vertrauenswürdiger »Experte« zugleich. Allerdings war er

27 Informationsveranstaltung, Niedert, 04.07.2020, Protokoll und Audiomitschnitt.

nicht ganz »einer von uns«. Er war ein Schäfer, das Publikum bestand hauptsächlich aus Viehhaltern. Wie im letzten Kapitel erläutert, gibt es verschiedene Arten von Weidetierhalterinnen und es gibt auch eine Hierarchie unter ihnen, wobei die Schäfer eine ziemlich marginalisierte Gruppe innerhalb dieser Gemeinschaft sind. Vielleicht war dies der Grund, warum sich das Publikum nicht wirklich für seine »einzige« Lösung erwärmen konnte und sich nicht so betroffen fühlte, wie er es beabsichtigte. Obwohl die Zuhörenden auf das Gefühl der Gefahr, die Angst vor Wölfen und das Misstrauen in Institutionen zu reagieren schienen (was die Landwirte aus Erfahrungen in der Agrarpolitik kannten), hatten sie als Landwirte andere Möglichkeiten: eine mächtige Lobby, den Bauernverband. Deshalb war ihre Antwort auf seinen Aufruf zu den Waffen nicht der Griff zu den Heugabeln, sondern die Frage, ob und wie der Bauernverband helfen könnte.

Dampf ablassen, Druck aus dem System nehmen

Wie geht das staatliche Wolfsmanagement mit solchen Versuchen der *affective resistance* um? Wenn der Ruf nach Sachlichkeit oder das Ernstnehmen von Sorgen und Ängsten in all seinen Formen nicht wirkt, müssen andere Mittel gefunden werden, um der Stimmungsmache und dem daraus resultierenden politischen Handlungsdruck begegnen zu können. Einen entscheidenden Hinweis, wie das funktionieren könnte, bekam ich von einem Wolfsmanager aus Rheinland-Pfalz.

In Neitersen, Westerwald, fand eine große Informationsveranstaltung zum Thema Wolf statt. Es waren Experten geladen, die Vorträge hielten, und im Anschluss gab es eine Fragerunde, in der die Experten auf dem Podium Fragen des Publikums beantworteten. Nach der Veranstaltung unterhielt ich mich mit einem Wolfsmanager über den Verlauf des Abends. Alles sei wie erwartet gewesen, inklusive der emotionalen Ausbrüche am Ende. Das sei ja normal bei solchen Veranstaltungen, sagte er. Diskussionen im Anschluss an Vorträge folgten immer einem Muster. In der ersten Phase meldeten sich diejenigen mit echten Fragen, die auch echte Antworten hören wollten. Sind alle Sachfragen geklärt, kippt die Diskussion in die zweite Phase, in der die Teilnehmer nur mal ihrem Ärger freien Lauf lassen wollten. Da würden auch keine echten Antworten mehr erwartet werden. Es gehe nur noch darum, »Dampf abzulassen«. Aber dafür seien solche Veranstaltungen ja auch gut.

Wir halten fest: Bei Informationsveranstaltungen geht es nicht nur um die Vermittlung von Informationen, sondern auch darum, einen öffentlichen Raum zur Verfügung zu stellen, in dem neben Meinungen auch Gefühle geäußert werden dürfen und sogar sollen. Allerdings nicht in beliebiger Form und in beliebiger Intensität, sondern im Rahmen der gesellschaftlichen akzeptierten Diskursnormen (der Sachlichkeit, der Höflichkeit, des respektvollen Miteinanders etc.) und in gesellschaftlich-akzeptablem Maß: Nicht alle Gefühlsäußerungen gelten als angebracht (Sorge oder Ärger ja, Wut oder Hass eher nicht), nur manche gelten als ›nicht übertrieben‹ (d.h. Gefühls*äußerung* ja, Gefühls*ausbruch* eher nicht).

In der Informationsveranstaltung hatte sich beispielsweise eine Pferdehalterin zu Wort gemeldet, deren Hof in der Kernzone des Rudels liegt. Wölfe liefen wohl regelmäßig an ihren Hof vorbei, zudem sollte ein Wolf eines ihrer Pferde angegriffen haben. Es entbrannte eine lange Diskussion über die genetische Beprobung, die anscheinend nur ›hundeähnliches Tier‹ (Canide), aber nicht eindeutig Wolf nachgewiesen hatte. Der Referent des Ministeriums erläuterte daraufhin, wie Genetikuntersuchungen ablaufen, doch das mochte die Pferdehalterin nicht so recht glauben, stattdessen zweifelte sie weiter die Ergebnisse an. Daraufhin griff der Moderator ein und beendete die Diskussion:

> »[Moderator:] Gut, ich entnehme jetzt mal: Genetik geht vor Vermutung.
>
> [Pferdehalterin:] Nein, aber es wurde ja nicht Hund nachgewiesen, sondern hundeähnliches Tier.
>
> [Moderator:] Aber hier wurde eine Genetik festgestellt und sie haben jetzt eine Vermutung und dabei belassen wir es jetzt.
>
> [Pferdehalterin:] Nein, nein. [wird lauter]
>
> [Moderator:] Der Herr hier vorne hatte sich noch gemeldet.
>
> [Pferdehalterin:] Da wird man mundtot gemacht, wenn man sagt, ein Wolf ist ein hundeähnliches Tier. [schreit nun]
>
> [Moderator:] Wir nehmen das zur Kenntnis. OK, jetzt kommt der Herr hier vorne.«

Man kann hier sehen, wie der Moderator der Veranstaltung nicht nur den Ablauf des Abends, sondern auch dessen affektive Dynamik moderiert und moduliert, in sachliche Bahnen lenkt, ›übertriebene‹ Emotionen (Ausbrüche) unterbindet und generell darauf achtet, dass die Regeln des sozialen Miteinanders auch für den Konflikt um den Wolf gelten. Er wurde dabei unterstützt durch die Runde der Experten im Hintergrund und das Publikum allgemein – sozusagen als Stellvertreter der gesellschaftlichen Werte und Normen.

Meine These (bzw. die des Wolfsmanagers), dass es bei solchen Veranstaltungen eben auch um das Dampfablassen geht, wird auch durch das Timing dieser Veranstaltungen unterstützt. Denn sie finden ja nicht an einem beliebigen Zeitpunkt und an beliebigen Orten statt, sondern insbesondere dann und dort, wenn und wo Gemüter erhitzt sind, Stimmungen hochkochen oder zu kippen drohen – so wie im Gebiet des Leuscheider Waldes, wo der Wolf GW1896m mit fast wöchentlichen Rissen seine affektive Agency immer wieder unter Beweis stellte. Vorbeugende Informationsveranstaltungen in Gebieten ohne Wolfspräsenz gab es während meiner Feldforschungszeit so gut wie gar nicht.

Die Motivation des Wolfsmanagements, solche Räume zur Gefühlsäußerung zur Verfügung zu stellen, besteht natürlich darin, ein Maß an Kontrolle über die öffentliche Stimmung und die affektiven Dynamiken zu behalten. Organisieren Tierhalter selbst, mit ihrem eigenen Wolfsexperten, eine Informationsveranstaltung von und für Tierhalter (wie im Hunsrück geschehen und im letzten Abschnitt beschrieben), hat das Wolfsmanagement keinen Einfluss über die affektive Dynamik vor Ort: Gefühlsäußerungen können zu Gefühlsausbrüchen werden, Sorge kann zu Ärger, kann zu Wut oder Hass werden, und die Veranstaltung könnte ultimativ auch Ansporn zu illegalen Aktionen geben. Dennoch war das Wolfsmanagement der Meinung, auch hier regulierend eingegriffen zu haben, indem es auf seine Präsenz dort bewusst verzichtete, um nicht eskalierend zu wirken. Aber auch das Fernbleiben des Wolfsmanagements hat eine affektive Wirkung: Bei vielen Veranstaltungen von Tierhaltern wurde mir gesagt, es wäre schön gewesen, wenn sich das Wolfsmanagement »her getraut« hätte. Sie hätten zwar nichts anderes erwartet, doch ein Besuch wäre positiv zur Kenntnis genommen worden. Das Gleiche gilt auch für Wolfsbefürworter. Ob Vertreterinnen von NABU, der Gesellschaft zum Schutz der Wölfe oder ähnlicher Organisationen an Veranstaltungen von Tierhaltern teilnehmen oder nicht, wirkt sich oft positiv oder eben negativ aus.

Wenn aber selbst die Nichtpräsenz und das Nichthandeln affektive Wirkung haben, kann man leicht sehen, wie komplex das Affektmanagement im

Detail werden kann. Lässt auch der Begriff des Managements vermuten, dass es sich um im Prinzip kontrollierbare Situationen und Abläufe handelt, so wird man schnell feststellen müssen, dass die Rückkehr der Wölfe nach Deutschland einen ›Überschuss‹ an Affekten produziert. In die daraus resultierenden gesellschaftlichen Prozesse kann man zwar punktuell eingreifen, aber deren Zusammenspiel als affektives Arrangement bleibt insgesamt unüberschaubar und damit nur begrenzt kontrollierbar. Ein Wechselspiel von Formen der *affective governance* und der *affective resistance* sind somit immer gegeben, Ergebnisse der Managementversuche immer nur kurzfristig, instabil, in Transformation begriffen. Das gleiche gilt für die gesamtgesellschaftliche Stimmungslage, die den Artenschutz des Wolfs sichern soll.

Letzten Endes ist die zentrale Herausforderung des Wolfsmanagements als Affektmanagement eine Frage der Temporalität. Zum einen geht es um das punktuelle, zeitnahe Eingreifen in (noch) lokal gebundene Affekte. Zum anderen geht es darum, die Unbeständigkeit, die Sprunghaftigkeit, das ›Wilde‹ des Affekts zu bändigen, zu zivilisieren und in dauerhafte, beständige, für den Artenschutz günstige Affekte und Werte zu überführen. Doch müssten dafür nicht auch die Affekte der Wölfe selbst gebändigt werden? Hierzu mehr im folgenden Exkurs.

EXKURS: Affektmanagement bei Wölfen

Inwiefern kann Wolfsmanagement auch als eine Form des Affektmanagements von Wölfen verstanden werden?[28] Es lohnt sich ein Blick auf den Umgang mit den sogenannten Problemwölfen. Problemwölfe werden durch ›auffälliges‹ Verhalten zum Problem deklariert. Das BfN-Skript *Konzept im Umgang mit Wölfen, die sich Menschen gegenüber auffällig verhalten* definiert die Sachlage wie folgt:

> »*Unter auffälligem Verhalten* wird das Verhalten von Wölfen in Bezug auf Menschen verstanden, das scheinbar außerhalb der Bandbreite des Verhaltens der meisten Individuen dieser Art liegt. Auffälliges Verhalten umschreibt die

28 Tschofen, Bernhard/Heinzer, Nikolaus/Frank, Elisa: Wolfsmanagement als kultureller Prozess Working Paper zum Symposium »WOLFSMANAGEMENT: WISSEN_SCHAF(F)T_PRAXIS«. SNF-Projekt »Wölfe: Wissen und Praxis«, ISEK – Institut für Sozialanthropologie und Empirische Kulturwissenschaft, Universität Zürich 2016, S. 26.

> ganze Bandbreite von ungewöhnlichem über unerwünschtem bis zu problematischem Verhalten. […] *Dreistes (problematisches) Verhalten* […] ist ein Verhalten, das für den Menschen, wenn es eskaliert, sicherheitsrelevant werden kann. Ein solches Verhalten verlangt zumindest Aufmerksamkeit, kann jedoch auch als kritisch oder gefährlich eingeschätzt werden […].«[29] (2018:11)

Wir sehen also, dass auffälliges Verhalten zunächst immer einen (unauffälligen) Hintergrund voraussetzt, vor dem es erst auffallen kann. An dieser Stelle erscheint dann auch schon das erste Problem der Zuschreibung, denn für die meisten Menschen, die potenziell einem verhaltensauffälligen Wolf begegnen können, ist gar nicht klar, was denn der Bandbreite des ›normalen‹ Verhaltens entspricht. Viele Fälle von vermeintlich auffälligem Verhalten erledigen sich daher von selbst, nämlich dann, wenn ihnen unkorrekte Vorstellungen von Normalität zugrunde lagen, in deren Folge das Verhalten erst als auffällig beurteilt wurde. In diesem Kontext wird die Doppelfunktion des Wolfsmonitorings ersichtlich. Es dient nicht nur zur Erfassung der Wolfspopulation und deren geografischer Verteilung, sondern es ist auch »ein Instrument, um problematisches Wolfsverhalten frühzeitig zu erkennen und bei Bedarf gegensteuern zu können«.[30] Die regelmäßig eingehenden Sichtungsmeldungen bilden dabei in ihrer Gesamtheit die Bandbreite des ›normalen‹ Verhaltens bei Begegnungen ab, eine Art »Hintergrundrauschen«[31], welches zur Evaluierung durch Fachleute herangezogen werden kann.

In Bezug auf ein Affektmanagement bedeutet all das zunächst, dass Wolfsaffekte nur dann managementrelevant werden, wenn sie direkt in Bezug auf Menschen wirken. Wölfe können sowohl untereinander als auch in Bezug auf andere Wildtiere frei ihre Affekte ausleben und müssen sich lediglich an die wolfsspezifischen ›Disziplinierungen‹ halten, die das Zusammenleben im Rudel von jedem einzelnen Wolf verlangt. Doch im ›Zusammenleben‹, oder besser: im ›Zusammentreffen‹ mit Menschen, wird von Managementseite aus erwartet, dass Wölfe ihre Affekte nicht unkontrolliert walten lassen, es hat entsprechend ein Disziplinarregime entwickelt. Im »Protokoll für den Umgang mit auffälligen Wölfen«[32] lässt sich eine zunehmende Affektdisziplinierung in mehreren Schritten erkennen. Die Meldung eines auffälligen Wolfsverhaltens

29 Reinhardt et al.: Konzept zum Umgang mit Wölfen, S. 11.

30 Ebd., S. 20.

31 Ebd.

32 Ebd, S. 25ff.

beginnt erst einmal mit Maßnahmen, die den Wolf nicht unmittelbar betreffen. Weil ›Meldungen angeregt‹ werden und die Bevölkerung informiert werden soll, möchte man u.a. sowohl potenzielle ›Auslösereize‹ finden und entfernen als auch eventuelle unkorrekte Vorstellungen über auffälliges Verhalten in der Bevölkerung korrigieren (z.B. dass eine Begegnung in einer größeren Distanz als 30 Meter nicht ›unnormal‹ ist) und Verhaltensregeln bei Begegnungen kommunizieren.

Hierbei wird schon klar, dass vieles an auffälligem Wolfsverhalten nicht auf den Wolf selbst zu reduzieren ist, sondern so nur in der Interaktion Mensch-Wolf entstehen kann. Man könnte es daher auch als ein ›hybrides‹ Mensch-Wolf-Verhalten bezeichnen (z.B. das [An-]Füttern von Wölfen und die dadurch mögliche Annäherung eines Wolfs an den Menschen). Um Wolfsaffekte zu managen, sind daher a) direkte Maßnahmen nötig, die auf den Wolf selbst zielen, b) indirekte Maßnahmen, die auch auf den ›auffälligen‹ Wolf zielen, doch die Affekte und das Verhalten von Menschen betreffen (siehe Verhaltensregeln) und c) indirekte Maßnahmen, die auf Menschen zielen und sie auch betreffen. Hierzu zählt beispielsweise, dass davon ausgegangen wird, dass »auch *die öffentliche Stimmung* den Umgang mit problematischen Tieren beeinfluss[t]. Je mehr die Menschen mit dem Vorkommen und Verhalten von Wölfen vertraut sind, je mehr Vertrauen sie in die konsultierten Fachleute haben, desto eher werden sie die Empfehlungen der Fachleute akzeptieren.«[33]

Letzten Endes gilt eben auch beim Affektmanagement von Wölfen, dass es dabei zwar einerseits um das Leben der Wölfe (bzw. der Wolfspopulation) geht, andererseits aber auch um die Menschen und deren ›Von-Wölfen-affiziert-Sein‹:

> »Die Ziele der vorgelegten Empfehlungen sind, a) dass Menschen in Deutschland nicht durch wilde Wölfe verletzt oder getötet werden, b) dass die Menschen in Wolfsgebieten Vertrauen in das Wolfsmanagement haben und beibehalten, c) *dass ihre Angst vor Wölfen nicht zunimmt* und d), dass Wölfe sich weiter in Deutschland ausbreiten können, ohne dass es zu schwerwiegenden Wolf-Mensch-Konflikten kommt.«[34]

Doch wie konkret können wölfische Affekte überhaupt gebändigt, beeinflusst, kanalisiert werden? Die offiziellen Empfehlungen bauen auf Prinzipien der klassischen Ethologie. Die schon in Kapitel 2 kritisierte reduktionistische

33 I. Reinhardt/G. Kluth: Leben mit Wölfen, S. 113 (Herv. T.G).

34 Reinhardt et al.: Konzept zum Umgang mit Wölfen, S. 9 (Herv. T.G).

behavioristische Verhaltenstheorie wird zur Erklärung auffälligen Verhaltens zurate gezogen und liefert auch die Rechtfertigung für die Managementmaßnahmen. Zum einen werden Verhaltensauffälligkeiten meist durch eine übermäßige ›Habituierung‹ oder eine ›positive Konditionierung‹ (meist eine ›Futterkonditionierung‹) erklärt. Dem Ethologen Immelmann folgend, bezeichnet Habituierung »die Fähigkeit eines Tieres, sich an wiederholt auftretende Reize, die weder mit positiven noch mit negativen Folgen verbunden sind, zu gewöhnen und nicht mehr auf sie zu reagieren«.[35] Nach demselben Autor bezeichnet positive Konditionierung die positive Reizverstärkung von spontan auftretendem Verhalten, um es zu einem wiederkehrenden Verhaltensmuster zu verfestigen.

In beiden Fällen erscheinen Wölfe als passive, reizgesteuerte Wesen, die gar nicht anders können, als den Automatismen von Stimulus und Response reflexartig zu folgen. Umgangssprachlich könnte man das als ein ›Handeln im Affekt‹ bezeichnen, also ein ›triebgesteuertes‹ Verhalten, bei dem eine Abwägung von Handlungsoptionen (gleich ob reflektiert oder gefühlt) nicht möglich ist. Solch eine Argumentation ist uns schon im Zusammenhang mit dem *surplus killing* (Kapitel 4) begegnet. Demnach können Wölfe gar nicht anders, als den Bewegungsimpulsen von Schafen zu folgen und aus ›purer Mordlust‹, einem ›Tötungsimpuls‹, mehr zu töten als sie (auf einmal) fressen könnten. Die scheinbare Irrationalität bzw. Unsinnigkeit dieses Verhaltens – und damit die scheinbare Logik eines triebhaften Tötungsimpulses – hatte ich allerdings als bedingt durch den menschlichen Eingriff beschrieben, der getötete Tiere vor weiterem Zugriff der Wölfe sichert und damit erst die ›Unsinnigkeit‹ des Tötens konstruiert. Das Gleiche gilt für die in diesem Zusammenhang attestierte reizinduzierte Mordlust. Die Konstruktion von auffälligem Wolfsverhalten in klassisch ethologischer Terminologie hat somit Folgen, die sich direkt auf die Wahrnehmung von auffälligem Verhalten auswirken können. Denn wenn Wölfe tatsächlich ›triebgesteuert‹ sind und diese Triebe durch einfachste Reize (gemäß den Regeln der Habituierung oder Konditionierung) ›eskalieren‹ können, wie ist dann überhaupt noch eine Kontrolle von auffälligem Verhalten möglich?[36]

35 Immelmann 1982, zitiert nach ebd.

36 Dies ist im Prinzip die zweifelhafte Grundannahme des sogenannten Eskalationsmodells von Valerius Geist, die in wolfskritischen Kreisen gerne zitiert wird, allerdings jeder Grundlage entbehrt. Der Biologe Geist stellt darin die These auf, dass problematisches Verhalten bei Wölfen automatisch immer problematischer wird bis hin zum

Die Antwort wird wiederum in klassisch ethologische Terminologie gefasst. Eine problematische Habituierung oder positive Konditionierung kann mit einer ›negativen Konditionierung‹ geändert werden, also dem wiederholten Aussetzen von ›Strafreizen‹ (Beschuss mit Gummikugeln, Knallkörpern, Leuchtraketen etc.). Diese ›Vergrämung‹ ist in der Umsetzung allerdings alles andere als einfach, denn sie muss situativ als negativer Stimulus direkt (in zeitlichem und örtlichem Zusammenhang) dem unerwünschten Verhalten folgen, um eine geeignete Response des Wolfs zu erzielen. Zudem muss sie, um als Konditionierung wirksam zu werden, wiederholt stattfinden. Anders formuliert könnte man sagen: Um effektiv zu sein, müssen Vergrämungsmaßnahmen affektiv sein, und zwar nicht lediglich in dem Sinne, dass sie für den Wolf ›spürbar‹ sein müssen, sondern dass zudem die affektive Dynamik erkennbar sein muss, d.h. wer ihn affiziert.

Der Kommunikationswissenschaftler (und Jäger) Michael Gibbert erklärt das beispielhaft in einem Interview anhand der sogenannten Lupara, einer abgesägten Schrotflinte, die in Italien traditionellerweise zur Wolfsabwehr benutzt wurde.[37] Wird sie auf kurze Distanz eingesetzt (unter 30 Meter), kann sie tödlich wirken. Über größere Distanzen nimmt die Tödlichkeit der Bleigeschosse rapide ab, kann aber noch wehtun und damit theoretisch (wenn auch nicht notwendigerweise legal) zur Vergrämung benutzt werden. Im Unterschied zum Distanzschuss aus der Deckung eines Hochsitzes, ist beim Beschuss mit der Lupara für den Wolf immer klar, wer ihm Schmerzen verursacht. Die Möglichkeit zur negativen Konditionierung wäre somit gegeben.

In diesem Kontext stellt sich womöglich auch die Frage, ob auch Akteure außerhalb des offiziellen Wolfsmanagements Gebrauch von Vergrämungsmaßnahmen machen, um Wölfe nach ihren Vorstellungen zu disziplinieren. Mit dem Aufruf »Wir besuchen unser Wolfsrudel am 24.04.2021 bitte sei dabei« beispielsweise schienen einige Jäger im Westerwald zumindest die Möglichkeit zu erwägen, durch Störungsmaßnahmen das lokale Rudel zu vertreiben:

Angriff auf Menschen. Vgl. https://lieu-de-silence-et-de-ressourcement.org/When-do-wolves-become-dangerous-to-humans.pdf (Zugriff: 10.10.2022)

37 Duchet, Laura/Gibbert, Michael: »Managing a ›Wicked Problem‹: A Conversation with Michael Gibbert«, in: Marlis Heyer/Susanne Hose (Hg.), Encounters with Wolves: Dynamics and Futures, Sorbisches Institut: Bautzen 2020.

> »Wir besuchen unsere Wölfe! Um zahlreiche Teilnahme wird gebeten, Voranmeldung nicht notwendig. Egal ob zu Fuß oder motorisiert, bitte sei dabei. Ja es darf geschossen werden, aber nur mit der Kamera, die Flinte bleibt im Schrank. Oder mit Salz das ginge natürlich. Aktueller Standort: Leuscheider Wald oder Wald bei Flammersfeld. Zeitpunkt: Dämmerung bis Nacht, also Nachtsichtgeräte. Die Ökos haben keine, so sehen wir sie, bevor sie uns sehen. Viel Spaß euch.«[38]

Wie mir Forschungsteilnehmer aus der Region später bestätigten, fanden sich tatsächlich einige Wolfskritiker ein, doch zu einer Aktion kam es nicht, da auch Wolfsbefürworterinnen vor Ort waren. Doch zeigt der Aufruf, dass es neben dem illegalen Abschuss auch andere illegale Wege gäbe, um Wölfe ›das Fürchten zu lehren‹ (eine bekannte Forderung in Jägerkreisen in Bezug auf die angebliche mangelnde Scheu der Wölfe).

Eine andere Art der Vergrämung stellen Herdenschutzmaßnahmen dar – sowohl was die ›wolfssichere‹ Bezäunung als auch was die Herdenschutzhunde angeht. Obwohl es auch die Möglichkeit gibt, mit einem Festzaun Nutztiere auf der Weide vor dem Wolf zu schützen, indem der Zaun lediglich eine physische Barriere gegenüber seiner Beute darstellt, so gilt doch der Elektrozaun als der eigentliche ›Königsweg‹ des Schutzes. Dabei wirkt der Elektrozaun durch seine Stromschläge und den ausgelösten Schmerz, der den Wolf negativ konditionieren soll. Begegnungen mit Herdenschutzhunden können zwar auch durch bloße körperliche Gewalteinwirkung in der Auseinandersetzung Wölfe abhalten. Doch noch größer ist die affektive Wirkung, die die Präsenz der Hunde (konzipiert als dauerhafter negativer Stimulus) haben soll.

Schließlich besitzt auch das letzte Mittel im Umgang mit verhaltensauffälligen Wölfen, die letale Entnahme, eine affektive Dimension. Da es in der Wolfsmanagementpraxis das Problem gibt, einen Wolf bei der Entnahme eindeutig als den gesuchten Problemwolf zu identifizieren, hat die 2019 geänderte neue Rechtslage die Möglichkeit geschaffen, generell Wölfe in der fraglichen Region zu entnehmen, bis der Problemwolf getötet wurde bzw. bis die ›abschreckende Wirkung‹ die überlebenden Tiere des Rudels so weit beeindruckt, dass das problematische Verhalten aufhört.[39] Somit kann man die Ent-

---

38 Eine mir zugespielte WhatsApp-Nachricht, erhalten 22.05.2021.

39 Als Beispiel hierfür können die vier entnommenen Wölfe in Niedersachsen im Frühjahr 2021 dienen. In allen vier Fällen, in vier verschiedenen Rudeln, wurde jeweils ein ›falscher‹ Wolf entnommen. s. Information zu artenschutzrechtlichen Ausnahmegenehmigungen und erfolgten Entnahmen beim Wolf in Niedersachsen,

nahme als ultimatives Affektmanagement betrachten, sie ist für den betreffenden Wolf zwar tödlich, doch bei seinem Rudel kann und soll sie – über seinen Tod hinaus – durchaus affektiv weiterwirken.

Bei all diesen Maßnahmen stellt sich allerdings die Frage, ob ›Konditionierung‹ als Begriff nicht zu kurz fasst, um zu verstehen, was denn die Auswirkungen von Vergrämungen und Entnahmen sein könnten. Im Managementmodell geht man davon aus, dass es a) ein unerwünschtes Verhalten gibt, das b) durch ein menschliches Verhalten beeinflusst werden kann, welches wiederum zu einem veränderten Wolfsverhalten in der Zukunft führt. Die Response des Wolfs wird dabei eindeutig bestimmt: Auf Vergrämung kann nur ein verstärktes Angstverhalten folgen. Doch ist das die einzig denkbare Response? Jäger verweisen oft darauf, dass Wildschweine in Wolfsterritorien wehrhafter und aggressiver geworden seien und sich auch Jagdhunden öfter stellen und den Kampf annehmen. Wildschweine hätten demnach nicht einfach mit Angst auf die Bejagung reagiert, wie wir es im Diskurs der Ökologie der Angst in Kapitel 4 schon kennengelernt haben. Für ein empfindsames, lernfähiges Lebewesen stellt sich bei der Bejagung die Frage, wie es dadurch affiziert wird (und das gilt es nicht nur auf Speziesebene zu fragen, sondern auch für einzelne Familieneinheiten und sogar Individuen). Ein (aggressiver) Angriff kann Angst verursachen, aber möglicherweise auch Gegenaggressionen, Wut, Kampfbereitschaft. Und die an Wölfen ›geschulten‹ Wildschweinaffekte können dann auch nicht nur den Umgang mit Wölfen beeinflussen, sondern auch den mit Jagdhunden oder gar mit Jägern. Daher könnte man auch bei Wölfen eine ähnliche verhaltensoffene Response vermuten, sie zumindest nicht ausschließen können. Wie werden Wölfe durch Bejagung oder Vergrämung affiziert werden? Was werden diese Maßnahmen in ihnen auslösen? Wie werden sie darauf reagieren? Die Agency von Wölfen ernst zu nehmen bedeutet auch hier, die Möglichkeitsvielfalt von komplexem Verhalten im Blick zu behalten.

Diese Komplexität von Affektdynamiken zeigt sich auch beim Versuch, eine generelle Menschenscheu durch Bejagung, Entnahme oder Vergrämung zu erreichen. Forschung in Skandinavien lassen eher vermuten, dass Wölfe weitaus spezifischer auf solche Maßnahmen reagieren, beispielsweise sich vor

---

Niedersächsisches Ministerium für Umwelt, Energie, Bauen und Klimaschutz, https://www.umwelt.niedersachsen.de/startseite/themen_im_fokus/der_wolf_in_niedersachsen/informationen-zu-wolfsentnahmen-in-niedersachsen-197937.html (Zugriff: 20.06.2022).

Helikoptern fürchten, wenn sie aus dem Helikopter heraus schon beschossen wurden. Morten Tønnessen schreibt hierzu:

> »The current situation of the Scandinavian wolf involves a strange paradox: The future of the wolf, a master of seclusion, apparently depends on its being managed by conservationists to an extent that makes the very notion of ›wild wolves‹ appear dubious. The wolves, of course, are not always aware of what is being done for their sake, and when they do encounter wildlife managers the encounter is as a rule an unpleasant one (the encounter with humans is not *supposed* to be a pleasant experience for a wild animal such as the wolf). Whereas a wolf's life might actually be saved by conservationist intervention through the use of helicopters and tranquilizers, with the aim of medical/surgical treatment, for instance, what the wounded or sick animal experiences is rather that it is hunted, captured, and forcefully incapacitated.«[40]

Solche Fälle verweisen darauf, dass Verhalten immer auch eine subjektive Seite hat, d.h. Verhalten eine Art der empfindsamen leiblichen Existenz ist, die vom Tier bewusst erlebt wird. Unabhängig davon, ob wir Zugang zu dieser subjektiven Erfahrung des Tieres erlangen können: Die Frage, was der Wolf weiß, wie er eine Situation erfährt, gehört sowohl zu einer der spannendsten als auch der fruchtlosesten Fragen, die man in Bezug auf Tiere stellen kann. Und wie Thomas Nagel[41] schon überzeugend dargelegt hat, haben wir keine zufriedenstellende Antwort darauf. Doch heuristisch gesehen, hilft diese Frage uns, etwas ins Blickfeld zu nehmen: Wir mögen nicht wissen, *was* ein Wolf weiß, aber wir wissen, *dass* er etwas weiß; wir mögen nicht wissen, *wie* er eine Situation erfährt, aber wir wissen, *dass* er sie erfährt. Anders formuliert, Wölfe haben Bewusstsein und Empfindungen; sie sind (wenn auch schwer durchschaubare) Subjekte.

Der Philosoph Jens Soentgen erinnert uns in diesem Kontext daran, dass die Ökologie als Beziehungswissenschaft lange Zeit eine erklärende Ökologie der Objekte war, welche eine Ökologie der Subjekte (der Innenseite ökologischer Beziehungen, wie er es nennt) vernachlässigte. Er schlägt demnach vor,

---

40 Tønnessen, Morten: »Is a wolf wild as long as it does not know that it is beingthoroughly managed?», in: Humanimalia: a journal of human/animal interface studies 2.1 (2010), S. 1-8, https://doi.org/10.52537/humanimalia.10090

41 Nagel, Thomas: »What Is It Like To Be A Bat?«, in: The Philosophical Review 83.4 (1974), S. 435-450, https://dx.doi.org/10.2307/2183914

hermeneutisch-verstehende Ansätze zur Ökologie erklärenden Ansätzen beiseitezustellen. In der Entstehungszeit der Ethologie waren schließlich auch tierpsychologische Modelle Bestandteil der damals jungen Wissenschaft. In den letzten Jahren scheinen sich manche Ethologen an diese frühe Allianz wieder zu erinnern und widmen sich jetzt auch verstärkt der *animal personality*, auch in Bezug auf den Wolf.[42]

Doch die Verhaltensforschung mit wildlebenden Wölfen ist nahezu nichtexistent und konzentriert sich daher auf wenige mit Gehegewölfen. Dennoch scheint sich nach und nach die Erkenntnis durchzusetzen, dass die klassisch-ethologischen Verhaltensmodelle von Habituierung und Konditionierung an ihre Grenzen stoßen und Verhalten anders gedacht werden muss. So konstatieren auch John Linnell, Ekaterina Kovtun und Ive Rouart in ihrem Bericht über Wolfsattacken auf Menschen, dass der Begriff der Habituierung seine Erklärkraft verliert, wenn Wölfe in stark anthropogen geprägten Landschaften wie in Europa leben.[43] Die dokumentierten Wolfsattacken zeigen zudem, dass Habituierung nicht differenziert genug ist, um den diversen Situationsbedingungen solcher Attacken gerecht zu werden. Die Hoffnung ruht daher auf tierpsychologischen *character trait*-Modellen, die helfen sollen, den Einfluss von Charaktertypen auf problematisches Verhalten zu erklären. Ganz im Sinne eines effektiven Wolfsmanagements sollen diese Erkenntnisse dann dazu dienen, differenziertere Konditionierungen betreiben zu können. Letzten Endes müssen die Autoren des Berichts allerdings auch eingestehen, dass die Effektivität von Vergrämungsmaßnahmen immer noch nicht geklärt und daher unbestimmt ist.

---

42 Blumstein, Daniel T.: »Habituation and sensitization: new thoughts about old ideas«, in: Animal Behaviour 120 (2016), S. 255-262, https://doi.org/10.1016/j.anbehav.2016.05.012; Wolf, Max/Weissing, Franz J.: »Animal personalities: Consequences for ecology and evolution«, in: Trends in Ecology and Evolution 27.8 (2012), S: 452-461, https://doi.org/10.1016/j.tree.2012.05.001; Hansen Wheat, Christina/van der Bijl, Wouter/Temrin, Hans: »Dogs, but Not Wolves, Lose Their Sensitivity Toward Novelty With Age«, in: Frontiers in Psychology 10 (2019), Artikel 2001, https://doi.org/10.3389/fpsyg.2019.02001

43 Deshalb unterscheiden die Wolfsbiologinnen Reinhardt und Kluth auch nochmal starke Habituierung von normaler Habituierung, um das dreiste, unerwünschte Verhalten als außergewöhnliches Verhalten abzugrenzen, vgl. Reinhardt, Ilka et al.: Konzept zum Umgang mit Wölfen, die sich Menschen gegenüber auffällig verhalten. Siehe auch die Skalen der Habituierung bei Baker, Rex O./Timm, Robert M.: »Coyote attacks on humans, 1970-2015: implications for reducing the risks«; in: Human-Wildlife Interactions 11.2 (2017), S. 120-132, https://doi.org/10.26077/jy37-s271

Wie werden Biologinnen und Wolfmanager in Zukunft problematisches Verhalten erklären und darauf reagieren? Linnell und Kollegen scheinen am Ende ihres Berichts zwei Alternativen aufzuzeigen: Die eine führt die alten Erklärungsmodelle weiter und möchte noch genauere GPS-Daten von besenderten Wölfen untersuchen. Die andere könnte einen hermeneutischen Weg ebnen, der situativ entstehende, affektive Dynamiken zwischen Mensch und Wolf verstehen möchte, indem er verstärkt Erfahrungsberichte solcher Begegnungen in den Blick nimmt (siehe Kapitel 2). Es bleibt zu hoffen, dass beide Wege begangen werden und vielleicht nun endlich auch qualitative Interpretationen von Begegnungen in einer komplexen Verhaltensökologie der Subjekte einen Platz im Wolfsmanagement und der Ethologie bekommen.

7. Epilog: Vom Ruhepuls der Koexistenz und affektbewegten Nachdenken

Was für ein Gefühl haben Sie als Leser, als Leserin nun am Ende dieses Buchs über das Leben mit Wölfen? Im Großen und Ganzen drehte sich vieles um die Konflikte mit und um Wölfe. Die sie begleitenden Affekte erregen, regen auf, erschüttern zuweilen und überlagern in der öffentlichen Wahrnehmung oft unterschwelligere Affekte, die Wölfe auch jenseits von Konflikten in einem anderen Licht erscheinen lassen könnten. Da das Leitprinzip meiner Forschung »Folge den Wölfen!« war, musste diese Ethnografie zwangsweise das aufgreifen und thematisieren, was mir von den Wölfen gewiesen wurde. Aufgrund der großen Herausforderungen, überhaupt Wölfen folgen zu können (siehe Kapitel 2) habe ich sicherlich auch vieles übersehen, und mir geht es ähnlich wie dem Referenten des Umweltministeriums (Kapitel 6), der zugeben musste, dass wir im Grunde genommen die meiste Zeit gar nicht wissen, was die Wölfe so tun. Dieses Buch kann demnach auch nur einen Teil der Aspekte des Lebens mit Wölfen beleuchten und muss vieles im Dunkeln lassen. Und das ist auch gut so, denn der ›gläserne Wolf‹ wäre mir genauso suspekt wie der ›gläserne Mensch‹.

Das Bild, das hier von Wölfen gezeichnet wurde, ist daher konfliktlastiger, als es sein müsste.[1] So bekamen die Wolfskritiker beispielsweise gleich ein ganzes Kapitel, die Wolfsfreunde nicht. Doch nicht umsonst, denn die Vorwürfe gegen Wölfe wiegen schwer, die Affekte sind intensiv, das Konfliktpotenzial ist hoch. Zu verstehen, wie und warum Wölfe solch aufgeladene Atmosphären erzeugen können, hat daher Priorität. Zugleich bieten diese aufgela-

1 Dies scheint eine unausweichliche Nebenwirkung zu sein, wenn man Donna Harraway's Dictum ›staying with the trouble‹ folgt, vgl. Haraway, Donna J.: Staying with the trouble. Making kin in the Chthulucene (= Experimental futures Technological lives, scientific arts, anthropological voices), Durham/London: Duke University Press 2016.

denen Atmosphären die Gelegenheit, zu zeigen, dass sie nie nur durch Wölfe allein zustande kommen. Wölfe bringen sich ein, mischen mit, sie werden Teil von soziokulturellen Prozessen und Aushandlungen in einer Gesellschaft, die zwar von Ethnologen gerne als ›mehr-als-menschlich‹ begriffen wird, doch im öffentlichen Diskurs Tiere immer noch außen vorlässt. Das Buch konnte hoffentlich aufzeigen, wie verschiedene Menschen, Schafe und Wildtiere in Wolfsatmosphären miteinander agieren und dass es genau das Zusammenspiel in diesem affektiven Arrangement ist, das Atmosphären so wirkmächtig werden lässt. Dadurch können wir nun einen anderen, wissenschaftlich-kritischen Blick auf ›wolfskritische‹ Atmosphären werfen.

Ich habe in diesem Buch zudem versucht, auch jenseits der Konflikte einen Blick auf die Wölfe zu werfen. So spielt sich das erste der Wolfskapitel (Kapitel 2) anfangs ausschließlich ›unter Tieren‹ ab, die Menschen dürfen erst im letzten Teil des Kapitels auftreten. Auf diese Weise bot das Kapitel eine erste Annäherung an eine quasi-wölfische Perspektive, die zeigt, was Wölfe sonst noch tun, wenn sie sich nicht gerade in einem Konflikt mit Menschen befinden, jedoch auch, wie eine spontane Begegnung mit Menschen in ihrem Alltag ganz schnell zum Keim eines Konflikts werden kann (ich hätte noch erwähnen können, dass die hier beschriebene Begegnung nicht die einzige in diesem Gebiet war und es damals auch Vergrämungsaktionen des sehr rudimentären Wolfsmanagements gab). Die hier eingenommene etho-ethnologische Perspektive hat genau diesen Vorteil: Sie vergegenwärtigt uns, Wölfe als handlungs- und wirkmächtige Akteure ganz konkret zu denken und unsere anthropozentrische Sichtweise, wo nötig, infrage zu stellen.

In der wissenschaftlichen Literatur zum Wolf der letzten 20 Jahre ist festzustellen, dass man dazu überging, anstatt der Konflikte die Koexistenz zu betonen. Konstruktivistisch gedacht, wollte man vermeiden, dass die Wissenschaft selbst den Konflikt herbeiredet bzw. verschärft, indem sie den Wolf ausschließlich im Zusammenhang mit Konflikten behandelt.[2] Stattdessen

2 Vgl. Mech, David: »Is science in danger of sanctifying the wolf?«, in: Biological Conservation 150.1 (2012), S. 143-149, https://doi.org/10.1016/j.biocon.2012.03.003; vgl. aktuelle Positionen in der Debatte: Pooley, Simon et al.: »Rethinking the study of human-wildlife coexistence«, in: Conservation Biology (2020), S. 1-10, https://doi.org/10.1111/cobi.13653; Pooley, Simon: »Coexistence for whom?«, in: Frontiers in Conservation Science 2 (2021), S. 1-7, https://doi.org/10.3389/fcosc.2021.726991; Glikman, Jenny et al.: »Coexisting with different human-wildlife coexistence perspectives«, in: Frontiers in Conservation Science 2 (2021), S. 1-6, https://doi.org/10.3389/fcosc.2021.703174

wollte man die Perspektive auf das umlenken, was angestrebt wird: eine gelingende Koexistenz in der Zukunft. Ähnliches ist auch bei der Rückkehr der Wölfe nach Deutschland zu beobachten: Wolfsmanagement und Wolfsfreunde sind bemüht, die Möglichkeit zur (friedlichen) Koexistenz zu betonen, während Wolfskritiker und Medien die Konflikte in den Vordergrund stellen. In den drei Jahren meiner Forschung schien die konfliktgeladene Version des Lebens mit Wölfen immer dominanter zu werden – wieso, habe ich mit dem Begriff des Affektmanagements im letzten Kapitel erläutert. Aus ethnologischer Sicht macht es wenig Sinn, diese ›Schieflage‹ (d.h. die zu einseitige, unterkomplexe Sicht) einfach aus Prinzip ausgleichen oder gar mit rein rhetorischen Mitteln den Begriff des Konflikts durch den der Koexistenz ersetzen zu wollen.

Die Frage ist vielmehr: Wie kommt es zu dieser Schieflage, dieser Versteifung im öffentlichen Diskurs auf den Konflikt statt auf die Koexistenz? Neben der Vielzahl an Gründen, die im Verlauf dieses Buches hoffentlich ersichtlich wurden, darf man nicht vergessen, dass die Rückkehr der Wölfe nach Deutschland kein singuläres und momentanes Ereignis ist, sondern ein seit über 20 Jahren andauernder und lange noch nicht abgeschlossener Prozess. Wölfe erschließen das Land nicht als Ganzes und auf einmal, sondern Jahr für Jahr und Region für Region. In jeder neuen Region kann der Wolf entsprechend für Aufregung sorgen, trifft meist auf unvorbereitete Weidetierhalter, das Wissen über Wölfe ist gering, die Ungewissheit groß und Wolfskritiker machen Stimmung. Die Chance für Risse ist aufgrund der mangelnden Vorbereitungen recht groß und somit sind viele jener Bedingungen gegeben, die anfangs oft für einen Zustand der permanenten Erregung in der Region sorgen. Es verwundert daher nicht, dass der gesamtgesellschaftliche Diskurs unter *affektivem Dauerfeuer* steht, denn er speist sich aus all diesen kleinen regionalen Brandherden, von denen immer irgendwo mindestens einer hell auflodert. Es entsteht das Bild einer konfliktgeladenen, nie zur Ruhe kommenden Koexistenz mit Wölfen, die ein gelingendes Zusammenleben weder kennt noch in Zukunft für möglich hält. Dabei wäre es unwahrscheinlich, wenn es auch hier nicht zu Gewöhnungseffekten und Gewöhnungsaffekten kommen würde. Was ist also *der Ruhepuls der Koexistenz mit Wölfen*, wenn sie erst einmal richtig angekommen sind und ihre Präsenz nicht mehr als neu und fremd empfunden wird?

Ich möchte dieses Buch mit einem kurzen Einblick in ein Dorf abschließen, das mittlerweile schon 20 Jahre Erfahrung mit Wölfen hat. Neustadt, in der Gemeinde Spreetal in Sachsen, liegt direkt neben dem Truppenübungsplatz Oberlausitz, dort, wo die Fähe GW0006f und der Rüde GW001m 2005 das zweite Rudel in Deutschland gründeten: das Neustädter Rudel (das jetzige Rudel Neustadt/Spremberg).[3] Die Fähe ließ sich bereits 2002 in der Nähe nieder und fiel den Neustädtern dadurch auf, dass sie in der Paarungszeit regelmäßig am Ortsrand erschien und auf der vergeblichen Suche nach einem Partner die Nächte durchheulte. In Ermangelung eines Wolfsrüden verpaarte sie sich schließlich mit einem Hunderüden und bekam die ersten Wolfshybride in Deutschland. Zwei der Welpen verstarben allerdings schon früh, die anderen wurden in aufwendigen Lappjagden gefangen. Erst mit der Ankunft eines Wolfsrüden aus Polen im Folgejahr, GW001m, funktionierte es dann mit dem reinen Wolfsnachwuchs.

In den 1990er-Jahren gab es immer wieder mal einzelne durchziehende Wölfe in der Region, doch diese waren die ersten, die sesshaft wurden. Ihre Ankunft sorgte für viel Wirbel in und um Neustadt. In der Region machte vor allem die Jägerschaft mobil gegen die Wölfe. Viele Tierhalter gibt es in der Gemeinde nicht (wenn man von privaten Hühnerhaltern, einem Schäfer und einem Viehhalter absieht), aber an den ersten Schafsrissen entzündete sich der Ärger schnell. Der Schäfer beruhigte sich nach einiger Zeit, da er mit neuen Herdenschutzmaßnahmen sowie mit Unterstützung der Gesellschaft zum Schutz der Wölfe, lokaler Wolfsfreunde und zweier zur Erforschung der Wolfspopulation nach Neustadt angereisten Biologinnen schnell lernte, mit der Präsenz der Wölfe umzugehen. Doch für manche war die doppelte Präsenz von Wölfen und Wolfsfreunden ein doppelter Dorn im Auge. Zwei Neustädterinnen erinnern sich an die Anfangsjahre:

> »[Neustädterin 1]: Das hat ja am Anfang richtig hochgekocht. Das war ja wirklich schlimm, es war ja wirklich viele Jahre richtig schlimm gewesen. Und dadurch, dass die sich dann so stark gemacht haben hier, von LUPUS …
>
> [Interviewer]: Ist es dann hier so hochgekocht, weil LUPUS hier aktiv war?
>
> [Neustädterin 2]: Die waren dann der Prellbock. Die waren dann die Bösen.
>
> [Neustädterin 1]: Die waren die Zieheltern der Wölfe …

---

3 Die ersten Jahre in und um Neustadt sind detailliert beschrieben in Stoepel, Beatrix: Expeditionen ins Tierreich: Wölfe in Deutschland, Hamburg: Hoffmann und Campe 2004.

[NEUSTÄDTERIN 2]: Die haben sie hier ausgesetzt ...

[NEUSTÄDTERIN 1]: So wurde es halt dargestellt [...]. Ja, die beiden LUPUS-Frauen haben ganz schön Drohungen abgekriegt [...].

[INTERVIEWER]: Hattet ihr denn den Eindruck, dass es wirklich um den Wolf ging? Oder ging es um etwas anderes und der Wolf wurde nur vorgeschoben?

[NEUSTÄDTERIN 1]: Nein, nein ... es war schon der Wolf.

[NEUSTÄDTERIN 2]: Sonst hätte es ja die Diskussionen gar nicht gegeben. Es war wirklich ... es ging darum.

[NEUSTÄDTERIN 1]: Ja, ja, es ging um den Wolf, dass der Wolf als Konkurrent da ist [...].

[NEUSTÄDTERIN 2]: Und als Gefahr ...

[NEUSTÄDTERIN 1]: Als Gefahr ... ja, die Angst davor. Aber die Angst wurde auch viel geschürt dann, viel von den Jägern. Die wollten die mit ihm Boot haben, die mit der Jagd nichts zu tun hatten.«

Ähnlich wie in Rosenthal viele Jahre später waren also auch hier Jäger die treibende Kraft gegen die Wölfe. Insbesondere einer, der Vorsitzende des 2004 in der Nähe von Kamenz gegründeten Vereins Sicherheit und Artenschutz (der später auch in Rosenthal aktiv wurde), machte laut meiner Neustädter Interviewpartnerinnen immer wieder Stimmung und versuchte die gesamte Bevölkerung der Region für seine Sache zu gewinnen – teilweise mit Erfolg.

Während die lokale Jägerschaft also in den ersten Jahren verstärkt gegen den Wolf und die Wolfsbiologinnen des neugegründeten LUPUS-Instituts agitierte, begann parallel dazu eine ganz andere Entwicklung, die Neustadt zu *der* Wolfsstadt in Deutschland machte (unbemerkt von den meisten Neustädtern selbst). Der Wolf zog von Anfang an Wissenschaftler und Journalisten aus dem In- und Ausland an, die von den Neustädter Biologinnen mehr über die ersten Wölfe in Sachsen wissen wollten. Dann begannen die Schulungen für das offizielle Wolfsmonitoring, zu denen seitdem jedes Jahr Teilnehmer aus ganz Deutschland kommen. Diese Schulungen wurden in Zusammenarbeit mit einem der führenden Spurenleser Deutschland entwickelt und durchgeführt. Dessen Seminare zogen immer mehr Interessierte nach Neustadt und in die Lausitz und seitdem finden dort mehrmals im Jahr Kurse über Spurenlesen, Umweltpädagogik und vieles mehr in seiner Wildnisschule statt. Viele Kursteilnehmer kommen immer wieder hierhin zurück, gerne auch mal mit Familie, um die Wölfe und andere Tiere der Lausitz weiter zu erkunden. Auch zwei Naturführer aus der Region (einer aus Neustadt, der andere aus Hoyerswerda) waren von Anfang an dabei in Sachen Wolf, unterstützten die Arbeit der Biologinnen und bieten bis heute Wanderungen im Wolfsgebiet und Wolfsseminare an. Wenn man bedenkt, dass der Tourismus in dieser Braunkohleregion ein wichtiger wirtschaftlicher Faktor für die Post-Kohle-Zeit wäre, ist es erstaunlich, dass der im Kleinen florierende Wolfstourismus selbst am Bürgermeister der Verbandsgemeinde unbemerkt vorbeigegangen ist.

Wie mir die Besitzerin der örtlichen Pension erklärte, liegt das wahrscheinlich auch daran, dass die Wolfstouristen meist wenig Kontakt zu den Neustädtern haben und ›sehr konzentriert‹ auf die Wölfe und ihre Naturhobbys sind. Da fallen sie höchstens mal auf, wenn sie barfüßig durch den Ort laufen oder sich ganze Gruppen (von Spurenlesern) zur Verwunderung der Neustädter unter der Brücke treffen, um Spuren von Otter oder Biber im feuchten Sediment zu finden. Auffällig ist dann eher der örtliche Naturführer, der vor vielen Jahren hierherzog und an der Spree ein Camp mit Blockhütten und einem Zeltplatz baute. Sein Haus und sein ›wilder Garten‹ sehen schon sehr anders aus als die ordentlich gepflegten Häuser und Vorgärten, die man sonst in Neustadt findet. Die Wolfsleute fallen eben auch in diesem Sinne manchmal ›unangenehm‹ auf, stehen im Ruf sich nicht richtig anpassen und integrieren zu wollen (und natürlich weiß man, wer genau die Handvoll Grünen-Wähler sind, die es jetzt – leider – in der Gemeinde gibt!).

Doch im Laufe der Jahre hat man sich sowohl an die Wolfsfreunde als auch an die Wölfe gewöhnt. Den Jägern passt der Wolf immer noch nicht, aber sie ärgern sich mittlerweile eher im Stillen. Die auswärtigen Jagdgäste, die für einige Jahre nicht mehr so oft nach Neustadt kamen, kommen jetzt auch wieder häufiger. Risse gibt es schon lange nicht mehr (es gibt ja auch fast keine Tierhaltung, von Hühnern einmal abgesehen, und der Kampf gegen Habicht und Fuchs ist hier wichtiger), und das, obwohl Neustadt zurzeit umgeben ist von drei Rudeln (das Neustädter, das Mulkwitzer und das Milkeler Rudel). Begegnungen mit Wölfen haben die Neustädter eigentlich auch nie. Wölfe sind einfach zu unwichtig für den Alltag der Bevölkerung hier, und wer sich nicht gerade in der Nacht im Wald herumtreibt, hat eigentlich keine Gelegenheit,

Wölfe zu Gesicht zu bekommen. Manch einer weiß immer noch nicht, dass es überhaupt Wölfe hier gibt – wenn, dann nur aus der Zeitung, aber nicht aus eigener Erfahrung.

Man könnte sagen, dass das Leben mit Wölfen in Neustadt und Umgebung nicht mehr so sehr bewegt wird von den großen Hochs und Tiefs der öffentlichen Affekte, Atmosphären und Stimmungen, die Thema dieses Buches waren. Der Ruhepuls der Koexistenz ist im Großen und Ganzen niedrig – wenn auch hinterlegt mit einem unzufriedenen Grummeln der Jägerschaft. Wölfe lassen diesen Ruhepuls hauptsächlich in einem bestimmten affektiven Modus ansteigen: als mulmiges Gefühl. Darunter verstehe ich ein unangenehmes aufkommendes Gefühl einer noch nicht vollends ausgebildeten diffusen Angst. Dieses Mulmige zieht einen aus einer sich vertraut anfühlenden Welt heraus und lenkt die Aufmerksamkeit suchend auf etwas potenziell Bedrohliches. Hierzu ein kurzes Beispiel aus der Lebenswelt einer Neustädterin:

> »Als meine Kinder dann da waren, da haben wir uns ja auch nicht anders verhalten. Dann haben wir auch gesagt, geht mal bitte in den Wald, anstatt zu sagen, bleibt mal zu Hause. Aber die gehen ja von sich aus nicht […], die sind so Schisser, die haben Angst, da könnte wer kommen. Die haben eher Angst vor Menschen, dass da was passieren könnte. Da werden die Kinder ja auch ziemlich sensibilisiert heutzutage. Die gehen eher darum nicht in den Wald, weil sie denken, da könnte jemand Fremdes kommen. Aber dass sie jetzt vom Wolf … ach …
>
> Obwohl ich sagen muss, ich sage auch immer, man muss keine Angst haben und es ist alles nicht so schlimm. Aber wir sind mal verbotenerweise, wir wollten uns einen Weihnachtsbaum holen […] Richtung Truppenübungsplatz […], und wir sind dann da hin gegangen, die Kinder waren noch recht klein und da haben wir Wolfsspuren entdeckt […] und es waren ziemlich viele und da haben wir schon zugesehen, dass wir uns den Baum schnappen und nach Hause gehen. Wir wussten ja nicht, wie alt die [Spuren] sind, sind die noch in der Nähe oder von vor ein paar Tagen […]. Und die Kinder haben auch, die merken das ja sofort, ›Trag mich!‹. Ich musste dann den Kleinen hochnehmen, und der Große, den musste mein Mann dann tragen und den Baum. Aber ja, das war schon ein bisschen komisch. Man weiß zwar, dass es Quatsch ist, aber irgendwie …«

Schon Wolfsspuren im Schnee können einen also erfüllen von einer unwohlen Ahnung und dem Wunsch, sich dieser Situation zu entziehen. Man könnte also sagen, das Mulmige gehört irgendwie zur Koexistenz mit einem Großkarnivoren wie dem Wolf dazu. Doch damit ist nicht gemeint, dass Wolfsgebiete durch eine ständige mulmige Atmosphäre charakterisiert sind und das Mulmige ständiger Begleiter im Leben der lokalen Bevölkerung. Das mulmige Gefühl ist vielmehr ein ›Manchmal-Gefühl‹, welches meist im Hintergrund schlummert und sich nur unter bestimmten Möglichkeitsbedingungen regt. Das wolfsspezifische mulmige Gefühl ist auch nur eine Ausformung eines generellen Gefühls, das ganz verschiedene Adressaten kennt. In den Wäldern eines Wolfsgebiets kann es einem nicht nur mulmig werden, weil es dort Wölfe gibt, sondern auch deswegen, weil der Wald im kulturellen Gedächtnis in Deutschland generell als mulmiger Ort gilt.[4] Auch Begegnungen im Wald mit potenziell gefährlichen ›Fremden‹ können mulmig sein oder die Begegnung mit freilaufenden großen Hunden oder mit Wildschweinen. Das gelegentliche Mulmige gehört anscheinend zum Leben dazu – auch zum Leben mit Wölfen. Somit ist eigentlich eine der zentralen Fragen, die es im Bezug auf den Wolf zu klären gilt: Wieviel Mulmiges halten wir als Gesellschaft aus? Wieviel Mulmiges wollen und können wir zulassen am Rande unserer Lebenswelt – wohlwissend, dass es kein Anspruch auf ein von mulmigen Gefühlen freies Leben gibt?

Diese Fragen verdeutlichen nochmal eines der Kernanliegen dieses Buches, nämlich zu zeigen, dass Affekte (wie auch das Mulmige) nicht einfach ›da‹ sind, nicht unhinterfragt als gegeben und selbstverständlich angenommen werden sollten. Affekte sind nicht nur dynamisch und daher im steten Wandel begriffen, sondern auch bearbeitbar, formbar – sowohl auf gesellschaftlicher als auch auf individueller Ebene. Eine gelingende Koexistenz hängt nicht allein von technologischen Lösungen (z.B. des Herdenschutzes) ab, sondern ist vor allem eine Form der Beziehungsarbeit. Dazu gehört auch, wie wir aktiv mit Affekten umgehen. Wie wir von Wölfen affiziert werden, folgt keinem Naturgesetz, sondern ist modulierbar durch kulturelle wie individuelle Formen der Sensibilität und Affektregulation. Wie sehr wir uns von Wölfen affizieren lassen, wie feinfühlig wir für deren affektive Wirkungen sind und unter welchen Bedingungen wir versuchen, unsere Affekte zu kontrollieren (Haltung zu zeigen, nicht die Fassung zu verlieren oder mit Mumm dem Mulmigen zu begegnen), wird sich in den nächsten Jahren durch

4 Vgl. Lehmann, Albrecht: Von Menschen und Bäumen: Die Deutschen und ihr Wald, Reinbek: Rowohlt 1999.

das Leben mit Wölfen zeigen und weiterentwickeln. Wie genau, gilt es auch gesellschaftlich zu verhandeln.

Ist dieses Buch dann ein weiterer Appell, Affekte (aka Sorgen und Ängste) ernst zu nehmen? Oder ein Gegenappell aus der Wissenschaft, stets zur Sachlichkeit und Vernunft zurückzukehren? Weder noch. Dieses Buch soll primär die Sprachlosigkeit überwinden, die den gesellschaftlichen Diskurs um Wölfe und Affekte seit Jahren lähmt, und einen Begriffsapparat vorstellen, mit dessen Hilfe man konstruktiv nicht nur *über* Affekte (aus einer scheinbar neutralen, objektiven und nichtaffizierten Distanz heraus), sondern *mit Affekten denken* kann. Solch ein affektbewegtes (Nach-)Denken verlangt Aufmerksamkeit gegenüber affektiven Dynamiken – bei einem selbst und bei anderen –, jedoch ohne sie passiv über sich ergehen zu lassen. *Eine aktive, reflexive Haltung ist notwendig, die sich von Affekten anleiten lässt, ohne sich von ihnen antreiben zu lassen.* Für diese Haltung ist kein Verständnis für Akteure und ihre Betroffenheit durch Affekte nötig, aber ein *Verstehen*: Durch ein affektbewegtes Denken sollen die Affekte selbst expliziert, ihre arrangementhaften Zusammenhänge sichtbar sowie ihre Sinnhaftigkeit für die von ihr betroffenen Akteure nachvollziehbar werden. Dadurch werden neue Diskussionen möglich, die auch quer zur herkömmlichen Dichotomie Sachlichkeit/Gefühl verlaufen können anstatt sie zu reproduzieren.

Dieses Buch hat gezeigt, wieso Affekte überall in der Debatte zu finden sind; wieso sie dennoch ein Schattendasein führen; wie der kulturelle Wert der Sachlichkeit einen konstruktiven Umgang mit Affekten behindert; in welchen Erscheinungsformen Affekte auftreten; dass Affekte unabgeschlossen, prozesshaft, ambivalent sind; wie einzelne Affekte Teil größerer Strukturen sind; wie Affekte sowohl subjektiv empfunden als auch intersubjektiv wirken und selbst zum bearbeitbaren Objekt werden können; wie Affekte soziokulturell bedingt sind und welche Bedingungen Affekte intensivieren bzw. mindern.

Es ist meine Hoffnung, dass der von mir hier vorgeschlagene Weg im doppelten Sinne zu einer gelingenden Koexistenz mit Wölfen beitragen kann. Zum einen kann er helfen, unsere Sensibilität gegenüber den affektiven Dynamiken des Zusammenlebens so aufmerksam zu reflektieren und so fein zu justieren, dass wir als Gesellschaft anpassungsfähiger werden an die neuen Realitäten in Zeiten des Anthropozäns. Denn alte, überholte Vorstellungen von getrennten Welten von Mensch und Tier oder Kultur und Natur, in denen beide Seiten in den ihnen jeweils zugeteilten Sphären nebeneinander leben, haben sich als obsolet herausgestellt. Ob wir wollen oder nicht, die Lebenswelten von Menschen und wilden Tieren rücken näher zusammen, sind immer mehr miteinander verwoben. Ob Singvögel und Maulwürfe im Garten, Tauben und Waschbären auf den Dächern, Enten und Nutrias in den Flüssen, Wildschweine auf den Spielplätzen, Rothirsche in den Maisfeldern oder eben Wölfe, die durch Vororte von Großstädten und durch Dörfer ziehen: Unsere Gesellschaft ist und war schon immer eine mehr-als-menschliche Gesellschaft, menschliches Leben immer schon ein Zusammenleben mit Tieren und anderen Lebewesen. Diese Gesellschaft nicht nur mit geliebten Haustieren oder mit nützlichen Nutztieren teilen zu können, sondern auch mit wilden Tieren, die manchmal auch unangenehm werden können, verlangt einiges von uns Menschen. Zum einen eine *Sensibilität* für die richtige Nähe und Distanz dieses vielfältigen Miteinanders und die Koordination unserer Lebensrhythmen. Zum anderen auch eine *Resilienz*, die uns befähigt, Affekte auch mal an uns abprallen zu lassen, und die unserer Sensibilität dann Einhalt bietet, wenn sie in eine nicht hilfreiche Empfindsamkeit oder Reizbarkeit ausartet. Für eine gelingende Koexistenz mit Wölfen in einer mehr-als-menschlichen Gesellschaft müssen wir lernen zu unterscheiden, wann eine verstärkte Sensibilisierung und wann eine Desensibilisierung für Wolfsaffekte uns weiter führt.

8. Literatur

Ahne, Petra: Wölfe. Ein Portrait (= Naturkunden, No 27), Berlin: Matthes & Seitz 2017.

Alexander, Justine S. (Hg.): Large carnivore conservation and management. Human dimensions (= Earthscan Studies in Natural Resource Management), London/New York: Routledge 2018.

Amann, Klaus/Hirschauer, Stefan: Die Befremdung der eigenen Kultur. Ein Programm, in: Dies. (Hg.), Die Befremdung der eigenen Kultur: Zur ethnographischen Herausforderung soziologischer Empirie, Frankfurt a.M.: Suhrkamp 1997, S.7-52.

Ameli, Katharina: Multispezies-Ethnographie, Bielefeld: transcript 2021, https://doi.org/10.14361/9783839455326

Anderson, Ben: Encountering affect. Capacities, apparatuses, conditions (= An Ashgate Book), London/New York: Routledge 2016.

Anderson, Ben/Harrison, Paul: Taking-place. Non-representational theories and geography, Farnham Surrey England, Burlington VT: Ashgate 2010.

Anderson, David G.: »Humans and Animals in Northern Regions«, in: Annual Review of Anthropology 46 (2017), S. 133-149, https://doi.org/10.1146/annurev-anthro-102116-041556

Arbieu, Ugo et al.: »Attitudes towards returning wolves (Canis lupus) in Germany: Exposure, information sources and trust matter«, in: Biological Conservation 234 (2019), S. 202-210, https://doi.org/10.1016/j.biocon.2019.03.027

Arbieu, Ugo et al.: »The positive experience of encountering wolves in the wild«, in: Conservation Science and Practice 2.5 (2020), Artikel e184, https://doi.org/10.1111/csp2.184

Arnold, Irina: »Von traumatisierten Schafen und verwundbaren Lebenswelten: Stimmen von Weidetierhalter*innen aus Niedersachsen«, in: Lara Selin Ertener/Bernd Schmelz (Hg.), Von Wölfen und Menschen, Hamburg: Museum am Rothenbaum 2019.

Ausilio, Giorgia et al.: »Ecological Effects of Wolves in Anthropogenic Landscapes: The Potential for Trophic Cascades Is Context-Dependent«, in: Frontiers in Ecology and Evolution 8 (2021), Artikel 577963, https://doi.org/10.3389

Baker, Rex O./Timm, Robert M.: »Coyote attacks on humans, 1970-2015: implications for reducing the risks«, in: Human-Wildlife Interactions 11.2 (2017), S. 120-132, https://doi.org/10.26077/jy37-s271

Barua, Maan: »Bio-Geo-Graphy: Landscape, Dwelling, and the Political Ecology of Human-Elephant Relations«, in: Environment and Planning D: Society and Space 32.5 (2014), S. 915-934, https://doi.org/10.1068/d4213

Barua, Maan: »Encounter«, in: Environmental Humanities 7 (2016), S. 265-270, https://doi.org/10.1215/22011919-3616479

Barua, Maan: »Mobilizing metaphors: the popular use of keystone, flagship and umbrella species concepts«, in: Biodiversity and Conservation 20.7 (2011), S. 1427-1440, https://doi.org/10.1007/s10531-011-0035-y

Barua, Maan/Sinha, Anindya: »Animating the urban: an ethological and geographical conversation«, in: Social and Cultural Geography 20.8 (2019), S. 1160-1180, https://doi.org/10.1080/14649365.2017.1409908

Bassi, Elena et al.: »Attacks on hunting dogs: the case of wolf–dog interactions in Croatia«, in: European Journal of Wildlife Research 67.1 (2021), S. 1-9, https://doi.org/10.1007/s10344-020-01451-5

Baumgartner, Hansjakob: Der Wolf. Ein Raubtier in unserer Nähe, Bern: Haupt 2008.

Beatty, Andrew: Emotional worlds. Beyond an anthropology of emotion (= New departures in anthropology), Cambridge: Cambridge University Press 2019.

Behdarvand, Neda/Kaboli, Mohammad: »Characteristics of Gray Wolf Attacks on Humans in an Altered Landscape in the West of Iran«, in: Human Dimensions of Wildlife 20.2 (2015), S. 112-122, https://doi.org/10.1080/10871209.2015.963747

Bens, Jonas et al.: The Politics of Affective Societies – An Interdisciplinary Essay. Bielefeld: transcript 2019, https://doi.org/10.14361/9783839447628

Bens, Jonas/Zenker, Olaf: »Sentiment«, in: J. Slaby/C. v. Scheve (Hg.), Affective societies, S. 96-106.

Bisi, Jukka et al.: »The good bad wolf – wolf evaluation reveals the roots of the Finnish wolf conflict«, in: European Journal of Wildlife Research 56.5 (2010), S. 771-779, https://doi.org/10.1007/s10344-010-0374-0

Bjerke, Tore/Reitan, Ole/Kellert, Stephen R.: »Attitudes toward wolves in southeastern Norway«, in: Society and Natural Resources 11.2 (1998), S. 169-178, https://doi.org/10.1080/08941929809381070

Bloch, Günther/Radinger, Elli H.: Der Wolf kehrt zurück. Mensch und Wolf in Koexistenz? mit Tipps für Hundehalter, Spaziergänger und Reiter, Stuttgart: Kosmos 2017.

Blumstein, Daniel T.: »Habituation and sensitization: new thoughts about old ideas«, in: Animal Behaviour 120 (2016), S. 255-262, https://doi.org/10.1016/j.anbehav.2016.05.012

Bode, Wilhelm/Emmert, Elisabeth: Jagdwende: Vom Edelhobby zum ökologischen Handwerk, München: Beck 1998.

Böhm, Alexandra/Ullrich, Jessica: »Introduction – Animal Encounters: Contact, Interaction and Relationality«, in: Dies. (Hg.), Animal Encounters. Kontakt, Interaktion und Relationalität, Stuttgart: J.B. Metzler 2019, S. 1-21.

Böhme, Gernot: Atmosphäre. Essays zur neuen Ästhetik, Frankfurt a.M.: Suhrkamp 2013.

Brettell, Jonathan: »Exploring the multinatural: mobilising affect at the red kite feeding grounds, Bwlch Nant yr Arian«, in: Cultural Geographies 23.2 (2016), S. 281-300, https://doi.org/10.1177/1474474015575472

Breyer, Thiemo: »Bestien – Zur Anatomie des Schreckens vor dem Animalischen«, in: Erik Norman Dzwiza-Ohlsen/Andreas Speer (Hg.), Philosophische Anthropologie als interdisziplinäre Praxis, Leiden: Mentis 2021, S. 194-204.

Brezger, Jan: »Muss man die Ängste und Sorgen der BürgerInnen ernst nehmen? Die aktuelle Asyl-Debatte und der Fall Bremgarten«, Theorieblog, 19.08.2013, https://www.theorieblog.de/index.php/2013/08/muss-man-die-aengste-und-sorgen-der-buergerinnen-ernst-nehmen-die-aktuelle-asyl-debatte-und-der-fall-bremgarten (Zugriff: 20.06.2022).

Bröckling, Ulrich: »Man will Angst haben«, in: Mittelweg 36 (2016), S. 3-7.

Bronlow, Alec: »A wolf in the garden. Ideology and change in the Adirondack landscape«, in: C. Philo/C. Wilbert (Hg.), Animal spaces, beastly places, S. 141-158.

Brown, Joel S./Laundré, John W./Gurung, Mahesh: »The ecology of fear: optimal foraging, game theory, and trophic interactions«, in: Journal of Mammalogy 80.2 (1999), S. 385-399, https://doi.org/10.2307/1383287

Brox, Ottar: »Schismogenesis in the Wilderness: The Reintroduction of Predators in Norwegian Forests, in: Ethnos 65.3 (2000), S. 387-404, https://doi.org/10.1080/00141840050198045

Buller, Henry: »Animal geographies I«, in: Progress in Human Geography 38 (2014), S. 308-318, https://doi.org/10.2307/1383287

Buller, Henry: »Animal geographies II«, in: Progress in Human Geography 39.3 (2015), S. 374-384, https://doi.org/10.1177/0309132514527401

Callon, Michel/Law, John: »Introduction: Absence – Presence, Circulation, and Encountering in Complex Space«, in: Environment and Planning D: Society and Space 22 (2004), S. 3-11, https://doi.org/10.1068/d313

Cassidy, Rebecca: »Lives With Others: Climate Change and Human-Animal Relations«, in: Annual Review of Anthropology 41 (2012), S. 21-36, https://doi.org/10.1146/annurev-anthro-092611-145706

Charlier, Bernard: Faces of the wolf. Managing the human, non-human boundary in Mongolia (= Inner Asia book series, Band 10), Leiden: Brill 2015.

Chua, Liana et al.: »Conservation and the social sciences: Beyond critique and co-optation. A case study from orangutan conservation«, in: People and Nature 2.1 (2020), S. 42-60, https://doi.org/10.1002/pan3.10072

Creel, Scott et al.: »Elk Alter Habitat Selection as an Antipredator Response to Wolves«, in: Ecology 86.12 (2005), S. 3387-3397, https://doi.org/10.1890/05-0032

Cromsigt, Joris P. et al.: »Hunting for fear: innovating management of human-wildlife conflicts«, in: Journal of Applied Ecology 50.3 (2013), S. 544-549, https://doi.org/10.1111/1365-2664.12076

Dale, Rachel et al.: »The influence of social relationship on food tolerance in wolves and dogs«, in: Behavioral ecology and sociobiology 71 (2017), Artikel 107, https://doi.org/10.1007/s00265-017-2339-8

DeCesare, Nicholas. J. et al.: »Wolf-livestock conflict and the effects of wolf management«, in: The Journal of Wildlife Management 82.4 (2018), S. 711-722, https://doi.org/10.1002/jwmg.21419

Demertzis, Nicolas (Hg.): Emotions in Politics. The Affect Dimension in Political Tension. Basingstoke: Palgrave Macmillan 2013.

Demmering, Christoph/Landweer, Hilge: Philosophie der Gefühle. Von Achtung bis Zorn, Stuttgart/Weimar: J.B. Metzler 2007.

Derrida, Jacques: The Beast and the Sovereign, Band 2, Chicago: Chicago University Press 2011.

Despret, Vinciane: »Responding Bodies and Partial Affinities in Human–Animal Worlds«, in: Theory, Culture and Society 30 (2013), S. 51-76, https://doi.org/10.1177/0263276413496852

DiNovelli-Lang, Danielle: »The Return of the Animal: Posthumanism, Indigeneity, and Anthropology«, in: Environment and Society 4 (2013), S. 137-156, https://doi.org/10.3167/ares.2013.040109

Dokumentations- und Beratungsstelle des Bundes zum Thema Wolf (DBBW): Wölfe in Deutschland – Statusbericht 2019/2020, S. 1-34.

Duchet, Laura/Gibbert, Michael: »Managing a ›Wicked Problem‹: A Conversation with Michael Gibbert«, in: Marlis Heyer/Susanne Hose (Hg.), Encounters with Wolves: Dynamics and Futures, Bautzen: Sorbisches Institut 2020.

Eberlein, Undine (Hg.): Zwischenleiblichkeit und bewegtes Verstehen – Intercorporeity, Movement and Tacit Knowledge (= KörperKulturen), Bielefeld: transcript 2016, https://doi.org/10.14361/9783839435793

Eriksson, Max/Sandström, Camilla/Ericsson, Göran: »Direct experience and attitude change towards bears and wolves«, in: Wildlife Biology 21 (2015), S. 131-137, https://doi.org/10.2981/wlb.00062

Ertener, Lara S./Schmelz, Bernd (Hg.): Von Wölfen und Menschen (= Mitteilungen aus dem Museum am Rothenbaum, Neue Folge, Band 52), Hamburg: Museum am Rothenbaum 2019.

Essler, Jennifer L./Marshall-Pescini, Sarah/Range, Friederike: »Domestication Does Not Explain the Presence of Inequity Aversion in Dogs«, in: Current Biology 27.12 (2017), S. 1861-1865.e3, https://doi.org/10.1016/j.cub.2017.05.061

Fenske, Michaela: »Menschen, Wölfe und andere Lebewesen. Perspektiven einer Multispecies Ethnography«, in: L. Ertener/B. Schmelz, Von Wölfen und Menschen, S. 33-40.

Fenske, Michaela: »Narrating the Swarm Changing Metanarratives in Times of Crisis«, in: Narrative Culture 4 (2017), S. 130-152, https://doi.org/10.13110/narrcult.4.2.0130

Fenske, Michaela/Heyer, Marlis: »Wer zum Haushalt gehört. Ethiken des Zusammenlebens in der Diskussion«, in: Tierethik 11.19 (2019), S. 12-33.

Fenske, Michaela/Norkunas, Martha: »Experiencing the More-than-Human World«, in: Narrative Culture 4 (2017), S. 105-110, https://doi.org/10.13110/narrcult.4.2.0105

Foucault, Michel: Die Ordnung der Dinge, Frankfurt a.M.: Fischer Verlag 1991.
Fox, Camilla H./Bekoff, Marc: »Integrating Values and Ethics into Wildlife Policy and Management-Lessons from North America«, in: Animals 1 (2011), S. 126-143, https://doi.org/10.3390/ani1010126
Frank, Beatrice/Glikman, Jenny A./Marchini, Silvio (Hg.): Human-wildlife interactions. Turning conflict into coexistence (= Conservation biology, Band 23), Cambridge, UK/New York, NY: Cambridge University Press 2019.
Frank, Elisa: »Follow the wolves: Reflections on Ethnographic Tracing and Tracking«, in: Marlis Heyer/Susanne Hose (Hg.), Encounters with Wolves: Dynamics and Futures, Bautzen: Sorbisches Institut 2020, S. 99-114.
Frank, Elisa: »Multispecies Interferences: Taxidermy and the Return of Wolves«, Ethnologia Europaea 49 (2020), S. 79–97, https://doi.org/10.16995/ee.1434
Frank, Elisa/Heinzer, Nikolaus: »Wölfische Unterwanderungen von Natur und Kultur: Ordnungen und Räume neu verhandelt«, in: Groth, Stefan/Mülli, Linda (Hg.), Ordnungen in Alltag und Gesellschaft. Empirisch-kulturwissenschaftliche Perspektiven, Würzburg: Königshausen und Neumann 2019, S. 93-124.
Fuentes, Agustin: »Naturalcultural encounters in Bali: Monkeys, Temples, Tourists, and Ethnoprimatology«, in: Cultural Anthropology 25 (2010), S. 600-624, https://doi.org/10.1111/j.1548-1360.2010.01071.x
Galipeau, Steven: »Dancing with Wolves«, in: Jung Journal 7 (2013), S. 34-47, https://doi.org/10.1080/19342039.2013.759061
Gärtner, Sigmund/Hauptmann, Michaela: »Das sächsische Wolfsvorkommen im Spiegelbild der Jägerschaft vor Ort – Ergebnisse einer anonymen Umfrage«, in: Beiträge zur Jagd- und Wildforschung 30 (2005), S. 223-230.
Gazzola, Andrea et al.: »Temporal changes of howling in south European wolf packs«, in: Italian Journal of Zoology 69.2 (2002), S. 157-161, https://doi.org/10.1080/11250000209356454
Geertz, Clifford: The interpretation of cultures. Selected essays, New York: Basic Books 1973.
Gesing, Friederike et al.: NaturenKulturen. Denkräume und Werkzeuge für neue politische Ökologien (= Edition Kulturwissenschaft, Band 146), Bielefeld: transcript 2019, https://doi.org/10.14361/9783839440070
Gieser, Thorsten: »Beyond Natural Enemies: Wolves and Nomads in Mongolia«, in: Heyer, Marlis/Hose, Susanne (Hg.), Encounters with wolves: dynamics and futures, Bautzen: Sorbisches Institut 2020, S. 50-62.

Gieser, Thorsten: »Hunting wild animals in Germany: conflicts between wildlife management and ›traditional‹ practices of Hege«, in: Michaela Fenske/Bernhard Tschofen (Hg.), Managing the Return of the Wild: Human Encounters with Wolves in Europe. London: Routledge 2020, S. 164-179.

Gieser, Thorsten/von Essen, Erica: Wolves, ecologies of fear, and the affective challenges of coexistence«, Society and Space, 6. September 2021, https://www.societyandspace.org/articles/wolves-ecologies-of-fear (Zugriff: 18.06.2022).

Glikman, Jenny et al.: »Coexisting with different human-wildlife coexistence perspectives«, in: Frontiers in Conservation Science 2 (2021), S. 1-6, https://doi.org/10.3389/fcosc.2021.703174

Gomille, Axel: Deutschlands wilde Wölfe, München: Frederking und Thaler 2018.

Hackländer, Klaus: Der Wolf. Im Spannungsfeld von Land- & Forstwirtschaft, Jagd, Tourismus und Artenschutz, Graz/Stuttgart: Leopold Stocker 2019.

Hall, Edward T.: The Hidden Dimension. Garden City, N.Y.: Doubleday 1966.

Hansen Wheat, Christina/van der Bijl, Wouter/Temrin, Hans: »Dogs, but Not Wolves, Lose Their Sensitivity Toward Novelty With Age«, in: Frontiers in Psychology 10 (2019), Artikel 2001, https://doi.org/10.3389/fpsyg.2019.02001

Haraway, Donna J.: Staying with the trouble. Making kin in the Chthulucene (= Experimental futures Technological lives, scientific arts, anthropological voices), Durham/London: Duke University Press 2016.

Haraway, Donna J.: The companion species manifesto. Dogs, people, and significant otherness (= Paradigm, Band 8), Chicago, Ill.: Prickly Paradigm Press 2012.

Hartigan Jr., John: »Knowing Animals: Multispecies Ethnography and the Scope of Anthropology«, in: American Anthropologist 123.4 (2021), S. 846-860, https://doi.org/10.1111/aman.13631

Hartigan Jr., John: Shaving the Beasts: Wild Horses and Ritual in Spain, Minneapolis/London: Minnesota University Press 2020.

Hastrup, Kirsten: »Dogs among others. Inughuit companions in Northwest Greenland«, in: Robert J. Losey/Robert P. Wishart/Jan P.L. Loovers (Hg.), Dogs in the North. Stories of cooperation and co-domestication, London/New York: Routledge 2018, S. 212-232.

Heberlein, Thomas A./Ericsson, Göran: »Ties to the Countryside: Accounting for Urbanites Attitudes toward Hunting, Wolves, and Wildlife«, in: Human

Dimensions of Wildlife 10.3 (2005), S. 213-227, https://doi.org/10.1080/10871200591003454

Heinzer, Nikolaus: »Der Wolf M64 im Lötschental: Ethnographische Schlaglichter aus einem Wolfsdurchzugsgebiet«, in: Schweizer Volkskunde 106 (2016), S. 62-66.

Heinzer, Nikolaus: Mensch-Umwelt-Relationen in Bewegung. Eine Ethnografie des Wolfsmanagements in der Schweiz, Dissertation, Zürich 2020.

Helmreich, Stefan: Listening against Soundscapes, in: Anthropology News 51.9 (2010), S. 10, https://doi.org/10.1111/j.1556-3502.2010.51910.x

Heurich, Marco (Hg.): Wolf, Luchs und Bär in der Kulturlandschaft: Konflikte, Chancen, Lösungen im Umgang mit großen Beutegreifern, Stuttgart: Ulmer 2019.

Heurich, Marco: Die Rolle der großen Beutegreifer im Ökosystem, in: M. Heurich (Hg.), Wolf, Luchs und Bär in der Kulturlandschaft, S. 71-94.

Heurich, Marco: »Was ist Wildtiermangagement?«, in: M. Heurich (Hg.), Wolf, Luchs und Bär in der Kulturlandschaft, S. 96-98.

Hiedanpää, Juha/Pellikka, Jani/Ojalammi, Sanna: »Meet the parents. Normative emotions in Finnish wolf politics«, in: Trace. Journal for Human-Animal Studies 2 (2016), S. 4-26.

Hovardas, Tasos: Large Carnivore Conservation and Management. Human Dimensions (= Earthscan Studies in Natural Resource Management Ser), Milton: Routledge 2018.

Huizinga, Johan: Homo Ludens. Vom Ursprung der Kultur im Spiel, Hamburg: Rowohlt 1981.

Ingold, Tim: Anthropology and/as education, London/New York: Routledge 2018.

Ingold, Tim: Being Alive. Essays on Movement, Knowledge and Description, London/New York: Routledge 2011.

Ingold, Tim: Making. Anthropology, archaeology, art and architecture, London/New York: Routledge 2013.

Ingold, Tim: The perception of the environment: essays on livelihood, dwelling and skill, London/New York: Routledge 2000.

Ingold, Tim: What is an animal? (= One World archaeology, Band 1), Milton Park u.a.: Routledge 1994.

Jarausch, Anne et al.: »How the west was won: genetic reconstruction of rapid wolf recolonization into Germany's anthropogenic landscapes«, in: Heredity 127 (2021), S. 92-106, https://doi.org/10.1038/s41437-021-00429-6

Johnston, Catherine: »Beyond the clearing: towards a dwelt animal geography«, in: Progress in Human Geography 32.5 (2008), S. 633-649, https://doi.org/10.1177/0309132508089825

Jones, Karen: »From Big Bad Wolf to Ecological Hero: *Canis Lupus* and the Culture(s) of Nature in the American-Canadian West«, in: American Review of Canadian Studies 40.3 (2010), S. 338-350, https://doi.org/10.1080/02722011.2010.496902

Jørgensen, Dolly: »Rethinking rewilding«, in: Geoforum 65 (2015), S. 482-488, https://doi.org/10.1016/j.geoforum.2014.11.016

Jürgens, Uta M./Hackett, Paul M.: »The Big Bad Wolf: The Formation of a Stereotype«, in: Ecopsychology 9.1 (2017), S. 33-43, https://doi.org/10.1089/eco.2016.0037

Kaczensky, Petra: »Medienpräsenz- und Akzeptanzstudie ›Wölfe in Deutschland‹«, Freiburg i. Br.: Forstzoologisches Institut der Universität Freiburg 2006.

Kahl, Antje: Analyzing affective societies. Methods and methodologies (= Routledge studies in affective societies, Band 4), London/New York: Routledge 2019.

Kappelhoff, Hermann/Lehmann, Hauke: »The temporal composition of affects in audiovisual media«, in: A. Kahl (Hg.), Analyzing affective societies, S. 120-139.

Kirksey, Eben/Helmreich, Stefan: »The emergence of multispecies ethnography«, in: Cultural Anthropology 25.4 (2010), S. 545-576, https://doi.org/10.1111/j.1548-1360.2010.01069.x

Kleese, Deborah: »Contested Natures: Wolves in Late Modernity«, in: Society and Natural Resources 15.4 (2002), S. 313-326, https://doi.org/10.1080/089419202753570800

Knight, John (Hg.): Natural enemies. People-wildlife conflicts in anthropological perspective (= European Association of Social Anthropologists), London: Routledge 2000.

Knight, John: Waiting for Wolves in Japan: An Anthropological Study of People-Wildlife Relations, Oxford: Oxford University Press 2003.

Kolb, Natalie: Akzeptanzstudie zur Wiedereinwanderung von Wölfen nach Rheinland-Pfalz, Unveröffentlichte Masterarbeit, Oldenburg 2017.

König, Bettina: Die Darstellung des Wolfsbildes im Kontext geschichtlicher Entwicklungsprozesse – eine wissenschaftliche Analyse am Beispiel ausgewählter Printmedien seit 1873. Unveröffentlichte Dissertation, Freiburg i. Br. 2010.

Kramer-Schadt, Stephanie et al. Habitatmodellierung und Abschätzung der potenziellen Anzahl von Wolfsterritorien in Deutschland, Bundesamt für Naturschutz (=BfN-Skripten 556) 2020.

Kruuk, Hans: Hunter and Hunted: Relationships Between Carnivores and People, Cambridge: Cambridge University Press 2002.

Kuijper, Dries P.J. et al.: »Context dependence of risk effects: Wolves and tree logs create patches of fear in an old-growth forest«, in: Behavioral Ecology 26.6 (2015), S. 1558-1568, https://doi.org/10.1093/beheco/arv107

Kuijper, Dries P.J. et al.: »Landscape of fear in Europe: Wolves affect spatial patterns of ungulate browsing in Białowieża Primeval Forest, Poland«, in: Ecography 36.12 (2013), S. 1263-1275, https://doi.org/10.1111/j.1600-0587.2013.00266.x

Kulick, Don: »Human–Animal Communication«, in: Annual Review of Anthropology 46 (2017), S. 357-378, https://doi.org/10.1146/annurev-anthro-102116-041723

Kurki, Sami/Bisi, Jukka: The wolf debate in Finland. Expectations and objectives for the management of the wolf population at regional and national level, Seinajöki: University of Helsinki, Ruralia Institute 2008.

Landry, Jean-Marc/Borelli, Jean-Luc/Drouilly, Marine: »Interactions between livestock guarding dogs and wolves in the southern French Alps«, in: Journal of Vertebrate Biology 69.3 (2020), S. 1-18, https://doi.org/10.25225/jvb.20078

Latimer, Joanna: »Being Alongside: Rethinking Relations amongst Different Kinds«, in: Theory, Culture and Society 30.7/8 (2013), S. 77-104, https://doi.org/10.1177/0263276413500078

Laundré, John W./Hernández, Lucina/Altendorf, Kelly B.: »Wolves, elk, and bison: reestablishing the ›landscape of fear‹ in Yellowstone National Park, U.S.A«, in: Canadian Journal of Zoology 79.8 (2001), S. 1401-1409, https://doi.org/10.1139/z01-094

Lave, Jean/Wenger, Etienne: Situated Learning. Legitimate Peripheral Participation, Cambridge: Cambridge University Press 1991.

Lehmann, Albrecht: Von Menschen und Bäumen: Die Deutschen und ihr Wald, Reinbek: Rowohlt 1999.

Lescureux, Nicolas: »Towards the necessity of a new interactive approach integrating ethnology, ecology in the study of the relationship between Kyrgyz stockbreeders and wolves«, in: Social Science Information 45 (2006), S. 463-478, https://doi.org/10.1177/0539018406066536

Lescureux, Nicolas/Garde, Laurent/Meuret, Michel: »Considering wolves as active agents in understanding stakeholder perceptions and developing management strategies«, in: T. Hovardas (Hg.), Large Carnivore Conservation and Management, S. 147-167.

Lestel, Dominique/Brunois, Florence/Gaunet, Florence: »Etho-etnology and ethno-ethology«, in: Social Science Information 45.2 (2006), S. 155-177, https://doi.org/10.1177/0539018406063633

Lestel, Dominique/Bussolini, Jeffrey/Chrulew, Matthew: »The Phenomenology of Animal Life«, in: Environmental Humanities 5.1 (2014), S. 125-148, https://doi.org/10.1215/22011919-3615442

Liebal, Katja/Lubrich, Oliver/Stodulka, Thomas (Hg.): Emotionen im Feld. Gespräche über die professionelle Distanz zum Gegenstand, Bielefeld: transcript 2018, https://doi.org/10.14361/9783839445488

Linnell, John D.C.: »Beyond wolves: the politics of wolf recovery and management«, in: Wildlife Biology 11.4 (2005), S. 393-394, https://doi.org/10.2981/0909-6396(2005)11[393:BWTPOW]2.0.CO;2

Linnell, John D.C. et al.: »Is the Fear of Wolves Justified? A Fennoscandian Perspective«, in: Acta Zoologica Lituanica 13.1 (2003), S. 34-40, https://doi.org/10.1080/13921657.2003.10512541

Linnell, John et al.: The fear of wolves: A review of wolf attacks on humans, in: NINA Oppdragsmelding 731, Trondheim: Norsk institutt for naturforskning 2002, https://www.nina.no/archive/nina/pppbasepdf/oppdragsmelding/731.pdf (Zugriff: 18.06.2022)

Linnell, John D./Kovtun, Ekaterina/Rouart, Ive: Wolf attacks on humans: an update for 2002–2020. NINA Report 1944. Trondheim: Norwegian Institute for Nature Research 2021, https://brage.nina.no/nina-xmlui/handle/11250/2729772 (Zugriff: 18.06.2022).

Locke, Piers: »Elephants as persons, affective apprenticeship, and fieldwork with nonhuman informants in Nepal«, in: HAU: Journal of Ethnographic Theory 7.a (2017), S. 353-376.

Locke, Piers: »Explorations in Ethnoelephantology: Social, Historical, and Ecological Intersections between Asian Elephants and Humans«, in: Environment and Society 4.1 (2013), https://doi.org/10.3167/ares.2013.040106

Lone, Karen et al.: »Living and dying in a multi-predator landscape of fear: roe deer are squeezed by contrasting pattern of predation risk imposed by lynx and humans«, in: Oikos 123.6 (2014), S. 641-651, https://doi.org/10.1111/j.1600-0706.2013.00938.x

Lopez, Barry H.: Of Wolves and Men, New York: Simon & Schuster 1995.

Lorimer, Haydon: »Forces of Nature, Forms of Life: Calibrating Ethology and Phenomenology«, in: Ben Anderson/Paul Harrison (Hg.), Taking-Place: non-representational theories in geography, Farnham: Ashgate 2010, S. 55-77.

Lorimer, Jamie: »Nonhuman charisma«, in: Environment and Planning D: Society and Space 25.5 (2007), S. 911-932, https://doi.org/10.1068/d71j

Lorimer, Jamie/Hodgetts, Timothy/Barua, Maan: »Animals' atmospheres«, in: Progress in Human Geography 43.1 (2019), S. 26-45, https://doi.org/10.1177/0309132517731254

Losey, Robert J./Wishart, Robert P./Loovers, Jan P.L. (Hg.): Dogs in the North. Stories of cooperation and co-domestication (= Arctic worlds), London/New York: Routledge 2018.

Lubrich, Oliver/Stodulka, Thomas: Emotionen auf Expeditionen. Ein Taschenhandbuch für die ethnographische Praxis (= Edition Kulturwissenschaft, Band 206), Bielefeld: transcript 2019, https://doi.org/10.14361/9783839447765

Lübke Christiane/Delhey, Jan (Hg.): Diagnose Angstgesellschaft? Was wir wirklich über die Gefühlslage der Menschen wissen (= Gesellschaft der Unterschiede, Band 51), Bielefeld: transcript 2019, https://doi.org/10.14361/9783839446140

MacDougall, David: The Corporeal Image. Film, Ethnography, and the Senses, Princeton: Princeton University Press 2005.

Mangelsdorf, Marion: Wolfsprojektionen: Wer säugt wen? Von der Ankunft der Wölfe in der Technoscience (= Science Studies), Bielefeld: transcript 2007, https://doi.org/10.14361/9783839407356

Marchesini, Roberto/Celentano, Marco: Critical ethology and post-anthropocentric ethics. Beyond the separation between humanities and life sciences (= Numanities-arts and humanities in progress, volume 16), Cham: Springer Nature 2021.

Marcus, George E.: »Ethnography in/of the World System: The Emergence of Multi-Sited Ethnography«, in: Annual Review of Anthropology 24 (1995), S. 95-117, https://doi.org/10.1146/annurev.an.24.100195.000523

Marshall-Pescini, Sarah: »Importance of a species' socioecology: Wolves outperform dogs in a conspecific cooperation task«, in: Proceedings of the National Academy of Sciences of the United States of America 114.44 (2017), S. 11793-11798, https://doi.org/10.1073/pnas.1709027114

Marvin, Garry: »Wild Killing: Contesting the Animal in Hunting«, in: The Animal Studies Group (Hg.), Killing Animals, Chicago: University of Illinois Press 2006, S. 10-29.

Marvin, Garry: Wolf, London: Reaktion Books 2015.

McCorristine, Shane/Adams, William M.: »Ghost species: spectral geographies of biodiversity conservation«, in: Cultural Geographies 27.1 (2020), S. 101-115, https://doi.org/10.1177/1474474019871645

Mech, David: »Is science in danger of sanctifying the wolf?«, in: Biological Conservation 150.1 (2012), S. 143-149, https://doi.org/10.1016/j.biocon.2012.03.003

Mech, David et al.: The Wolves of Denali, Minneapolis: University of Minnesota Press 1998.

Mech, David/Boitani, Luigi (Hg.): Wolves: behavior, ecology, and conservation, Chicago: University of Chicago Press 2003.

Mech, David/Peterson, R.: Wolf-prey relations, in: Mech, David/Boitani, Luigi (Hg.): Wolves: behavior, ecology, and conservation, Chicago: University of Chicago Press 2003, S. 131-157.

Mech, David/Smith, Douglas W./MacNulty, Daniel R.: Wolves on the Hunt, Chicago/London: University of Chicago Press 2015.

Meriggi, A. et al.: »Changes of wolf (Canis lupus) diet in Italy in relation to the increase of wild ungulate abundance«, in: Ethology Ecology and Evolution 23.3 (2011), S. 195-210, https://doi.org/10.1080/03949370.2011.577814

Merleau-Ponty, Maurice: Nature. Course Notes from the College de France, Evanston, Ill.: Northwestern University Press 2003.

Merleau-Ponty, Maurice: Phänomenologie der Wahrnehmung, Berlin: de Gruyter 1966.

Miller, Jennifer R./Schmitz, Oswald J.: »Landscape of fear and human-predator coexistence: Applying spatial predator-prey interaction theory to understand and reduce carnivore-livestock conflict«, in: Biological Conservation 236 (2019), S. 464-473, https://doi.org/10.1016/j.biocon.2019.06.009

Mitchell, Andrew: Tracing wolves. Materiality, Effect and Difference. Dissertation, Stockholm 2018.

Moore, Roland S.: »Metaphors of Encroachment: Hunting for Wolves on a Central Greek Mountain«, in: Anthropological Quarterly 67.2 (1994), S. 81-88, https://doi.org/10.2307/3317363

Mounet, Coralie: »Living with ›problem‹ animals«, in: Revue de Géographie Alpine (2008), S. 65-76, https://doi.org/10.4000/rga.560

Mühlhoff, Rainer: »Affective resonance and social interaction«, in: Phenomenology and the Cognitive Sciences 14.4 (2015), S. 1001-1019, https://doi.org/10.1007/s11097-014-9394-7

Murie, Adolph: The Wolves of Mount McKinley, Seattle: University of Washington Press 1985.

Musiani, Marco/Boitani, Luigi/Paquet, Paul C. (Hg.): A new era for wolves & people. Wolf recovery, human attitudes, and policy (= Energy, ecology, and the environment series, Band 2), Calgary, Alta: University of Calgary Press 2009.

Nagel, Thomas: »What Is It Like To Be A Bat?«, in: The Philosophical Review 83.4 (1974), S. 435-450, https://doi.org/10.2307/2183914

Nancy, Jean-Luc: Being Singular Plural, Stanford: Stanford University Press 2000.

Nancy, Jean-Luc: Corpus II: Writings on sexuality, New York: Fordham University Press 2013.

Noske, Barbara: »The Animal Question in Anthropology: A Commentary«, in: Society and Animals 1.2 (1993), S. 185-190, https://doi.org/10.1163/156853093X00073

Oehler, Alex: Beyond Wild and Tame: Soiot encounters in a sentient landscape, Oxford: Berghahn 2020.

Oehler, Alex (Hg.): Multispecies households in the Saian Mountains. Ecology at the Russia-Mongolia border, Lanham: Lexington Books 2020.

Ogden, Laura: Swamplife. People, gators, and mangroves entangled in the Everglades, Minneapolis: University of Minnesota Press 2011.

Ohrem, Dominik: (In)VulnerAbilities: Postanthropozentrische Perspektiven auf Verwundbarkeit, Handlungsmacht und die Ontologie des Körpers, in: S. Wirth et al. (Hg.), Das Handeln der Tiere, S. 67-92, https://doi.org/10.14361/9783839432266-002

Ojalammi, Sanna/Blomley, Nicholas: »Dancing with wolves: Making legal territory in a more-than-human world«, in: Geoforum 62 (2015), S. 51-60, https://doi.org/10.1016/j.geoforum.2015.03.022

O'Mahony, Kieran/Corradini, Andrea/Gazzola, Andrea: »Lupine Becomings – Tracking and Assembling Romanian Wolves through Multi-Sensory Fieldwork«, in: Society & Animals 26.2 (2018), S. 107-129, https://dx.doi.org/10.1163/15685306-12341501

Ostrowski, Lea: Die Rückkehr des Wolfs in den Leuscheider Wald: Untersuchungen zu Akzeptanz und naturbezogenen Werten im Bereich der

Weidetierhaltung, Masterarbeit, Hochschule für nachhaltige Entwicklung Eberswalde 2022.

Packard, Jane M.: Wolf behavior: reproductive, social and intelligent, in: D. Mech/L. Boitani (Hg.), Wolves, S. 35-65.

Peltola, Taru/Heikkilä, Jari: »Response-ability in wolf–dog conflicts«, in: European Journal of Wildlife Research 61.5 (2015), S. 711-721, https://doi.org/10.1007/s10344-015-0946-0

Peters, Christian Helge: »Medienökologie II. Wozu Fakten, wenn es auch Affekte tun? Zur Medienökologie des Rechtspopulismus und seinen Strategien der Affizierung«, in: Behrendt, Gianna/Henkel, Anna (Hg.), 10 Minuten Soziologie: Fakten (= 10 Minuten Soziologie 2), Bielefeld: transcript 2018, S. 97-108, https://doi.org/10.14361/9783839443620-008

Philo, Chris/Wilbert, Chris (Hg.): Animal spaces, beastly places. New geographies of human-animal relations (= Critical geographies, Band 10), London/New York: Routledge 2000.

Poerting, Julia/Marquardt, Nadine: »Kritisch-geographische Perspektiven auf Landschaft«, in: Dies. (Hg.), Kritisch-geographische Perspektiven auf Landschaft, Wiesbaden: Springer VS 2019, S. 145-152.

Poerting, Julia/Verne, Julia/Krieg, Lisa J.: »Gefährliche Begegnungen. Posthumanistische Ansätze in der technologischen Neuaushandlung des Zusammenlebens von Mensch und Wildtier«, in: Geographische Zeitschrift 108.3 (2020), S. 153-175, https://doi.org/10.25162/gz-2020-0006

Pooley, Simon et al.: »Rethinking the study of human-wildlife coexistence«, in: Conservation Biology (2020), S. 1-10, https://doi.org/10.1111/cobi.13653

Pooley, Simon: »Coexistence for whom?«, in: Frontiers in Conservation Science 2 (2021), S. 1-7, https://doi.org/10.3389/fcosc.2021.726991

Probyn, Elspeth: Eating the Ocean. Durham: Duke University Press 2016.

Reed, Edward: Encountering the world. Toward an Ecological Psychology, Oxford: Oxford University Press.

Reinhardt, Ilka et al.: Konzept zum Umgang mit Wölfen, die sich Menschen gegenüber auffällig verhalten – Empfehlungen der DBBW (= BfN-Skript 502), Bonn: Bundesamt für Naturschutz 2018.

Reinhardt, Ilka et al.: Monitoring von Wolf, Luchs und Bär in Deutschland (= BfN-Skript 413), Bonn: Bundesamt für Naturschutz 2015.

Reinhardt, Ilka/Kluth, Gesa: Untersuchungen zum Raum-Zeitverhalten und zur Abwanderung von Wölfen in Sachsen. Endbericht Projekt ›Wanderwolf‹ (2012-2014), im Auftrag des Sächsischen Staatsministeriums für Umwelt und Landwirtschaft (SMUL), 2015.

Reinhardt, Ilka/Kluth, Gesa: Leben mit Wölfen – Leitfaden für den Umgang mit einer konfliktträchtigen Tierart in Deutschland (= BfN-Skript 201), Bonn: Bundesamt für Naturschutz 2007.

Riede, Peter: »Wolf«, in: Das wissenschaftliche Bibellexikon im Internet, WiBiLex, 2009, https://www.bibelwissenschaft.de/stichwort/34973/

Riedel, Friedlind: »Atmosphere«, in: J. Slaby/C. v. Scheve (Hg.), Affective societies, S. 85-95.

Rogers, Lesley J./Kaplan, Gisela: Spirit of the Wild Dog: The world of wolves, coyotes, foxes, jackals and dingoes, Crows Nest N.S.W.: Allen and Unwin 2003.

Ronnenberg, Katrin et al.: »Coexistence of wolves and humans in a densely populated region (Lower Saxony, Germany)«, in: Basic and Applied Ecology 25 (2017), S. 1-14, https://doi.org/10.1016/j.baae.2017.08.006

Rosa, Hartmut: Resonanz. Eine Soziologie der Weltbeziehung. Frankfurt a.M.: Suhrkamp 2016.

Røskaft, Eivin et al.: »Patterns of self-reported fear towards large carnivores among the Norwegian public«, in: Evolution and Human Behavior 24.3 (2003), S. 184-198, https://doi.org/10.1016/S1090-5138(03)00011-4

Savalois, Nathalie/Lescureux, Nicolas/Brunois, Florence: »Teaching the Dog and Learning from the Dog: Interactivity in Herding Dog Training and Use«, in: Anthrozoös 26.1 (2013), S. 77-91, https://doi.org/10.2752/175303713X13534238631515

Scarce, Rik: »What do wolves mean? Conflicting social constructions of *Canis lupus* in ›bordertown‹«, in: Human Dimensions of Wildlife 3.3 (1998), S. 26-45, https://doi.org/10.1080/10871209809359130

Schoof, Nicolas et al.: »Der Wolf in Deutschland. Herausforderungen für weidebasierte Tierhaltungen und den praktischen Naturschutz«, in: Naturschutz und Landschaftsplanung 53.1 (2021), S. 10-19, https://doi.org/10.1399/NuL.2021.01.01

Schöller, Rainer G.: Eine Kulturgeschichte des Wolfs. Tierisches Beuteverhalten und menschliche Strategien sowie Methoden der Abwehr (= Rombach Ökologie, Band 10), Freiburg i. Br. u.a.: Rombach 2017.

Schraml, Ulrich: Wildtiermanagement für Menschen, in: M. Heurich (Hg.), Wolf, Luchs und Bär in der Kulturlandschaft, S. 113-148.

Schröder, Verena: »Tierliche Lebenswelten verstehen lernen? Perspektiven mehr-als-menschlicher Ethnographien«, in: Christian Steiner et al. (Hg.), Mehr-als-menschliche Geographien: Schlüsselkonzepte, Beziehungen und Methodiken, Stuttgart: Franz Steiner 2022, S. 317-339.

Schroer, Sara A./Schmitt, Susanne B. (Hg.): Exploring atmospheres ethnographically (= Anthropological studies of creativity and perception), London/New York: Routledge 2018.

Schurr, Carolin/Strüver, Anke: »›The Rest‹: Geographien des Alltäglichen zwischen Affekt, Emotion und Repräsentation«, in: Geographica Helvetica 71.2 (2016), S. 87-97, https://doi.org/10.5194/gh-71-87-2016

Skogen, Ketil/Figari, Helene/Krange, Olve: Wolf Conflicts. A Sociological Study (= Interspecies Encounters, Band 1), New York, NY: Berghahn 2017.

Slaby, Jan: »Atmospheres – Schmitz, Massumi and beyond«, in: Friedlind Riedel/Juha Torvinen (Hg.), Music as Atmosphere: Collective Feelings and Affective Sounds, London: Routledge 2019.

Slaby, Jan/Bens, Jonas: »Political Affect« in: J. Slaby/C. v. Scheve (Hg.), Affective Societies, S. 340-351.

Slaby, Jan/Mühlhoff, Rainer/Wüschner, Philipp: »Affective Arrangements«, in: Emotion Review 11.1 (2019), S. 3-12, https://doi.org/10.1177/1754073917722214

Slaby, Jan/Mühlhoff, Rainer/Wüschner, Philipp: »Affektive Relationalität. Umrisse eines philosophischen Forschungsprogramms«, in: Undine Eberlein (Hg.), Zwischenleiblichkeit und bewegtes Verstehen, S. 69-108, https://doi.org/10.1515/9783839435793-004

Slaby, Jan/Scheve, Christian v. (Hg.): Affective societies. Key concepts (= Routledge studies in affective societies), London/New York: Routledge 2019.

Slagle, Kristina M./Bruskotter, Jeremy T./Wilson, Robyn S.: »The Role of Affect in Public Support and Opposition to Wolf Management«, in: Human Dimensions of Wildlife 17.1 (2012), S. 44-57.

Soentgen, Jens: Ökologie der Angst (= Fröhliche Wissenschaft, Band 117), Berlin: Matthes und Seitz 2018.

Stoepel, Beatrix: Expeditionen ins Tierreich: Wölfe in Deutschland, Hamburg: Hoffmann und Campe 2004.

Stokland, Håkon: »Conserving Wolves by Transforming Them? The Transformative Effects of Technologies of Government in Biodiversity Conservation«, in: Society and Animals 29 (2020), S. 1-21.

Szanto, Thomas/Slaby, Jan: Political Emotions, in: Thomas Szanto/Hilge Landwehr (Hg.), The Routledge Handbook of Phenomenology of Emotion, London: Routledge 2020, S. 478-494.

Theodorakea, Ilektra T./Essen, Erica von: »Who let the wolves out? Narratives, rumors and social representations of the wolf in Greece«, in: Environmental Sociology 2.1 (2016), S. 29-40, https://doi.org/10.1080/23251042.2015.111 9349

Theuerkauf, Jörn: »What Drives Wolves: Fear or Hunger? Humans, Diet, Climate and Wolf Activity Patterns«, in: Ethology 115.7 (2009), S. 649-657, htt ps://doi.org/10.1111/j.1439-0310.2009.01653.x

Theuerkauf, Jörn/Rouys, Sophie: »Habitat selection by ungulates in relation to predation risk by wolves and humans in the Białowieża Forest, Poland«, in: Forest Ecology and Management 256.6 (2008), S. 1325-1332, https://doi.org /10.1016/j.foreco.2008.06.030

Tiralla, Nina/Holzapfel, Maika/Ansorge, Hermann: »Feeding ecology of the wolf *(Canis lupus)* in a near-natural ecosystem in Mongolia«, in: Mammalian Biology 101 (2021), S. 83-89, https://doi.org/10.1007/s42991-020-0 0093-z

Tønnessen, Morten: »Is a wolf wild as long as it does not know that it is being thoroughly managed?«, in: Humanimalia: a journal of human/animal interface studies 2.1 (2010), S. 1-8, https://doi.org/10.52537/humanimalia.10 090

Tschofen, Bernhard/Heinzer, Nikolaus/Frank, Elisa: Wolfsmanagement als kultureller Prozess Working Paper zum Symposium »WOLFSMANAGEMENT: WISSEN_SCHAF(F)T_PRAXIS«. SNF-Projekt »Wölfe: Wissen und Praxis«, ISEK – Institut für Sozialanthropologie und Empirische Kulturwissenschaft, Universität Zürich 2016.

Uexküll, Jakob v.: Streifzuge durch die Umwelten von Tieren und Menschen. Ein Bilderbuch unsichtbarer Welten, Hamburg: Rowohlt 1956.

van Beeck Calkoen, Suzanne T. S. et al.: »Does wolf presence reduce moose browsing intensity in young forest plantations?«, in: Ecography 41 (2018), S. 1776-1787, https://doi.org/10.1111/ecog.03329

van Dooren, Thom/Rose, Deborah B.: »Lively Ethography«, in: Environmental Humanities 8.1 (2016), S. 77-94, https://doi.org/10.1215/22011919-3527731

Vitali, Chiara: »A frame-analytical perspective on conflict between people and an expanding wolf Canis lupus population in central Italy«, in: Oryx 48.4 (2014), S. 575-583, https://doi.org/10.1017/S0030605313000276

Wam, Hilde Karine: Wolf behaviour towards people. the outcome of 125 monitored encounters, Unveröffentlichte Cand. Scient. Thesis, Norwegian Agriculture University, Ås 2002.

White, P. J./Proffitt, Kelly M./Lemke, Thomas O.: »Changes in Elk Distribution and Group Sizes after Wolf Restoration«, in: The American Midland Naturalist 167.1 (2012), S. 174-187, https://doi.org/10.1674/0003-0031-167.1.174

Whitehouse, Andrew: »Listening to Birds in the Anthropocene: The Anxious Semiotics of Sound in a Human-Dominated World«, in: Environmental Humanities 6.1 (2015), S. 53-71, https://doi.org/10.1215/22011919-3615898

Williams, Christopher/Ericsson, Göran/Heberlein, Thomas A.: »A quantitative summary of attitudes toward wolves and their reintroduction (1972-2000)«, in: Wildlife Society Bulletin 30.2 (2002), S. 575-584.

Wilson, Helen F.: »On geography and encounter. Bodies, borders, and difference«, in: Progress in Human Geography 41.4 (2017), S. 451-471, https://doi.org/10.1177/0309132516645958

Wilson, Matthew A.: »The wolf in Yellowstone: Science, symbol, or politics? Deconstructing the conflict between environmentalism and wise use«, in: Society and Natural Resources 10.5 (1997), S. 453-468, https://doi.org/10.1080/08941929709381044

Wilson, Matthew A./Heberlein, Thomas A.: »The wolf, the tourist, and the recreational context: New opportunity or uncommon circumstance?«, in: Human Dimensions of Wildlife 1.4 (1996), S. 38-53, https://doi.org/10.1080/10871209609359077

Wirth, Sven et al.: Das Handeln der Tiere. Tierliche Agency im Fokus der Human-Animal Studies (= Human-Animal Studies, Band 9), Bielefeld: transcript 2016, https://doi.org/10.14361/9783839432266

Wolf, M./Weissing, F.J.: »Animal personalities: Consequences for ecology and evolution«, in: Trends in Ecology and Evolution 27.8 (2012), S. 452-461; https://doi.org/10.1016/j.tree.2012.05.001

Wörner, Frank: Wölfe im Westerwald: Verfolgt bis in die Gegenwart – Ein Plädoyer für Akzeptanz, Tierpark Niederfischbach e.V., Niederfischbach 2013.

Wörner, Frank: Rheinland-Pfalz erwartet den Wolf: Ein Management soll das Zusammenleben regeln, Tierpark Niederfischbach e.V., Niederfischbach 2015.

Wörner, Frank: Neues vom Wolf im Westerwald: Notizen zu Wolfsnachweisen 2016 bis 2019, Tierpark Niederfischbach e.V., Niederfischbach 2019.

Wörner, Frank: 10 Jahre Wölfe im Westerwald: Notizen zu einer umstrittenen Rückkehr – Eine Zwischenbilanz 2011-2021, Tierpark Niederfischbach e.V., Niederfischbach 2021.

Zbyryt Adam et al.: »Data from: do wild ungulates experience higher stress with humans than with large carnivores?«, Dryad Digital Repository 2017, https://doi.org/10.5061/ dryad.p2f4b

Zbyryt, Adam et al.: »Do wild ungulates experience higher stress with humans than with large carnivores?«, in: Behavioral Ecology 29.1 (2018), S. 19-30, https://doi.org/10.1093/beheco/arx142

Zimen, Erik: Wölfe (= Was ist was, Band 104), Nürnberg: Tessloff 2010.